高等学校计算机类专业系列教材

MATLAB 8.X 程序设计及典型应用

张霞萍　编著

西安电子科技大学出版社

内 容 简 介

本书以 MATLAB 8.X(R2013b)为版本，兼顾 MATLAB 7.X(R2011a)，详细介绍了 MATLAB 的功能及其操作，以及在"大学物理"、"数字信号处理"、"自动控制系统"、"通信原理"四门课程中的典型应用。本书内容包括 MATLAB 的系统环境、MATLAB 四种数据类型、M 文件初步、MATLAB 的数值计算和符号计算、MATLAB 强大的绘图功能、Simulink 交互式仿真集成环境、MATLAB 的典型应用。每章后面配有习题，紧扣教学内容，使得读者能够通过上机操作及时有效地进行知识的巩固和提高。

本书注重基础，内容简明扼要，实例丰富，适宜作为高等学校理工科专业教材和教学参考书，也可供广大科技工作者参考。

图书在版编目(CIP)数据

MATLAB 8.X 程序设计及典型应用/张霞萍编著.
—西安：西安电子科技大学出版社，2014.7(2024.7 重印)
ISBN 978-7-5606-3429-6

Ⅰ.① M… Ⅱ.① 张… Ⅲ.① Matlab—程序设计—高等学校—教材 Ⅳ.① TP317

中国版本图书馆 CIP 数据核字(2014)第 130665 号

策 划	邵汉平
责任编辑	邵汉平
出版发行	西安电子科技大学出版社(西安市太白南路 2 号)
电 话	(029)88202421 88201467 邮 编 710071
网 址	www.xduph.com 电子邮箱 xdupfxb001@163.com
经 销	新华书店
印刷单位	咸阳华盛印务有限责任公司
版 次	2014 年 7 月第 1 版 2024 年 7 月第 5 次印刷
开 本	787 毫米 × 1092 毫米 1/16 印 张 20.5
字 数	485 千字
定 价	41.00 元

ISBN 978-7-5606-3429-6/TP

XDUP 3721001-5

如有印装问题可调换

前　　言

MATLAB 是 MathWorks 公司推出的高性能的数值计算和可视化软件，其强大的计算和绘图功能在科学计算和工程领域得到了众多用户的肯定。目前，MATLAB 已经成为一个多领域、多功能、多学科的科技应用软件。MATLAB 蕴含的多个工具箱涉及到信号处理、自动控制、图像处理、最优化方法、小波分析等许多学科，多个工具箱及灵活的接口形式，使得很多领域的仿真变得简单易行。

本书以 MATLAB 8.X(R2013b)为版本，兼顾 MATLAB 7.X(R2011a)，详细介绍了MATLAB 的基本操作。本书共 8 章，第 1 章介绍了 MATLAB 的系统环境，使读者对该软件有一个初步认识；第 2 章介绍了 MATLAB 的四种数据类型，为第 4 章数值计算和第 5章符号计算打下基础；第 3 章介绍了 M 文件，主要讲解了 M 函数文件的编写技巧以及程序控制流语句；第 4 章和第 5 章详细介绍了 MATLAB 的重要计算功能；第 6 章介绍了MATLAB强大的绘图功能；第7章介绍了Simulink交互式仿真集成环境，使用户对MATLAB强大的仿真功能有一个基本认识，并能进行基本系统的仿真；第 8 章为 MATLAB 的典型应用，分别介绍了 MATLAB 在"大学物理"、"数字信号处理"、"自动控制系统"以及"通信原理"四门课程中的典型应用。

本书是编者多年来科研与教学工作的结晶，在编写过程中注重了实例的选择，例题丰富并具有代表性，实用性强。为了方便教学，本书配有例题源程序、电子教学课件等教学资源。

编　者

2013 年 10 月

目　　录

第 1 章　MATLAB 系统环境

本章主要介绍 MATLAB 编程语言的发展沿革及其特点，以及应用 MATLAB 编写程序时需要涉及到的基本语法、指令操作键的正确使用、显示格式的调整以及如何在 MATLAB 中进行有效搜索。书中特别提到了如何使用指令窗自带的快捷查找途径。

本章主要内容包括：

➢ 安装和启动 MATLAB
➢ MATLAB 操作桌面简介
➢ MATLAB 语句输入、执行和显示的方式
➢ 指令窗中用工具 f_x 实现指令的快捷查找
➢ 历史指令的再运行
➢ 通过工作空间浏览器实现变量的查询、删除和编辑
➢ 使用 MATLAB 帮助系统

1.1　MATLAB 概述

物理和电子信息等相关领域中涉及到大量繁琐的数学计算、曲线的绘制和信号的仿真，这些工作都可以交给计算机来完成。用户和计算机进行交流时，必须编写计算机程序，MATLAB 便是一个有效且易学的编程软件。

本章介绍 MATLAB 的发展沿革、安装和启动、几个常用窗口界面以及在线帮助。

1.1.1　MATLAB 的发展历史

20 世纪 70 年代后期，美国 New Mexico 大学计算机系主任 Cleve Moler 在给学生讲授线性代数时，想教给学生使用 EISPACK 和 LINPACK 程序库。EISPACK 是特征值求解 FORTRAN 函数库，LINPACK 是解线性方程的 FORTRAN 程序库，它们代表当时矩阵运算的最高水平。他发现，学生用 FORTRAN 编写接口程序很浪费时间，为了让学生方便调用这两个程序库，他编写了名为 MATLAB 的接口程序。

MATLAB 即 Matrix 和 Laboratory 的组合。1984 年，Cleve Moler 和 John Little 成立了 MathWorks 公司，发行了 MATLAB 第 1 版(DOS 版本 1.0)，正式把 MATLAB 推向市场。MATLAB 的第一个商业化版本是同年推出的 MATLAB 3.0 的 DOS 版本。其后 MathWorks 公司继续进行 MATLAB 的开发和研究，

1992 年推出了基于 Windows 操作系统平台的 MATLAB 4.0 版本，该版本比以前的版本做了很大的改进，增加了 Simulink、Control、Signal Processing 等工具箱。1993 年推出了微机版 MATLAB 4.1 版本，首次开发了符号计算工具箱。

1997 年推出了 5.0 版本，允许更多的数据结构，如单元数据等，实现了真正的 32 位计算，数值计算更快。

2000 年，MathWorks 公司推出了 MATLAB 6.0 版本；2004 年，MathWorks 公司推出了 MATLAB 7.0 版本。最近一次版本更新是 2014 年 3 月的 MATLABR 2014a(即 MATLAB 8.3) 版本。

目前，MATLAB 已经逐步发展成为一个集数值处理、图形处理、图像处理、符号计算、文字处理、数学建模、实时控制、动态仿真、信号处理为一体的数学应用软件，并且成为目前世界上使用最广泛的科学计算软件之一。20 世纪 90 年代初，MATLAB 在数值计算方面位居其他三十多个数学类科技应用软件之首。迄今为止，MATLAB 已经成为国际控制界公认的标准计算软件。

1.1.2　MATLAB 的特点

1. 表达方式简单

MATLAB 是一种解释性语言，它对每条语句解释后立即执行并得出结果，无须专门的编辑器。出现错误时会立即提醒并指出出错位置，便于编程者纠错。MATLAB 语言简单易学，进行 MATLAB 编程如同在草稿纸上书写公式进行求解一样，所以 MATLAB 语言又被称为草稿纸式科学算法语言。其语法规则与结构化高级编程语言相比大同小异，具有一般语言基础的用户很快就可以掌握。

2. 操作灵活

MATLAB 是一个交互式系统，它的基本数据单元是数组。由于数组的维数不需要预先定义即可使用并随时更改，使得用户解决许多技术上的计算问题变得方便易行，特别是那些包含矩阵和矢量运算的问题。组成数组的每个元素既可以是实数，也可以是复数。这在其他高级语言中是很难实现的。

3. 内部函数资源丰富

MATLAB 提供了许多有用的内部函数文件，特别是提供了许多面向应用问题求解的工具箱函数，用户只要在前台进行简单编程即可调动后台强大的内部函数资源，大大节省了编程时间，提高了学习效率。目前，MATLAB 提供了三十多个工具箱，如信号处理、图像处理、非线性控制设计、神经网络和小波分析等工具箱。它们中包含各个领域应用问题的函数文件。MATLAB 良好的开放性使得用户可以修改内部函数文件或者自己编写函数文件构造自己的工具箱。

4. 绘图功能强

MATLAB 提供了丰富的图形界面设计函数，可以方便地将工程计算结果可视化。它能根据输入数据范围选择最佳坐标，设置不同颜色、线型、视角等，并能绘制不同坐标系下的函数图形。

5. 良好的外部接口

通过外部接口的编程，用户可以在 C 语言和 Fortran 语言中调用 MATLAB 的函数，完成 MATLAB 与它们的混合编程，也可以在 MATLAB 中调用 C 语言和 Fortran 语言编写的程序。用户还可以在 Word 文本中编写 MATLAB 程序并进行计算、绘图或仿真。

1.2　MATLAB 的安装和启动及桌面简介

1.2.1　安装 MATLAB

用户如果想使用 MATLAB，必须事先在自己的计算机上安装 MATLAB 软件系统。MATLAB 可以在 Windows 环境下直接安装。具体的安装过程如下：

(1) 将 MATLAB 安装盘的第一张光盘放入光驱，安装程序自动运行启动"安装向导"。如果无法自动运行，可以在"我的电脑"或"资源管理器"中双击 setup.exe 应用程序，启动"安装向导"。

(2) MATLAB 进入一个等待画面后，选择安装方法。建议选择不通过互联网安装方式，单击"下一步"按钮进入协议对话框。

(3) 点击接受协议，单击"下一步"按钮，进入安装问答对话框。输入答案，单击"下一步"按钮，进入一个"典型"和"自定义"选择对话框，如图 1.1 所示。选择"典型"后，进入路径设置对话框；选择"自定义"，则进入 MATLAB 产品选择对话框。

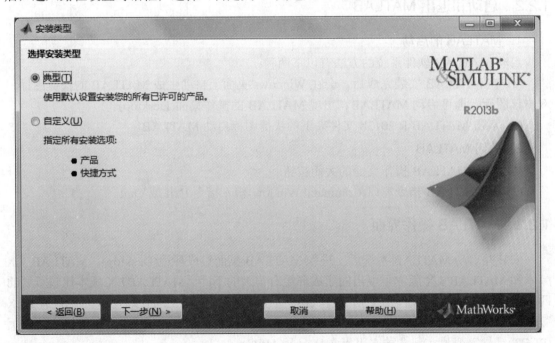

图 1.1　MATLAB 2013b 安装类型选择对话框

(4) 选择"典型"后，出现选择安装路径的对话框，默认的路径为 C：\MATLAB2013。当然，用户可以选择将 MATLAB 安装到硬盘的其他位置。单击"下一步"按钮，出现版本 MATLAB2013b 安装的位置以及配置界面，如图 1.2 所示。单击"安装"按钮，计算机开始安装 MATLAB。

(5) 安装完毕后，激活 MALTAB 即可。

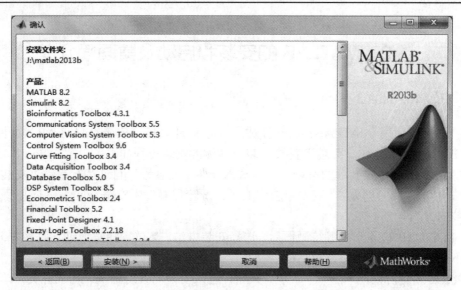

图 1.2　MATLAB 2013b 安装位置显示及配置列表

1.2.2　启动和退出 MATLAB

1．MATLAB 的启动

启动 MATLAB 软件系统的方法有以下两种：

(1) 在 MATLAB 安装完成后，会在 Windows 桌面上自动生成 MATLAB 的快捷图标。双击该图标，即可启动 MATLAB，出现 MATLAB 的操作桌面(Desktop)。

(2) 双击 MATLAB\R 2013b 文件夹下的快捷图标启动 MATLAB。

2．关闭 MATLAB

(1) 单击 MATLAB 操作桌面的关闭按钮。

(2) 在 MATLAB 指令窗口(Command Window)输入指令 Exit 或 Quit。

1.2.3　MATLAB 操作界面

安装并启动 MATLAB 系统后，进入 MATLAB 桌面集成环境(Desktop)。MATLAB 7.X 版本和 MATLAB 8.X 版本呈现出的集成环境有很大的不同。MATLAB7.X 版本比较重要的四个窗口分别是：指令窗、历史指令窗、当前目录浏览器、工作空间管理窗口。MATLAB 8.X 版本(R2013b)桌面集成环境分为三个大的切换界面：主页(HOME)、选定变量快捷绘图页(PLOT)、导入变量实现多种实用界面分析页(APPS)。

MATLAB 8.X 主页上呈列的窗口如图 1.3 所示。

(1) 指令窗(Command Window)：该窗口是进行 MATLAB 操作的主要窗口。该窗口默认时位于 MATLAB 主页操作桌面的正中间。在该窗口内，可以键入各种 MATLAB 的运行指令、函数和表达式，并在运行后显示所有运算结果。

(2) 历史指令窗(Command History)：该窗口默认时位于 MATLAB 主页桌面的右下方前台。该窗口自动记录 MATLAB 主页已经运行过的指令、函数和表达式，并允许用户对它们进行复制、再运行和产生 M 文件。

(3) 当前文件夹浏览器(Current Folder)窗口：该窗口默认时位于 MATLAB 主页桌面的左侧前台。窗口被分割为上、下两部分：上半部分列出当前文件夹包括的子目录、M 文件和 MDL 文件等；下半部分为选中文件或正在运行文件的属性描述。当前文件夹浏览器上的 M 文件可以直接进行复制、运行。利用鼠标可以改变上、下部分的比例，按下标志 ✔ 的按钮可以隐藏下部分区域。

(4) 工作空间管理窗口(Workspace)：该窗口位于 MATLAB 主页桌面右上方前台。该窗口列出了 MATLAB 工作空间中所有的变量名、大小、字节数等；在该窗口中可以对变量进行观察、编辑、提取、保存和删除。

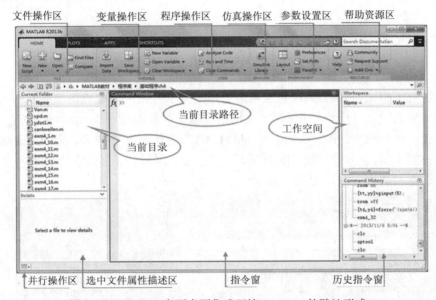

图 1.3   MATLAB 主页桌面集成环境(Desktop)的默认形式

此外，MATLAB 还有文本编译窗口、图形窗口、帮助窗口等隐藏窗口。用户可以通过执行相关指令将隐藏的窗口显示在计算机屏幕上。点击 MATLAB 8.X 左下角的标识可以进行组件的并行运算。

1.3   指令窗(Command Window)运行入门

MATLAB 有许多使用方法，但最基础也是入门首先必须要掌握的是 MATLAB 指令窗的基本表现形式和操作方式。通过本节的介绍，读者将会对 MATLAB 使用方法有一个初步的体会。

1.3.1   指令窗简介

MATLAB 指令窗默认位于 MATLAB 主页桌面的正中间，如图 1.3 所示。倘若用户希望使指令窗独立，只要单击指令窗右上角的图标 ▼ 下拉菜单中的标识 ↗ Undock 即可，如图 1.4 所示。

若用户希望让独立指令窗嵌入到桌面中，可以单击指令窗右上角的图标 ▼ 下拉菜单中的标识 ↘ Dock 即可。

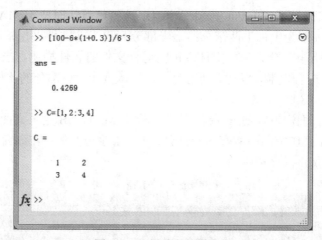

图 1.4　几何独立的指令窗

与以往旧版相比，MATLAB 新版本为用户提供了方便快捷地查询函数文件的方式。指令窗中的 f_x 为函数文件查询按钮。图 1.5 给出了求累加和的指令"cumsum"的 f_x 查询实例。选中该按钮，单击鼠标左键，可以引出 MATLAB 所有函数文件列表，选中某函数文件可以导出该文件的使用说明，如图 1.5(a)所示。用户也可以通过将函数文件名输入对话框中查询它的功能介绍和调用方法，如图 1.5(b)所示。

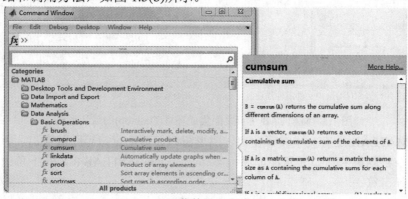

(a) 菜单导出方式

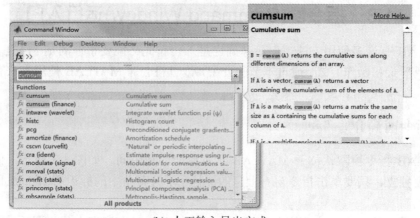

(b) 人工输入导出方式

图 1.5　指令窗中函数文件的查询实例

　　用户如果要隐藏该标识，可以单击鼠标右键，点击隐藏函数浏览器按钮(Hide Function Browser Button)即可。若要将图标从隐藏状态再恢复，用户可以在指令窗任意位置右击鼠标，引出如图 1.6 所示的菜单，点击显示函数浏览器按钮(Show Function Browser Button)，则在指令窗中显示该标识。MATLAB 的很多重要指令是通过函数文件来实现的，因此，函数文件是 MATLAB 强大功能的核心。

图 1.6　显示函数浏览器按钮菜单

1.3.2　最简单的计算器使用方法

　　为了便于学习，本节将以实例方式进行叙述，并通过实例归纳出 MATLAB 最基本的规则和语法结构。建议读者在深入学习之前先读一读本节内容。

　　【例 1-1】　　计算 $[100 - 6 \times (1 + 0.3)] \div 6^3$ 的结果。

　　(1) 用键盘在 MATLAB 指令窗中输入以下内容：

　　　　(100-6*(1+0.3))/6^3

　　(2) 在上述表达式输入完成后，按下【Enter】键，该条指令就会被执行。

　　(3) 在指令执行后，MATLAB 指令窗中将显示以下结果：

　　　　ans =

　　　　　0.4269

　　【说明】

　　◆ MATLAB 指令是带有提示符"f_x>>"的，由此可以区分该表达式是指令还是运算结果。

　　◆ MATLAB 的运算符(如 +、− 等)都是各种计算程序中常见的习惯符号。

　　◆ 在键入一条指令后，必须按下【Enter】键，该条指令才能被执行。

　　◆ 计算结果中显示的"ans"是英文单词"answer"的缩写，即"运算答案"。这是 MATLAB 中的一个预定义默认变量。

【**例 1-2**】　简单矩阵 C= $\begin{pmatrix} 1 & 2 \\ 3 & 4 \end{pmatrix}$ 的输入。

(1) 用键盘在 MATLAB 指令窗中输入以下内容：

C=[1 2；3 4]

(2) 在上述表达式输入完成后，按下【Enter】键，该条指令就会被执行。

(3) 在指令执行后，MATLAB 指令窗中将显示以下结果：

C =

$$\begin{array}{cc} 1 & 2 \\ 3 & 4 \end{array}$$

【**说明**】

◆ 直接输入矩阵时，矩阵每行元素用空格或逗号隔开。矩阵行与行之间用分号分隔。整个元素放在方括号"[]"内。

◆ 在 MATLAB 中，不必事先对矩阵的维数进行说明，MATLAB 会根据用户输入指令自动配置。

◆ MATLAB 对字母的大小写敏感。本例中是将矩阵赋给变量大写 C 而不是小写 c。

◆ 特别说明：MATLAB 执行语句中的标点符号必须在英文状态下输入。

【**例 1-3**】　矩阵的分行输入。

A=[1，2，3

4，5，6

7，8，9]

A =

$$\begin{array}{ccc} 1 & 2 & 3 \\ 4 & 5 & 6 \\ 7 & 8 & 9 \end{array}$$

【**说明**】

◆ 本例采用的这种输入方法是为了视觉习惯。对于较大矩阵也可以采用此种方法输入，不易出错。

◆ 这种输入法中，【Enter】键用来分隔矩阵中的行。

【**例 1-4**】　指令窗的续行输入。

B = 1−2 + 3− 4 +···

5−6 + 7−8 +···

9−10

B =

−5

【**说明**】

◆ MATLAB 用三个或三个以上的连续黑点表示"续行"，即表示下一行是上一行的继续。

◆ MATLAB 采用表达式语句，其中最常用的形式为表达式(如【例 1-1】)或者变量=表达式(如【例 1-2】)。

1.3.3　数值、变量和表达式

前面的算例演示了 MATLAB 作为"计算器"的简单功能。为了深入学习 MATLAB，有必要系统介绍一些基本规定。本节先介绍关于数值、变量和表达式的若干规定。

1．数值的记述

MATLAB 的数值采用习惯的十进制表示，可以带小数点或负号。以下记述都合法：

4　　－68　　0.03　　8.94　　2.6e-4　　3.886e45

在采用 IEEE 浮点算法的计算机上，数值通常采用"占用 64 位内存的双精度"表示。其相对精度是 eps(MATLAB 中一个预定义变量)，大约保存有效数字 16 位。数值范围大致为 $-1.8e-308 \sim 1.8e+308$。

2．变量命名规则

MATLAB 中变量名由一个字母开头，后面可以是字母、数字或者下划线等。变量名最多不超过 63 个字符。例如 Au12、A_u12、AU12 等都是有效的变量名，而 12Au、_Au12 为无效变量名。MATLAB 变量名区分大小写。如 Au12 和 AU12 为两个不同的变量名。sin 是 MATLAB 定义的正弦函数名，但 Sin 和 SIN 都不是函数名。

变量名中不得包含空格、标点、运算符，但可以包括下划线。比如变量名 Au_12 是合法的，但变量名 A,u12 中带有逗号，就不是一个合法的变量名。

3．预定义变量

在 MATLAB 中有一些预定义变量(Predefined Variable)，每当 MATLAB 启动时，这些变量就自动产生并被赋予预先定义的值，如表 1-1 所示。

表 1-1　MATLAB 预定义变量

预定义变量名	含　　义
ans	运算结果的默认变量名
i, j	虚数单位 $i=j=\sqrt{-1}$
eps	正的极小值 2.2204e-16，即机器零阈值
pi	内建的 π 值
Inf 或 inf	无穷大，即 1/0
NaN 或 nan	无法定义一个数，即非数。如 0/0、∞/∞
nargin	函数输入变量个数
nargout	函数输出变量个数
realmax	最大的正实数 1.7977e+308
realmin	最小的正实数 2.2251e-308
flops	浮点运算次数

【注意】　　倘若用户对预定义变量中的任意一个变量进行赋值后，则该变量的默认值将临时被改变。倘若用户使用 clear 指令清除 MATLAB 内存中的变量，或者 MATLAB 窗口被关闭后重新启动，则所有预定义变量将恢复默认值。建议读者尽量不要对表中所列的预定义变量赋值，以免出错。

1.3.4　指令窗的显示方式

1. 默认的输入显示方式

MATLAB 指令窗内的字符、数值采用不同的颜色分类显示，使得阅读更加醒目：输入指令中的 if、for、while、end 等控制语句的 MATLAB 关键词自动用蓝色字体显示；输入的指令、表达式以及计算结果采用黑色字体显示；输入的字符串则采用浅紫色显示。

2. 运算结果的显示

在指令窗中显示的输出有：一是指令执行后，数据结果采用黑色字体输出；二是运行过程中的警告信息和出错信息，用鲜艳的红色字体显示。

前面说过，MATLAB 默认为"双精度"数据的输出格式。在运行中，屏幕上最常见到的数字输出结果精确到 0.0001。但用户不要误认为 MATLAB 运算结果的精度只有那么高。实际上，MATLAB 的数值数据占用 64 位(bit)内存，以 16 位有效数字的"双精度"进行运算和输出。MATLAB 为了比较简洁、紧凑地显示数值输出，将默认的输出格式设置为"format short g"。MATLAB 提供了多种数值结果显示格式，具体见表 1-2。

表 1-2　MATLAB 数值计算结果显示格式

命令格式	含　义
format short	默认设置，结果精确到 0.0001 数字形式输出
format long	小数点后 15 位数值形式输出
format short e	5 位有效数字的科学计数法输出
format long e	15 位有效数字的科学计数法输出
format short g	从 format short 和 format short e 中自动选择最佳输出形式(默认显示)
format long g	从 format long 和 format long e 中自动选择最佳输出形式
format hex	16 位十六进制数值输出
format +	以+、−和零分别表示正数、负数和零形式输出
format bank	(金融)元、角、分表示
format rat	有理数形式输出
format compact	输出变量之间没有空行
format loose	输出变量之间有空行

用户可以根据需要，利用 MATLAB 指令窗或者菜单弹出框来进行显示格式的设置。

【例 1-5】　　演示在指令窗中操作 format 指令。

>>m=263/7

m =

　　37.5714　　　% MATLAB 默认的以 "format short g" 为显示格式的显示输出

　>>format long %输入指令，运行后指令窗以 "format long" 为显示格式的显示输出

>> m

m =

37.571428571428569

【注意】　　利用指令窗设置的数值输出显示格式只在 MATLAB 当前窗口有效，如果重启 MATLAB 窗口设置，将自动恢复默认输出格式。如果希望永久改变数值输出显示格式，可以选中 HOME 页面中的 Preferences 对话框进行设置，如图 1.7 所示，单击 OK 键或者 Apply 键完成设置。这种设置不因 MATLAB 关闭和启动而改变，除非用户进行重新设置，否则永久有效。通过这种方式还可以对指令窗输出的字体、背景色等做永久设置。

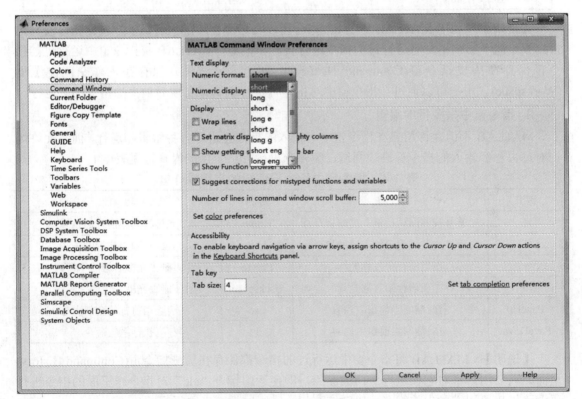

图 1.7　指令窗显示方式永久设置的菜单操作

1.3.5　指令窗中常用控制指令及指令行的编辑

1. MATLAB 指令窗常用控制指令

MATLAB 指令窗常用控制指令及其功能如表 1-3 所示。

表 1-3　MATLAB 常用控制指令

命　　令	功　　能
clear	清除 MATLAB 工作空间中保存的变量
clc	清除指令窗中显示的内容
clf	清除图形窗口
edit	打开 M 文件编辑器
cd 目录名	将其后的目录设置为当前工作目录
which 目录名	显示其后文件所在的位置，给出路径
return	返回到上层调用程序，结束键盘模式
Delete 文件名	删除其后文件
Type 文件名	显示其后 M 文件的内容
dir 目录名	列出其后目录下的文件和子目录清单
exit 或者 quit	关闭或者退出 MATLAB

【说明】　利用 MATLAB 中的 clc 指令可以将指令窗中的内容擦除，包括指令及其运行结果，但不影响用户对运行过的指令进行查看和编辑。MATLAB 将指令窗中运行过的指令都保存在历史指令窗(Command History)里面，运行结果则保存在工作空间浏览器(Workspace)。用户可以通过在指令窗中对指令行进行编辑来实现对被擦除指令的再运行。

2. 指令窗中指令行的编辑

MATLAB 不但允许用户在指令窗中对输入的指令行进行各种编辑和运行，而且允许用户对过去已经输入的指令行进行回调、编辑和再运行。常用的操作键见表 1-4。

表 1-4　指令窗中指令行编辑的常用操作键

键名	功　　能	键名	功　　能
↑	向前寻找并回调已输入过的指令行	Home	光标移到当前行的首端
↓	向后寻找并回调已输入过的指令行	End	光标移到当前行的末端
←	在当前行中左移光标	Delete	删去光标右边的字符
→	在当前行中右移光标	Backspace	删去光标左边的字符
PageUp	向前翻阅当前窗中内容	Esc	清除当前行的全部内容
PageDown	向后翻阅当前窗中内容	!	执行系统命令

【说明】　MATLAB 将指令窗中运行过的指令都保存在历史指令窗(Command History)里面，只要用户不对它们进行专门的删除，即使运用指令"clc"对指令窗里面的指令进行了清除，仍可用键盘中的键名可以对这些指令进行回调或者再运行。

【例 1-6】　指令窗中指令行操作过程实例。

(1) 若用户要计算 $x_1 = \dfrac{0.5\sin(0.2\pi)}{1+\sqrt{3}}$ 的值，可在 MATLAB 指令窗中键入：

　　>> x1=0.5*sin(0.2*pi)/(1+sqrt(3))

(2) 按下[Enter]键，该指令即被执行，给出以下结果

　　x1 =

0.1076

(3) 若用户想计算 $x_2 = \dfrac{0.5\cos(0.2\pi)}{1+\sqrt{5}}$ 的值，可以按下键盘上的"↑"键，找到相关指令并移动光标，将原来的 x1 指令修改为 x2, sin 修改成 cos, sqrt(3)修改成 sqrt(5)，再按下【Enter】键，就可得到结果。即：

>> x2=0.5*cos(0.2*pi)/(1+sqrt(5))

x2 =

    0.1250

用户可以通过反复按键盘的箭头键，实现多个指令的回调和编辑，进行新的计算。当然也可以借助历史指令窗口进行历史指令的再运行。

1.4　历史指令窗(Command History)

历史指令窗记录着用户在指令窗中所执行过的所有指令，且所有这些被记录的指令行都能被复制，并送到指令窗中进行再运行。

1.4.1　历史指令窗简介

历史指令窗记录着每次开启 MATLAB 的时间，及开启 MATLAB 后在指令窗中运行过的所有指令。该窗口不但能清楚地显示指令窗中运行过的指令行，而且所有这些被记录的指令行都能被复制或再运行。MATLAB 历史指令窗中的操作指令如表 1-5 所示。

表 1-5　MATLAB 历史指令窗中操作指令

指　　令	功　　能
Cut 或者 Copy	剪切、复制，可以将被点亮的指令复制到指令窗中。按下[Enter]键可以再运行，功能与 Word 中相同
Evaluate Selection	在指令窗中执行被点亮的指令，与按下[F9]键效果相同
Creat M-file	产生一个新的 M-文件
Creat Short-cut	产生一个快捷指令并添加到"start"中
Profile Code	编写被点亮指令的索引代码
Delete Selection	删除被点亮的指令
Delete to Selection	删除被点亮以及之前的所有指令
Clear Entire History	删除所有执行过的指令

1.4.2　历史指令的再运行

【例 1-7】　运用历史指令再执行【例 1-6】中的两个计算。

具体操作过程：先利用组合操作[Ctrl+鼠标左键]点亮图 1.8 中所示的历史指令窗中的那两行；点亮后，当鼠标光标在点亮区时，单击鼠标右键，引出现场菜单；选中[Evaluate Selection]，此时在指令窗中即出现被点亮的指令和其执行结果。

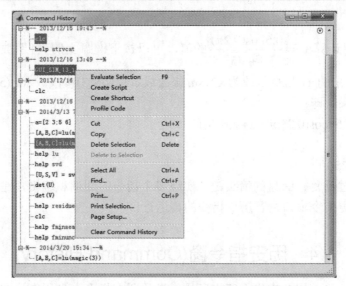

图 1.8　几何独立的历史指令再运行

1.5　工作空间浏览器(Workspace)和空间变量管理

1.5.1　工作空间浏览器简介

工作空间浏览器以列表形式显示了 MATLAB 工作区当前所有变量的名称、大小、属性等用户设置时已经勾选需要显示的内容。此外，用户还可以清楚地看到数值矩阵、字符串、逻辑数组、元胞数组和构架数组的不同图标，如图 1.9 所示。

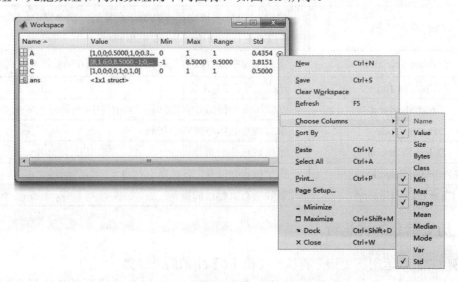

图 1.9　基本工作空间显示格式的设置

工作空间浏览器还可以实现对内存变量的查询、保存和编辑等多种应用功能。

1.5.2　内存变量的查询和删除

MATLAB 提供了多种工作空间变量管理方法：单击工作空间浏览器中的变量名可以进行编辑、复制、删除等操作，如图 1.10 所示。

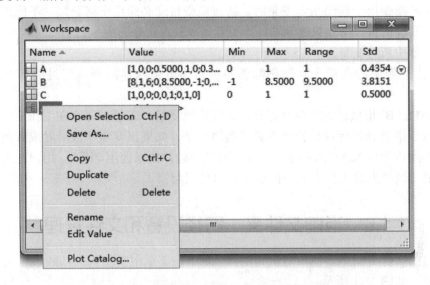

图 1.10　几何独立的基本工作空间鼠标现场操作

也可以通过 3 个常用指令 who、whos 和 clear 对工作空间变量进行操作。

【**例 1-8**】　who、whos 和 clear 指令对工作空间变量的操作实例。

(1) 创建变量：

　　　>> x=[1 3 4；5 6 8]；y=[2；5；7；9]；b=2；c=pi；

(2) 在指令窗中执行 who 指令查看工作空间中的变量名：

　　　>> who

　　　Your variables are：

　　　b　c　x　y

(3) 在指令窗中执行 whos 指令查看工作空间中变量的具体信息：

　　　>> whos

Name	Size	Bytes	Class	Attributes
b	1x1	8	double	
c	1x1	8	double	
x	2x3	48	double	
y	4x1	32	double	

(4) 在指令窗中执行 clear 指令可以删除一个、多个或者全部变量：

　　　>> clear x y

　　　>> who

　　　Your variables are：

　　　b　c

　　>> clear

　　>> who

工作空间变量已经被全部清除。

【说明】

◆ clear 指令用于删除指定变量时，待删除变量间必须用空格分隔，不能用逗号或者分号，否则就被认为该指令只删除第一个变量。单独在指令窗中执行 clear 指令，将删除工作空间浏览器中所有变量。

◆ 工作空间中的变量一旦被删除就不能再恢复，除非回调执行过的指令重新运行产生。

◆ MATLAB 将执行过的指令运行结果赋值给变量。变量被保存在工作空间中，便于在其后的指令中遇到该变量时就可以直接调用结果。如果该变量不被清除或者重新赋值，那么其后遇到该变量 MATLAB 便一直认为是已知量并加以调用。因此，用户在每做完一个题目之后要习惯性删除工作空间中的变量，以免引起错误。

1.6　当前文件夹、路径设置和文件管理

点击当前文件夹浏览器窗口右上角的标识 ⊙ 下拉菜单中的图标 ⚲ Undock，可使得该窗口脱离桌面，如图 1.11 所示。

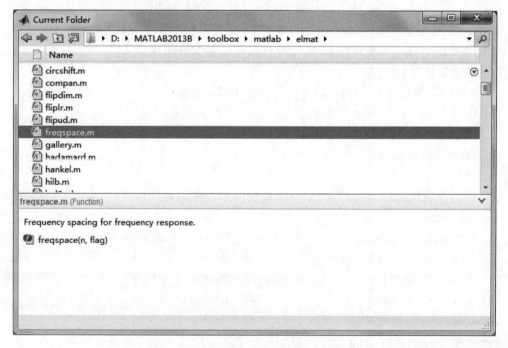

图 1.11　几何独立的当前文件夹浏览器

图 1.11 展示的是"最完整"的当前文件夹浏览器界面。在界面的上部展示的是文件详细列表，对于不同的文件类型，比如脚本文件、函数文件或者数据文件，MATLAB 会给出不同的图标。

【说明】

◆ 倘若用户点亮某 M 文件，比如图 1.11 为点亮 M 文件 freqspace.m，则在当前文件夹的下部给出了该 M 文件的类别(MATLAB Function)为函数文件，并给出该函数文件帮助注释的 H1 行。用户双击该文件可以打开阅读关于该文件的更多注释，可以了解其用法。

◆ 倘若点亮的是数据文件(MAT)，则在下部将显示数据文件所包含的全部变量名、大小、字节数和类型等信息。

◆ MATLAB 初始工作时的缺省当前文件夹为 matlab\bin，建议用户尽量不要在该目录上存放文件。用户应该改变当前文件夹的这种缺省设置。

1.6.1　用户文件夹和当前文件夹设置

1) 建立用户文件夹

在使用 MATLAB 的过程中，为了管理方便，用户应当尽量为自己建立一个专门的工作文件夹，即"用户文件夹"。

2) 应把用户文件夹设置为当前文件夹

在 MATLAB 环境中，如果不特别指明存放文件和数据的文件夹，则总是将它们存放在当前文件夹上。因此，用户在运用 MATLAB 开始工作之前，应该把自己的"用户文件夹"设置为当前文件夹。

3) 将用户文件夹设置为当前文件夹的方法

设置当前文件夹的方法有两种。一种为交互界面设置法：在 MATLAB 操作桌面右上角或者当前文件夹窗口的左上角，都有一个当前文件夹设置框，将待设置的文件夹名称直接填入框中即可；或者借助于标识为 ▦ 的浏览文件夹按钮，利用鼠标设置。第二种方法为指令设置法：假如用户待设置的当前文件夹的路径为 G:\mydir，那么只需在指令窗中执行 cd G:\mydir 即可。

【说明】　以上方法设置的当前文件夹，只有在当前开启的 MATLAB 环境中有效。一旦 MATLAB 重新启动，以上设置必须重新进行。

1.6.2　MATLAB 搜索路径

MATLAB 的所有文件都被存放在一组结构严谨的文件夹上。MATLAB 把这些文件夹按优先次序设计为"搜索路径"上的各个节点。MATLAB 在工作时，就沿着此搜索路径，从各文件夹上寻找所需调用的文件、函数或者数据。

1. 当前文件夹的基本搜索过程

当用户在 MATLAB 命令窗口输入名为 tp 的指令后，MATLAB 按照一定次序搜索相关文件。基本的搜索过程如下：

(1) 检查 tp 是否是一个变量。若是，则给出该变量值。若不是，则进行下一步。

(2) 检查 tp 是否是一个内建函数(Built-in Function)。若是，则指令窗中输出该函数用法。若不是，再进行下一步。

(3) 检查 tp 是否是当前文件夹下的 M 文件。若是，则执行该文件。若不是，继续进行下一步。

(4) 检查 tp 是否是 MATLAB 搜索路径中其他文件夹下的 M 文件。若是，则执行该文件。若不是，MATLAB 将在指令窗中以红色字体显示信息：Undefined function or variable 'tp'。

2. 将文件夹设置入搜索路径

用户可以将自己的工作文件夹列入 MATLAB 搜索路径，从而将用户文件夹纳入 MATLAB 系统统一管理。设置搜索路径的方法有：

(1) 用 path 命令设置搜索路径。例如，将用户目录 G ：\mydir 加到搜索路径下，可在命令窗口输入命令：path(path, 'G:\mydir')。

(2) 用对话框设置搜索路径。在 MATLAB 的 File 菜单中选择 Set Path 命令或在命令窗口执行 pathtool 命令，将出现搜索路径设置对话框，如图 1.12 所示。

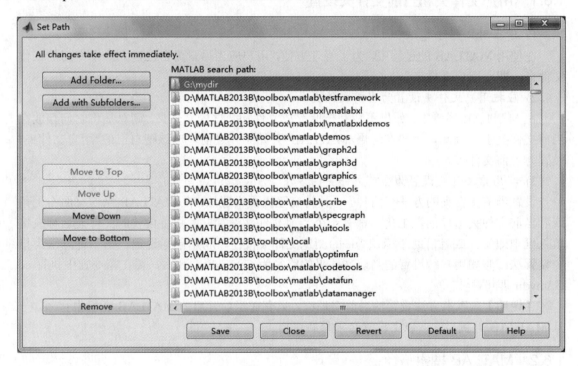

图 1.12　设置搜索路径对话框

通过 Add Folder 或 Add with Subfolders 命令按钮，用户可以将指定文件夹添加到搜索路径列表中。在修改完搜索路径后，需要保存搜索路径，则此修改永久有效。在没有特别说明的情况下，只有当前文件夹和搜索路径上的函数和文件能够被 MATLAB 运行和调用，如果在当前文件夹上有与搜索路径上相同文件名的文件，则优先执行当前文件夹上的文件。

1.7　帮 助 系 统

MATLAB 具有指令多、难记忆的特点，为了帮助用户在繁多的 MATLAB 指令中找到所需要的指令并了解它们的使用方法，MATLAB 提供了广泛的在线帮助功能，其中最常用的首推 help 指令和 lookfor 指令。

1.7.1　帮助窗口(Help)简介

在默认状态下，帮助窗口并不随 Desktop 桌面的开启而出现，但可以通过选中 HOME 主界面上的 Help→Documentation 菜单项，或者点击图标 来打开该窗口，如图 1.13 所示。整个帮助界面由位于左、右半侧的帮助内容(Contents)和帮助浏览器组成。鼠标右击图标 可隐藏左侧内容。

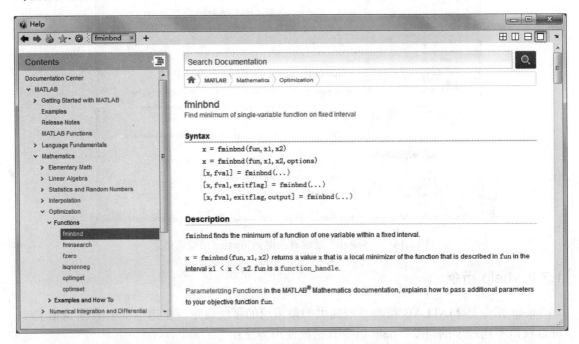

图 1.13　几何独立的帮助浏览器

Contents 选项窗口为可展开的树状结构，提供了系统帮助的向导图。右侧浏览器窗口的主要内容为 MATLAB 的特点、内容和方法，版本的升级情况，安装过程，编程、计算应用、网络资源等方面的信息。

Search Documentation 可以提供关键词查找功能，通过关键词来查找与之匹配的命令和函数等条目。Search 的搜索在整个 HTML 文件中进行。在搜索栏中支持关键词之间由逻辑运算符"AND"、"OR"、"NOT"连接。注意，这里的逻辑运算符必须是大写字母，而且每个逻辑运算符的前后至少要各有一个空格。

【例 1-9】　利用 Search 搜索 fourier 的使用。

在 Search Documentation 对话框中输入 fourier，MATLAB 给出关键词 fourier 的搜索结果。用户可以根据需要选择需要查看的相关内容。图 1.14 为文件名为 fourier 的函数文件搜索结果。

另外，MATLAB 系统的 Web Resources 可方便用户查询网页信息。用户进入 MATLAB 的官方网站 www.mathworks.com，或者点击 help->support web sit，可获得关于"fourier"的更多帮助信息。

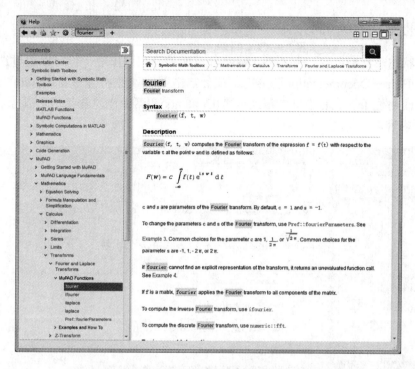

图 1.14　"Search" 选项对关键词"fourier"的检索结果

1.7.2　help 指令

　　help 指令是 MATLAB 帮助系统提供的最常用的帮助命令，在指令窗中运行 help 指令可以获得不同程度的帮助。help 指令有三种使用方法：

　　(1) 在指令窗中输入 help 并执行，可以引出主题分类列表，内容为函数库和工具箱的名称和功能简介。

　　>> help

　　HELP topics：

matlabhdlcoder\matlabhdlcoder	- (No table of contents file)
matlabxl\matlabxl	- MATLAB Builder EX
matlab\demos	- Examples.
matlab\graph2d	- Two dimensional graphs.
matlab\graph3d	- Three dimensional graphs.
matlab\graphics	- Handle Graphics.
matlab\plottools	- Graphical plot editing tools
matlab\scribe	- Annotation and Plot Editing.
matlab\specgraph	- Specialized graphs.
matlab\uitools	- Graphical user interface components and tools
toolbox\local	- General preferences and configuration information.

matlab\optimfun　　　　　　　　　　　- Optimization and root finding.

……　　　　　　　　　　　　　　　　……

(2) 执行 help topic 可以显示具体函数库或者工具箱下的所有函数名列表及相应的功能简介。

>> help   elmat   %对具体函数库执行帮助

　Elementary matrices and matrix manipulation.

　Elementary matrices.

　　zeros　　　　　　　- Zeros array.

　　ones　　　　　　　- Ones array.

　　eye　　　　　　　- Identity matrix.

repmat　　　　　　　　- Replicate and tile array.

……　　　　……

>> help block　　%对具体工具箱进行帮助

--- help for mfilt.block ---

　BLOCK Generate a DSP System Toolbox block.

　　BLOCK(Hm) generates a DSP System Toolbox block equivalent to Hm.

　　BLOCK(Hm，PARAMETER1，VALUE1，PARAMETER2，VALUE2，...) generates a

　　DSP System Toolbox block using the options specified in the

　　parameter/value pairs. The available parameters are：

Property Name	Property Values	Description
Destination	[{'current'} 'new' <user defined>]	Specify whether to add the block to your current Simulink model，create a new model to contain the block，or specify the name of the target subsystem.
Blockname	{'filter'}	Provides the name for the new subsystem block. By default the block is named 'filter'.

……　　　　……

(3) 执行 help 函数名可以获得指定函数的帮助信息，即语法、参数说明和例子。

　>> help inv

　INV　　Matrix inverse.

　　INV(X) is the inverse of the square matrix X.

A warning message is printed if X is badly scaled or

nearly singular.

......

【说明】　通过指令窗中 *fx* 查询的结果与此相同。

执行 help help 可以获得使用 help 的信息。

>> help help

HELP Display help text in Command Window.

HELP，by itself，lists all primary help topics. Each primary topic

corresponds to a directory name on the MATLABPATH.

......

1.7.3　lookfor 指令

与 help 指令不同，lookfor 指令是通过关键字查找相关的函数和指令。指令窗中执行 Lookfor 关键词时，可以搜索出一系列与给出的关键字相关的命令和函数。

>> lookfor inv

idlti	- Linear Time-Invariant model with Identifiable Parameters.
ultidyn	- Creates uncertain linear time-invariant block.
lti	- Linear Time-Invariant Model objects.
invalidateaxis	- Invalidate an axis to recompute limits and ticks
ifft	- Inverse discrete Fourier transform.
ifft2	- Two-dimensional inverse discrete Fourier transform.
ifftn	- N-dimensional inverse discrete Fourier transform.
ifftshift	- Inverse FFT shift.
......	......

说明：以上示例鉴于篇幅所限做了截断，省略号为编者所加。

习　题

1.1　简述 MATLAB 语言的特点。

1.2　MATLAB 主页操作桌面有几个窗口？如何使某个窗口脱离桌面成为独立窗口？又如何将独立的窗口重新放置到桌面上？

1.3　历史指令窗除了可以观察在指令窗中运行过的指令外，还有什么用途？

1.4　请指出如下变量中，哪些是合法变量？

　　xy_1　ab-1　3zh，a 变量　　ABCa　xy

1.5　在 MATLAB 环境中，最小正数是多少？最接近 −1 的数是哪些？

1.6　如何预定义变量？如何查询该变量是否已经被预定义？

1.7　以下两种说法正确吗：

(1) MATLAB 的数组表达精度与其指令窗中的数字显示精度相同。

(2) MATLAB 指令窗中显示的数值有效位数不超过 7 位。

1.8　如何设置当前目录和搜索路径？当前目录上的文件和搜索路径上的文件有什么区别？

1.9　在 MATLAB 中有几种获取帮助的途径？

第 2 章　MATLAB 数组类型及计算

MATLAB 的数据对象为数组。数组是 MATLAB 进行各种运算的基本单元。其中标量可以看成 1×1 数组，而向量则是 $1 \times n$(行向量)或者 $n \times 1$(列向量)数组。数组(Array)可以看做是矩阵的延伸，其中标量、向量和矩阵都是数组的特例。MATLAB 强大的计算功能是基于数组来进行的，所有变量都被看做是数组。本章将介绍 MATLAB 中几种常见的数组类型：数值数组(Numeric Array)、字符串数组(String Array)、元胞数组(Cell Array)和构架数组(Structure Array)等。

本章主要内容包括：

➢　MATLAB 中数组的概念及其创建方法

➢　"非数"和"空"数组的应用

➢　不同类型数组元素的查询、扩充和收缩

➢　高维数组和稀疏数组

➢　数值数组的计算

2.1　数值数组(Numeric Array)

2.1.1　数值数组的创建

1. 通过赋值语句创建数值数组

数组的创建可以通过赋值语句实现。赋值符号(即"=")左边为变量名，右边为数组元素。数组元素用方括号[]括住，元素可以是数值或表达式，表达式可以由数字、变量、运算符和函数等组成。矩阵同一行内的元素间用逗号或空格隔开，行与行之间用分号或回车键隔开。

【例 2-1】　创建复数数组：

$$\begin{pmatrix} 2+3i & 1+4i & 4+0.2i \\ 1+2i & 2+7i & 6+5i \\ 3+4i & 9+i & 4+8i \end{pmatrix}$$

在命令窗口输入下述语句，创建复数数组：

```
>> a=[2+3i 1+4i 4+0.2i; 1+2i 2+7i 6+5i; 3+4i 9+i 4+8i]
a =
```
　　　　2.0000 + 3.0000i　　1.0000 + 4.0000i　　4.0000 + 0.2000i
　　　　1.0000 + 2.0000i　　2.0000 + 7.0000i　　6.0000 + 5.0000i

　　　　　　3.0000 + 4.0000i　　　9.0000 + 1.0000i　　　4.0000 + 8.0000i

【说明】　　数组是 MATLAB 术语，矩阵、向量、标量为数学术语。标量、向量都是矩阵的特例，矩阵又是数组的特例。MATLAB 中的二维数组即为矩阵。

　　用户可以进一步利用表 2-1 所示的相关函数对复数数组进行运算。

表 2-1　常用复数数组运算函数

函数名	功　　能
real()	复数的实部
imag()	复数的虚部
abs()	实数取绝对值或复数取模
angle()	复数的幅角
conj()	复数的共轭

【例 2-2】　　(续例 2-1)计算复数矩阵的模和相位。

```
>> abs(a)    %将复数矩阵 a 送给求模函数文件并执行，得到对应复数的模：
ans =
    3.6056    4.1231    4.0050
    2.2361    7.2801    7.8102
    5.0000    9.0554    8.9443
>> angle(a)  %求复数的幅角
ans =
    0.9828    1.3258    0.0500
    1.1071    1.2925    0.6947
    0.9273    0.1107    1.1071
```

注意：利用函数 angle 求得的幅角单位是弧度。

2. 用冒号生成法创建向量

冒号生成法的通用格式为

　　　　x=a:inc:b

其中 a 是生成向量的第一个元素；inc 是采样点之间的间隔，即步长。如果(b−a)是 inc 的整数倍，则生成向量的最后一个元素等于 b；否则取 a、b 之间最靠近 b 的值。若 a>b，且 inc>0，则 MATLAB 将产生一个空数组赋给变量 x。如果省略 inc，则 MATLAB 默认步长为 1.

【例 2-3】　　用冒号生成法创建向量和矩阵实例。

```
>> x1=0:0.2:1%生成一个向量，其中初始元素为 0，末尾元素为 1，步长为 0.2
```

执行结果如下：

```
x1 =
         0    0.2000    0.4000    0.6000    0.8000    1.0000
>> x2=5:−1:2.1 %生成初始元素为 5，末尾元素为 2，步长为 −1 的向量
x2 =
    5    4    3    2
>> x3=2:−1:3 %生成空数组
```

```
x3 =
    Empty matrix： 1-by-0
>> x4=[1： 2： 5；1： 3： 7]   %创建 2×3 二维数组，即 2×3 矩阵
x4 =
        1      3      5
        1      4      7
```

3. 定数采样法

定数采样法，即执行指令 linspace()和指令 logspace()生成向量。该方法是在给定待创建数组总数的前提下，等间隔采样产生向量。

(1) 指令 linspace()的通用格式：

linspace(a，b，n)

生成从 a 到 b 之间线性分布的 n 个元素的行向量。其中 a、b、n 三个参数分别表示生成数组的第一个元素和最后一个元素；n 是采样点总数，缺省时为 100。该指令的作用与指令 x=a： (b-a)/(n-1)： b 等价。

(2) 指令 logspace()的通用格式：

logspace(a，b，n)

生成从 10^a 到 10^b 之间按"常用对数"等分的 n 个元素的向量。其中，n 是采样点总数，缺省时为 50；生成向量的第一个元素为 10^a；最后一个元素为 10^b。在自动控制中，常常用该指令产生频率响应的频率自变量采样点。

【例 2-4】　　用指令 linspace()和指令 logspace()生成向量实例。

```
>> x1=linspace(-pi，pi，8)
x1 =
    -3.1416   -2.2440   -1.3464   -0.4488   0.4488   1.3464   2.2440   3.1416
x2=linspace(-pi，pi)
x2 =
    -3.1416   -3.0781   -3.0147 …… 3.0147   3.0781   3.1416

>> x3=logspace(-1，2，4)
x3=
0.1000     1.0000    10.0000   100.0000
>> x4=linspace(-pi，pi)
x4 =
    -3.1416   -3.0781   -3.0147 …… 75.4312   86.8511   100.0000
```

注意：x2 有 100 个元素；x4 有 50 个元素。若用户不希望在指令窗中显示执行结果，可在相应的指令后加分号"；"。

4. 利用 M 脚本文件创建中等规模数组

对于经常需要调用的数组，尤其是比较大而复杂的数组，为其专门建立一个脚本文件是值得的。

【例 2-5】　利用脚本文件创建和保存数组实例。

(1) 打开 M 文件编辑器调试窗(Editor/Debugger)。

打开 M 文件编辑器调试窗的方法有三种：一是打开 MATLAB 操作桌面 HOME→New→Script；二是在指令窗中输入 edit 并运行；三是用鼠标左击 MATLAB HOME 操作桌面上的 New Script 即可。

(2) 在打开的 M 文件空白处输入需要创建的数据，并在文件的首行编写文件名和简短说明，以便查阅，如图 2.1 所示。

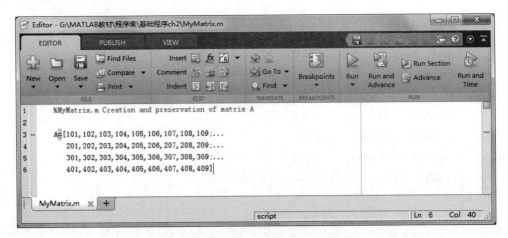

图 2.1　使用脚本文件创建数组实例

(3) 单击 M 文件编辑调试窗口工具条上的图标，弹出一个 Window 标准格式的对话框，将文件名修改为 MyMatrix 并保存，即产生一个文件为 MyMatrix.m。

(4) 以后只要在 MATLAB 指令窗中输入 MyMatrix 并运行，数组 A 就会自动生成。

【说明】　脚本文件中的符号"%"引导的语句为注释语句，用于对文本的说明，不作为执行之用。

5. 通过内建函数建立数组

数组也可以通过内建函数来建立，常用内建函数如表 2-2 所示。

表 2-2　常用特殊数组生成函数

函数	功　能
zeros(m，n)	产生 m×n 的全 0 数组
ones(m，n)	产生 m×n 的全 1 数组
eye(m，n)	产生 m×n 的单位数组(高维不适用)
rand(m，n)	产生 m×n 的均匀分布的随机数组
randn(m，n)	产生 m×n 的正态分布的随机数组
magic(n)	产生 n×n 的魔方数组(高维不适用)

【例 2-6】　利用内建函数产生数组实例。

```
>> ones(2，3)    %产生 2×3 的全 1 矩阵

ans =
```

```
         1       1       1
         1       1       1
>> ones(2)              %产生 2×2 的全 1 矩阵
ans =
         1       1
         1       1
>> ones                %产生标量或一维向量 1
ans =
         1
>> randn('state'，0)    %将正态随机数组发生器置 0
>> randn(3)            %产生 3×3 正态随机矩阵
ans =
      -0.4326     0.2877     1.1892
      -1.6656    -1.1465    -0.0376
       0.1253     1.1909     0.3273
>> eye(2)              %产生 2×2 的单位矩阵
ans =
         1       0
         0       1
>> magic(3)           %产生 3×3 魔方矩阵
ans =
         8       1       6
         3       5       7
         4       9       2
```

MATLAB 还提供了用于专门学科的特殊矩阵，见表 2-3。

表 2-3　用于专门学科的特殊函数表

函数名	功　　能
magic(n)	生成 n×n 魔方矩阵，n≤3
vander(P)	生成以向量 P 为基础向量的范德蒙矩阵
hilb(n)	生成 n 阶希尔伯特矩阵
inhilb(n)	生成 n 阶逆希尔伯特矩阵
compan(P)	生成多项式 P 的伴随矩阵
pascal(n)	生成 n 阶帕斯卡矩阵
hadamard(n)	生成 n 阶哈达吗矩阵
toeplitz(x，y)	生成向量 x 为第一列、向量 y 为第一行的托普利兹矩阵

2.1.2　数组元素的标识和寻访

数组是由多个元素组成的，在引用数组的某些元素或重新对某些元素赋值时需要对元素进行标识。在 MATLAB 中，数组元素是按列存储的，因此，数组中元素可以采用全下标方式和单下标方式进行标识。

(1) 全下标标识：用行下标和列下标表示数组元素的位置。比如一个 m×n 的数组 A 的第 i 行(1≤i≤m)第 j 列(1≤j≤n)的元素可表示为 A(i，j)。如果数组元素的下标行或者列(i，j)大于数组的大小(m，n)，MATLAB 会提示出错。

(2) 单下标标识：只用一个下标来指明元素的位置。以单下标方式标识数组元素时，先把所有列按"先左后右"的次序连接成"一维长列"，然后，自上而下对元素位置进行编号。

【例 2-7】　演示使用全下标标识和单下标标识寻访单个元素。

```
>> A=[1 2；3 4；5 6];        %建立 3×2 数组
>> A_22=A(2，2)             %利用全下标方式提取 A(2，2)的元素
A_22 =
      4
>> A(4)                      %利用单下标方式提取 A(4)的元素
ans =
      2
>> A(end)                    %利用单下标方式提取 A 中最后一个元素
ans =
      6
>> A(3，3)                   %利用全下标方式提取 A(3，3)的元素
??? Attempted to access A(3，3)；  index out of bounds because size(A)=[3，2]
```

【例 2-8】　演示使用全下标标识和单下标标识寻访子数组。

子数组是从数组中取出一部分元素所构成的数组。

```
>> B=[1，-2，3，-4，5];       %产生 1×5 数组
>> B([1 4])                  %取 B 的第一个和第四个元素
ans =
      1    -4
>> B(1：2：5)                 %取 B 的第一个、第三个和第五个元素
ans =
      1     3     5
>> C=[1 2 3 4；5 6 7 8；9 10 11 12];   %产生 3×4 数组
>> C(1，：)                   %取 C 的第一行元素
ans =
      1     2     3     4
>> C(：，end)                 %取 C 的最后一列元素
ans =
      4
```

```
                8
               12
>> C([1，3]，：) %取 C 的第一行和第三行元素
ans =
        1       2       3       4
        9      10      11      12
>> C(：，1：2：end) %取 C 的第一列和第三列元素
ans =
        1       3
        5       7
        9      11
>> C([1，2]，[2，4]) %取 C 的 C(1，2)、C(1，4)、C(2，2)、C(2，4)元素，产生新的 2×2 数组
ans =
        2       4
        6       8
```

【说明】 A(:，j)表示提取数组 A 的第 j 列全部元素；A(i，:)表示提取数组 A 的第 i 行全部元素。如果 i、j 超出了 A 的维数，MATLAB 会提示出错。

  元素的全下标和单下标只是元素寻址时的不同标识方法，以 m×n 数组 A 为例，元素 a(i，j)对应的单下标 s=(j–1)×m+i。MATLAB 提供了对元素全下标和单下标标识之间的转换函数。全下标标识和单下标标识转换函数分别是 sub2ind()和 ind2sub()。

  函数 sub2ind()的格式为

    IND=sub2ind(siz，I，J)

将元素的全下标标识转换为单下标标识。IND 为返回的单下标；siz 为以矩阵行数和列数构成的两个元素的向量；I 和 J 分别为待转换元素所在的行号和列号。

  函数 ind2sub 的格式为

    [I，J]=ind2sub(siz，IND)

将元素的单下标标识转换为全下标标识。I 和 J 分别为返回的行号和列号；siz 为以矩阵行数和列数构成的两个元素的向量；IND 为待转换元素的单下标。

【例 2-9】 演示矩阵元素的全下标标识和单下标标识的转换。

```
>> [i，j]=ind2sub([4 3]，5)
i =
        1
j =
        2
>> ind=sub2ind([4 3]，3，3)
ind =
       11
```

  转换结果表明：对于 4×3 矩阵，单下标为 5 的元素，其全下标为(1，2)；全下标为(3，3)的元素，其单下标为 11。

2.1.3 "非数"和"空"数组

1. 非数(NaN 或 nan)

"非数"即"Not a Number"，在 MATLAB 中用 NaN 或 nan 来表示。按 IEEE 规定，0/0，∞/∞，0×∞等运算结果都是非数。

根据 IEEE 数学规定，NaN 具有以下性质：

(1) NaN 具有传递性，即其参与运算时所得结果都是 NaN。

(2) NaN 没有"大小"概念，不可以比较两个非数的大小。

NaN 的功能如下：

(1) 真实表达了 0/0，∞/∞，0×∞的运算结果，避免因 0/0，∞/∞，0×∞等运算而造成程序的中断。

(2) 由于 MATLAB 绘图指令不能在坐标系中绘制 NaN，因而在数据可视化中，可用它来裁剪图形。

【例 2-10】 非数的产生和性质演示。

```
>> a1=0/0, a2=0*log(0), a3=inf-inf          %非数的产生
a1 =
    NaN
a2 =
    NaN
a3 =
    NaN
>> b1=2*a1, b2=3+a2, b3=sin(a3)             %非数具有传递性
b1 =
    NaN
b2 =
    NaN
b3 =
    NaN
```

2. "空"数组

顾名思义，"空"数组即数组的内容为空。"空"数组的维数为零，用符号[]表示。"空"数组不是元素取 0 的数组。指令 isempty()能判断一个数组是否是"空"数组。

"空"数组的功能如下：

(1) 在没有"空"数组参与的计算中，计算结果中的"空"可以合理地解释"所得结果的含义"。

(2) 运用"空"数组对其他非空数组赋值，可以实现数组的收缩或删减(见下一节例 2-12)。

【例 2-11】 "空"数组的产生和查询。

```
>> a1=[], a2=ones(3, 0), a3=1: 2: -3          %产生"空"数组
```

```
    a1 =
        []
    a2 =
        Empty matrix：  3-by-0
    a3 =
        Empty matrix：  1-by-0
>> isempty(a1)          %判断数组 a1 是否是"空"数组。结果是 1 为真，是 0 为假
ans =
        1
>> size(a1)            %数组 a1 的维数
ans =
        0        0
```

2.1.4　数值数组的扩充和收缩

数组的扩充和收缩是对原有数组的维数作变换，其中维数变大为扩充，反之则为收缩。数值数组的扩充和收缩可以通过对原数组赋值的方法实现。利用赋空数组可以减小数组的维数，实现数值数组的收缩。

【例 2-12】　数值数组的扩充和收缩示例。

```
>> A=zeros(2，3);           %产生 2×3 全 0 数组
>> A(5：6)=[2 3]            %给第 5、6 元素赋值，实现数组的扩充
A =
        0        0        2
        0        0        3
>> B=[1 2 4；3 4 1；7 6 8];  %产生 3×3 数组
>> B(：，3)=[]              %给第 3 列元素赋空数组，删除第三列元素
B =
        1        2
        3        4
        7        6
>> B(2，：)=[]             %删除第二行元素
B =
        1        2
        7        6
>> B(1)=[]                %删除一个元素
B =
        7        2        6
>> B=[]                   %删除所有元素为空数组
B =
        [ ]
```

2.1.5　数值数组的计算

MATLAB 强大的计算功能是基于数组来进行的。由于其所有变量都被看做数组，因此 MATLAB 的数值计算遵循数组运算的规则进行。

1. 数组的算术运算

1) 数组的加减运算

两个数组必须同型时才可以进行加减运算。如果有一个是标量，则该标量与数组的每个元素进行加减运算。

【例 2-13】　数组加减运算示例。

```
>> A=[4 –3 1；2 0 5];          %新建 2×3 数组 A
>> B=[1 2 0；–1 0 3];          %新建 2×3 数组 B
>> A–B
ans =
      3      –5       1
      3       0       2
>> A–2
ans =
      2      –5      –1
      0      –2       3
>> C=magic(3)；                %新建 3×3 魔方数组 C
>> A+C
Error using   +
Matrix dimensions must agree.    %矩阵维数不匹配
>> B–C
Error using   -
Matrix dimensions must agree.
```

2) 数组的乘法运算

MATLAB 中的数组乘法运算遵循线性代数中矩阵乘法的运算规则：两个矩阵必须内维数相等时，才可以进行乘法运算。比如 C=A×B 中 A 的列数必须等于 B 的行数，否则，MATLAB 将提示出错。数组的乘法运算符号为"*"。

【例 2-14】　数组乘法运算示例。

```
>> A=[1 0 3；2 1 0]；B=[4 1；–1 1；2 0]；
>> A*B
ans =
     10       1
      7       3
>> 2*A
ans =
```

```
          2      0      6
          4      2      0
>> B*A
ans =
          6      1     12
          1      1     -3
          2      0      6
```

【说明】　　一般情况下，两个数组(即矩阵)乘法不满足交换律，即 A×B≠B×A。

3) 数组的除法运算

数组除法运算的运算符为左除"\"和右除"/"。由线性代数中矩阵除法的定义可知：

A\B=A^{-1}×B，A 为满秩方阵

A/B=A×B^{-1}，B 为满秩方阵

其中 A^{-1} 和 B^{-1} 是数组(即矩阵)A 和 B 的逆，矩阵 B 的逆也可用指令 inv()求得。

【例 2-15】　　(续例 2-13)数组除法运算示例。

```
>> A\B
ans =
      4.0000      3.5000      3.0000
     -1.0000     -0.5000           0
>> B/C
ans =
      2.2500     -0.7500      0.2500
           0           0      1.0000
```

4) 数组的乘方运算

数组乘方运算的运算符为"^"，运算表达式为 A^B。A 是方阵，B 是正整数。矩阵乘方运算的含义是：A^B 表示方阵 A 自乘 B 次。

【例 2-16】　　数组乘方运算示例。

```
>> A=[1 2; 3 4]; B=4;
>> A^B
ans =
      199    290
      435    634
```

5) 数组的点运算

数组的点运算是 MATLAB 定义的一种特殊运算，它针对数组代数运算中的乘法、除法、乘方运算。两个数组之间的点运算是它们之间对应元素的运算。因此，进行点运算的数组维数必须相同，否则 MATLAB 将提示出错。另外，标量与数组的运算也可以看成是标量与数组之间的点运算。

【例 2-17】　　数组点运算实例。

```
>> A=[1 2; 3 4]; B=[2 4; 1 3];
>> C1=A*B
```

```
C1 =
     4     10
    10     24
>> C2=A.*B
C2 =
     2      8
     3     12
>> C3=A\B
C3 =
    -3.0000    -5.0000
     2.5000     4.5000
>> C4=A.\B
C4 =
     2.0000     2.0000
     0.3333     0.7500
>> C5=A^2
C5 =
     7     10
    15     22
>> C6=A.^2
C6 =
     1      4
     9     16
```

2. 数组的转置

数组 A 的转置用 A' 来表示。如果 A 的元素都是实数，则为转置运算；如果 A 的元素为复数，则为共轭转置运算。求复数数组 A 的非共轭转置运算用 A.' 表示。

【例 2-18】　数组转置运算示例。

```
>> A=[1 3; 2 4]; B=[1+i 3-2i; 2 4+5i];
>> C1=A'                %实数数组的转置
C1 =
     1     2
     3     4
>> C2=B'                %复数数组的共轭转置

C2 =
    1.0000 - 1.0000i    2.0000
    3.0000 + 2.0000i    4.0000 - 5.0000i
>> C3=B.'               %复数数组的非共轭转置
```

```
    C3 =
        1.0000 + 1.0000i    2.0000
        3.0000 – 2.0000i    4.0000 + 5.0000i
```

3. 数组的关系运算

MATLAB 提供了六种数组的关系运算符：<(小于)、<=(小于或等于)、>(大于)、>=(大于或等于)、==(等于)和 ~=(不等于)。关系运算表达式中的结果都是一个由 0 和 1 组成的逻辑数组(Logical Array)。逻辑数组中用 1 表示真，0 表示假。

两个数组比较时，MATLAB 对相同位置的元素逐个进行比较，并给出比较结果。最终的关系运算结果是一个与原数组同维的逻辑数组，它的元素由 0 和 1 组成；如果是标量和数组比较，MATLAB 将把该标量自动扩展成与数组同维的数组，再逐个比较，得到与原数组同维的逻辑数组。

【例 2-19】 数组的关系运算示例。

```
>> A=linspace(1，9，9)
A =
    1    2    3    4    5    6    7    8    9
>> B=10–A
B =
    9    8    7    6    5    4    3    2    1
>> C1=A<5
C1 =
    1    1    1    1    0    0    0    0    0
>> C2=A~=B
C2 =
    1    1    1    1    0    1    1    1    1
>> A1=[1+2i 3+4i；2–5i 8+i]
A1 =
    1.0000 + 2.0000i    3.0000 + 4.0000i
    2.0000 – 5.0000i    8.0000 + 1.0000i
>> B1=[1+2i 3–5i；1–5i 2+i]
B1 =
    1.0000 + 2.0000i    3.0000 – 5.0000i
    1.0000 – 5.0000i    2.0000 + 1.0000i
>> A1<=B1
ans =
    1    1
    0    0
>> A1~=B1
ans =
    0    1
```

　　　　　　　1　　　1

　　【说明】　　对于复数数组，关系运算 "==" 和 "~=" 将同时对元素的实部和虚部进行比较。其余四种运算仅仅对元素的实部进行比较。

　　子数组可以用逻辑数组来提取，条件是原数组的维数和逻辑数组的维数必须相同。用逻辑数组做下标提取出来的子数组是逻辑值 1 位置对应的原数组中的元素组成的数组。

　　【例 2-20】　　数组的关系运算应用：建立任意 3×3 的数组，并提取其中能被 4 整除的元素。

```
>> A=[1 2 3；4 5 6；−7 −8 9];
>> P=rem(A，4)==0          %0 被扩展为与 A 同型的零数组
P =
     0    0    0
     1    0    0
     0    1    0
>> A(P)'
ans =
     4   −8
```

　　【说明】　　rem(A，4)是数组 A 的每个元素除以 4 的余数数组。

4. 数组的逻辑运算

　　MATLAB 中提供了 3 种基本逻辑运算符：&(与)、|(或)、~(非)。设参与逻辑运算的标量为 a 和 b：a&b 即当 a，b 全为非零时，运算结果为 1，否则为 0；a|b 即当 a，b 中只要有一个非零，运算结果为 1；~a 即当 a 是零时，运算结果为 1，当 a 为非零时，运算结果为 0。参与逻辑运算的两个二维数组的维数必须相同。逻辑运算将对两数组相同位置上的元素按标量规则逐个进行运算，最终运算结果是一个与原数组相同维数的逻辑数组。

　　此外，MATLAB 还提供了先决与和先决或的逻辑运算。

　　&&(先决与)：当该逻辑运算符的左边为 1 时，才能继续执行该符号右边的运算。

　　||(先决或)：当逻辑运算符的左边为 1 时，就不需要继续执行该符号右边的运算，得出该逻辑运算结果为 1，否则就要继续执行该符号右边的运算。

　　注意：&&和 || 对标量计算无意义。

　　【例 2-21】　　求 3 阶魔方数组中绝对值大于 6 并且小于 8 的元素，并统计这些元素的个数。

```
>> a=magic(3);            %产生 3 阶魔方数组
>> y=abs(a)>6&abs(a)<9    %判断 a 的元素是否满足绝对值大于 6 且小于 9，产生逻辑数组 y
y =
     1    0    0
     0    0    1
     0    0    0
>> b=a(y)'                %利用逻辑数组提取子数组 b
b =
     8    7
```

```
>> length(b)                    %统计数组 b 中元素的个数
ans =
    2
```

5. 数组运算中的常用数学函数

MATLAB 后台提供了许多不同类型的函数，这些函数通常以指令形式出现。用户只要正确调用这些函数就可以进行相关的数组运算。数组运算的常用数学函数见表 2-4 所示。

表 2-4　常用数学运算函数表

函数名	功　能	函数名	功　能
abs(x)	绝对值或复数的模	rem(x，y)	x/y 的余数
sqrt(x)	平方根(即 $\sqrt{x}$)	round(x)	四舍五入到最接近的整数
real(x)	复数的实部	fix(x)	向 0 方向取整数
imag(x)	复数的虚部	floor(x)	向 $-\infty$ 方向取整数
conj(x)	复数的共轭	ceil	向 $+\infty$ 方向取整数
sign(x)	符号函数	mod(x)	模除求余
log(x)	自然对数(即 $\ln x$)	exp(x)	指数函数(即 e^x)
log10(x)	常用对数(即 $\lg x$)	pow2(x)	2 的幂(即 2^x)
gcd(x，y)	整数 x 和 y 的最大公约数	lcm(x，y)	整数 x 和 y 的最小公倍数
sin(x)	正弦(自变量为弧度)	asin(x)	反正弦(结果为弧度)
sind(x)	正弦(自变量为角度)	asind(x)	反正弦(结果为角度)
sinh(x)	双曲正弦	asinh(x)	反双曲正弦
cos(x)	余弦(自变量为弧度)	acos(x)	反余弦(结果为弧度)
cosd(x)	余弦(自变量为角度)	acosd(x)	反余弦(结果为角度)
cosh(x)	双曲余弦	acosh(x)	反双曲余弦
tan(x)	正切(自变量为弧度)	atan(x)	反正切(结果为弧度)
tand(x)	正切(自变量为角度)	atand(x)	反正切(结果为角度)
tanh(x)	双曲正切	atanh(x)	反双曲正切
sec(x)	正割(自变量为弧度)	asec(x)	反正割(结果为弧度)
secd(x)	正割(自变量为角度)	asecd(x)	反正割(结果为角度)
sech(x)	双曲正割	asech(x)	反双曲正割
csc(x)	余割(自变量为弧度)	acsc(x)	反余割(结果为弧度)
cscd(x)	余割(自变量为角度)	acscd(x)	反余割(结果为角度)
csch(x)	双曲余割	acsch(x)	反双曲余割
cot(x)	余切(自变量为弧度)	acot(x)	反余切(结果为弧度)
cotd(x)	余切(自变量为角度)	acotd(x)	反余切(结果为角度)
coth(x)	双曲余切	acoth(x)	反双曲余切

【例 2-22】　数组运算函数使用示例。

```
>> a=linspace(0，2*pi，10)        %利用定步长插值法创建一维数组 a
```

a =

| | 0 | 0.6981 | 1.3963 | 2.0944 | 2.7925 | 3.4907 | 4.1888 | 4.8869 |

5.5851　　6.2832

>> sin(a)　　　　　　　　　　　　%计算数组 a 中各元素的正弦值

ans =

| | 0 | 0.6428 | 0.9848 | 0.8660 | 0.3420 | −0.3420 | −0.8660 | −0.9848 |

−0.6428　　−0.0000

>> log(a)　　　　　　　　　　　　%计算数组 a 中各元素的自然对数值

ans =

| | −Inf | −0.3593 | 0.3338 | 0.7393 | 1.0269 | 1.2501 | 1.4324 | 1.5866 |

1.7201　　1.8379

>> exp(a)　　　　　　　　　　　　%计算数组 a 中各元素的 e 指数函数值

ans =

| | 1.0000 | 2.0100 | 4.0401 | 8.1205 | 16.3222 | 32.8075 | 65.9430 | 132.5450 |

266.4146　　535.4917

【说明】　　表 2-4 中的函数调用时输入数组既可以是一维，也可以是二维，且不需要是方阵。

2.1.6　数组运算符优先级

在 MATLAB 中，各种运算符的优先级按照由高到低的次序排列如下，同一级别的从左到右依次计算：

(1) 转置(')；复数数组非共轭转置(.')；幂(^)；点幂(.^)。

(2) 逻辑非(~)；乘(*)；点乘(.*)；左除(\)；点左除(.\)；右除(/)；点右除(./)。

(3) 加减(+、−)。

(4) 冒号(：)。

(5) 关系运算：小于(<)、小于等于(<=)、大于(>)、大于等于(>=)、不等于(~=)、等于(==)。

(6) 逻辑与(&)。

(7) 逻辑或(|)。

(8) 先决与(&&)。

(9) 先决或(||)。

2.1.7　高维数组

MATLAB 中数组的维数大于 2 的数组统称为高维数组，本文仅介绍三维数组。对于二维数组，习惯把数组的第一维称为"行(Row)"，第二维称为"列(Column)"。对于三维数组也可以将第三维称为"页(Page)"。如果说二维数组是长方形，则三维数组可以看做是长方体。对于三维数组，无论哪一页上的行和列，其大小应该相同。下面介绍三维数组的创建和查询方法。

1. 创建三维数组

三维数组的创建方式和二维数组相似，大致有三种：

(1) 利用赋值方式创建。全下标元素赋值方式是建立三维数组最常用的方式之一。

【例 2-23】 使用全下标元素赋值方式创建三维数组实例。

```
    clear
>> a(3，2，2)=5                    %单元素赋值创建 3×2×2 数组
a(:,:,1) =
     0      0
     0      0
     0      0
a(:,:,2) =
     0      0
     0      0
     0      5
>> b(2，5，：)=1：4                 %子数组赋值创建 2×5×4 数组
b(:,:,1) =
     0      0      0      0      0
     0      0      0      0      1
b(:,:,2) =
     0      0      0      0      0
     0      0      0      0      2
b(:,:,3) =
     0      0      0      0      0
     0      0      0      0      3
b(:,:,4) =
     0      0      0      0      0
     0      0      0      0      4
```

(2) 利用生成函数直接创建。MATLAB 提供了生成高维数组的函数文件，用户可以直接调用它们产生标准高维数组。

【例 2-24】 用函数 ones()、zeros()、rand()和 randn()创建标准高维数组实例。

```
>> rand('state'，0) %随机发生器置 0
>> c=rand(2，4，3) %创建 2×4×3 维数组
c(:,:,1) =
    0.9501    0.6068    0.8913    0.4565
    0.2311    0.4860    0.7621    0.0185
c(:,:,2) =
    0.8214    0.6154    0.9218    0.1763
    0.4447    0.7919    0.7382    0.4057
c(:,:,3) =
```

	0.9355	0.4103	0.0579	0.8132
	0.9169	0.8936	0.3529	0.0099

(3) 借助一些函数文件将低维数组沿着特定的维串接成高维数组。

【例 2-25】　　借助 cat()、repmat()、reshape()等函数构造高维数组实例。

```
>> cat(3，ones(2，3)，ones(2，3)*2，ones(2，3)*3)
```

ans(:,:, 1) =

　　　1　　1　　1
　　　1　　1　　1

ans(:,:, 2) =

　　　2　　2　　2
　　　2　　2　　2

ans(:,:, 3) =

　　　3　　3　　3
　　　3　　3　　3

【说明】　　函数 cat()第一个输入变量为构造数组的维数，其后输入变量分别对应于各维方向上放置的数组。

```
>> repmat(magic(2)，[1，1，3])
```

ans(:,:, 1) =

　　　1　　3
　　　4　　2

ans(:,:, 2) =

　　　1　　3
　　　4　　2

ans(:,:, 3) =

　　　1　　3
　　　4　　2

【说明】　　函数 repmat()的第一个输入变量为"模块数组"，第二个输入变量为指定方向上铺放模块的数目。

```
>> reshape(1：12，2，2，3)
```

ans(:,:, 1) =

　　　1　　3
　　　2　　4

ans(:,:, 2) =

　　　5　　7
　　　6　　8

ans(:,:, 3) =

　　　9　　11
　　　10　　12

2. 高维数组的信息

多维数组的维数查询函数 ndims() 可以显示输入数组的维数。对于向量，无论是行向量还是列向量，输出结果为 1，代表一维数组；对于矩阵，输出维数为 2，代表二维数组；以此类推。函数文件 size() 可以给出各维的大小。length() 给出所有维中的最大长度，即 length() 等价于 max(size())。

【例 2-26】　　获取高维数组维数、大小和长度的 MATLAB 实例。

```
>> clear
a= ones(1，8)；n = length(a)          %显示数组长度
n =
      8
>> b=zeros(3，5)；t=size(b)          %数组 b 各维的大小
t =
      3      5
>> ndims(b)                          %显示维数
ans =
      2
>> numel(b)                          %显示元素数目
ans =
      15
>> mm=size(b，1)                     %显示第一维大小
mm =
      3
>> nn=size(b，2)                     %显示第二维大小
nn =
      5
>> c= rand(2，10，3)；                %建立 2×10×3 的随机数组
>> n = length(c)%显示最长维数的程度
n =
      10
```

2.1.8　稀疏数组

在 MATLAB 中，数组元素有完全存储方式和稀疏存储方式两种存储方式。完全存储方式是将数组的全部元素按列存储，前面讲到的数组存储方式都是按这个方式存储的。稀疏存储方式是仅存储矩阵所有非零元素的值及其全下标标识。

1. 利用转换函数创建稀疏数组

稀疏数组的特点是有较多的 0 元素。创建稀疏数组的方法与创建数值数组的方法类似，有直接赋值的方法，但用户直接赋值得到的是完全存储方式的数组，还需要利用转换函数将其转换为稀疏数组。

将完全存储方式转化为稀疏存储方式的转换函数 sparse() 的格式为

　　　A=sparse(S)

将矩阵 S 转化为稀疏存储方式的矩阵 A。当矩阵 S 是稀疏存储方式时，函数调用相当于 A=S。

Sparse() 函数还有其他一些调用格式：

sparse(m，n)：生成一个 m×n 的所有元素都是 0 的稀疏矩阵。

sparse(i，j，S)：建立一个 max(i)行、max(j)列并以 S 为稀疏元素的稀疏矩阵。其中，i、j、S 是 3 个等长的向量，S 是要建立的稀疏矩阵的非 0 元素，i(k)、j(k)分别是 S(k)的行和列下标。

将稀疏存储方式转换为完全存储方式的转换函数 full() 的格式为

　　　full(A)

返回稀疏存储矩阵 A 对应的完全存储方式矩阵。

【例 2-27】　稀疏矩阵和完全矩阵的相互转换实例。

```
>> clear，u=1：4
u =
      1      2      3      4
>> v=2：5
v =
      2      3      4      5
>> S=[0.6 0.7 0.8 0.9]
S =
    0.6000    0.7000    0.8000    0.9000
>> spa=sparse(u，v，S)
spa =
    (1，2)      0.6000
    (2，3)      0.7000
    (3，4)      0.8000
    (4，5)      0.9000
>> a=full(spa)
a =
         0    0.6000         0         0         0
         0         0    0.7000         0         0
         0         0         0    0.8000         0
         0         0         0         0    0.9000
```

2. 内建函数创建稀疏数组

通过文件函数 eye()、rand()和 randn()，用户可以创建完全存储方式的矩阵。MATLAB 提供了函数文件 speye()、sprand()和 sprandn()，用户调用它们可以创建相应的稀疏矩阵。单位矩阵只有对角线元素为 1，其他元素都为 0，是一种具有典型稀疏特征的矩阵。单位矩阵的稀疏存储函数 speye()的调用格式如下：

Speye(m，n)

返回一个 m×n 的稀疏存储单位矩阵。

【例 2-28】　　创建稀疏单位存储矩阵，并增减非零元素，观察其输出显示的变化。

```
>> clear，spa=speye(4，4)          %创建 4×4 稀疏单位矩阵
spa =
   (1，1)          1
   (2，2)          1
   (3，3)          1
   (4，4)          1
>> spa(2，1)=-2                    %(2，1)位置处增加非零元素
spa =
   (1，1)          1
   (2，1)         −2
   (2，2)          1
   (3，3)          1
   (4，4)          1
>> spa(3，3)=0                     %删除位置(3，3)处非零元素
spa =
   (1，1)          1
   (2，1)         −2
   (2，2)          1
   (4，4)          1
```

使用函数 spconvert()时只要给出矩阵的非 0 元素及其所在行和列的位置信息即可。

spconvert()函数的格式如下：

B=spconvert(A)

将矩阵 A 所描述的一个稀疏矩阵转化为一个稀疏存储矩阵。其中 A 为一个 m×3 或 m×4 的矩阵，其每行表示一个非 0 元素；m 是非 0 元素的个数。A 中每个元素的意义是：

(i，1)：第 i 个非 0 元素所在的行。

(i，2)：第 i 个非 0 元素所在的列。

(i，3)：第 i 个非 0 元素值的实部。

(i，4)：第 i 个非 0 元素值的虚部，若矩阵的全部元素都是实数，则无需第四列。

函数文件 spdiags()可产生带状稀疏矩阵，其格式如下：

B=spdiags(A，d，m，n)

返回带状稀疏矩阵 B。参数 m、n 为原带状矩阵的行数与列数；A 为 r×p 阶矩阵，这里 r= min(m，n)，p 为原带状矩阵所有非零对角线的条数，矩阵 A 的第 i 列即为带状矩阵的第 i 条非零对角线；d 为长度为 p 的向量。

【例 2-29】　　运用函数 spconvert()和 spdiags()创建稀疏数组。

```
%函数文件 spconvert()的应用
>> clear，A=[1 2 0.3 ；3 4 1.5；6 7 0.1];
```

```
>> B=spconvert(A)            %生成实数数组
B =
    (1，2)           0.3000
    (3，4)           1.5000
    (6，7)           0.1000
>> clear，A=[1 2 3 4；3 4 5 6 ；6 7 8 .9];
>> B=spconvert(A)            %生成复数数组
B =
    (1，2)           3.0000 + 4.0000i
    (3，4)           5.0000 + 6.0000i
    (6，7)           8.0000 + 0.9000i
%函数文件 spdiags()的应用
>> clear，A=[0.1 0 0；0 0.2 0；0 0 0.3]; m=3；n=4；d=[1 2];
>> B=spdiags(A，d，m，n)
B =
    (1，2)           0.1000
    (2，4)           0.2000
```

2.2　字符串数组(String Array)

2.2.1　字符串数组的创建和标识

在 MATLAB 中，字符串是作为字符串数组引入的。字符串数组的创建方式为：在 MATLAB 指令窗中将待创建的字符串放在单引号对内，然后按【Enter】键即可创建字符串。

【例 2-30】　字符串数组的创建和查看。

```
>> s1='Nanjing Xiaozhuang College'    %用赋值方式建立字符串 s1
s1 =
Nanjing Xiaozhuang College
>> s2='It is very interesting'          %用赋值方式建立字符串 s2
s2 =
It is very interesting
>> whos                              %查看字符串占用的字节信息
    Name       Size              Bytes  Class
    s1         1x26                 52  char
    s2         1x22                 44  char
```

通常将字符串当作一个一维数组，每个元素对应一个字符，一个字符占两个字节，并且每一字符(包括空格)以其 ASCII 码的形式存放，其标识方法和数值数组相同。

注意：创建字符串时，单引号对必须在英文状态下输入。

2.2.2 字符串数组转换函数

MATLAB 提供了字符串数组转换函数，使得 MATLAB 处理字符串的能力更加强大，如表 2-5 所示。

表 2-5 字符串数组转换函数

函　　数	功　　能
upper()	把字符串中的任一小写字母转换为相应的大写字母
lower()	把字符串中的任一大写字母转换为相应的小写字母
double()	转换字符串为 ASCII 码
char()	将 ASCII 码转换为字符串
int2str()	将整数转换为字符串
num2str()	将数值转换成字符串
str2num()	将字符串转换成数值
sprintf()	按照给定的格式将数值转换成字符串
sscanf()	按照给定的格式将字符串转换成数值

【例 2-31】 字符串转换函数应用示例。

```
>> a=12；b=int2str(a)          %将整数 a 转换为字符串 b
b =
12
>> num2str(pi，6)             %将数值 pi 转换为 6 位字符串
ans =
3.14159
>> c=[1 2 3；4 5 6]；
>> mat2str(c)                %将数组 c 转换为字符串
ans =
[1 2 3；4 5 6]
>> str=sprintf('pi=%8.6f.'，pi)  %用 g 型数，在屏幕上显示 pi，小数部分取 6 位
str =
pi=3.141593.
```

2.2.3 字符串数组的串接、替换和比较

MATLAB 实现字符串数组的串接、替换和比较功能的函数分别见表 2-6 和表 2-7。

表 2-6 常用字符串函数表

函数名	功 能
length(S)	计算字符串 S 的长度(即组成字符的个数)
class(S)	判断变量 S 是否为字符串，返回 char 则表示为字符串
findstr(S，'S1')	寻找在长字符串 S 中的子字符串 S1，返回其起始位置
deblank(S)	删除字符串 S 尾部的空格
eval(S)	以表达式方式执行字符串 S
disp(S)	显示字符串 S 的内容

表 2-7 常用字符串串接和替换函数表

函数格式	功 能
strcat(S1，S2，S3，...)	返回 S1，S2，S3 的串接字符串
strvcat(S1，S2，S3，...)	返回 S1，S2，S3，…的垂直串接字符串
strmatch(S1，S2)	逐行搜索字符串 S2，给出以 S1 开头的那些行的行号
strrep(S1，S2，S3)	把字符串 S1 的所有出现 S2 的地方替换为 S3
strtok(S)	查找字符串 S 的第一个间隔符(空格符、指表符、回车符)前的内容

【例 2-32】 常见字符串函数运用实例。

```
>> clear, s='I am a junior !';          %创建字符串
>> p=findstr(s，'am')                    %查找 am 在字符串中的位置
p =
     3
>> a=strvcat('maxarray'，'min value'，'max value')  %垂直连接字符串
a =
maxarray
min value
max value
>> r1=strmatch('max'，a)                 %给出以 max 开头的行号
r1 =
     1
     3
>> t=strrep(s，'jun'，'sen')             %用 sen 替换字符串中的 jun
t =
I am a senior !
>> [first，second]=strtok('I am a junior !')   %查找第一个空格符两侧内容
first =
I
second =
 am a junior !
```

2.3　元胞数组(Cell Array)

2.3.1　元胞数组的创建、标识和获取

元胞数组是 MATLAB 提供的一种特殊数据类型，允许在一个数组里存放各种不同类型的数据，比如数组、字符串、元胞数组以及下一节要介绍的构架数组。元胞数组中的基本组成是元胞，每一个元胞是用来存放各种不同类型的数据的单元。各个元胞的内容可以不同。

元胞数组可以是一维、二维或者高维。和数值数组一样，元胞数组的标识方法分为全下标方式和单下标方式。

1. 元胞数组的创建

赋值语句是最常用的一种创建元胞数组的方法。MATLAB 提供了三种不同赋值方式：直接使用{}进行赋值创建；利用创建各元胞来创建；向元胞数组中各元胞赋值创建。

【例 2-33】　创建元胞数组实例。

```
>> a={'This is the first example.', [1 2; 3 4]; magic(3), {'North'; 'East'}}
%将内容放在{}内直接创建元胞数组
a =
    [1x26 char   ]    [2x2 double]
    [3x3   double]    {2x1 cell   }
>> b(1, 1)={'It is your book.'}           %b(1, 1)赋值为字符串
b =
    'It is your book.'
>> b(1, 2)={eye(3)}                       %b(1, 2)赋值为 3 阶单位数组
b =
    'It is your book.'    [3x3 double]
>> b(2, 1)={zeros(2)}                      %b(2, 1)赋值为 2 阶全 0 数组
b =
    'It is your book.'    [3x3 double]
        [2x2 double]         []
>> b(2, 2)={{'South'; 'West'}}            %b(2, 2)赋值为 2×1 元胞数组，元胞内容为字符串
b =
    'It is your book.'    [3x3 double]
        [2x2 double]    {2x1 cell   }
>> c{1, 1}=('How are you?');              %c(1, 1)赋值为字符串
>> c{1, 2}=[1 0 3];                       %c(1, 2)赋值为一维数组
>> c{2, 1}=[3+4*i −5; -10*i 3−4*i];       %c(2, 1)赋值为一维数组
```

```
>> c{2, 2}=[]                          %c(2, 2)赋值为空数组
c =
    'How are you?'      [1x3 double]
    [2x2 double]              []
```

【说明】　在创建元胞数组 b 和元胞数组 c 的过程中特别要注意 "()" 和 "{}" 的用法区别。比如，b(1, 2)表示元胞数组 b 的第 1 行第 2 列的元胞元素，而 b{1, 2}表示元胞数组 b 的第 1 行第 2 列的元胞元素中存放的内容。

2. 元胞数组内容的获取

与数值数组类似，可以通过下标方式来获取元胞数组中的元胞内容。

【例 2-34】　(续例 2-33)获取元胞数组中元胞内容示例。

```
>> a{2, 1}            %获取元胞数组 a 第 1 行第 1 列元胞内容
ans =
    8    1    6
    3    5    7
    4    9    2
>> a{2, 1}(2, 1)      %获取元胞数组 a 第 2 行第 1 列元胞中第 2 行第 1 列元素
ans =
    3
```

也可以借助函数 celldisp、cellplot 来显示元胞数组的内容。

【例 2-35】　(续例 2-33)使用 celldisp 函数获取元胞数组中元胞内容示例。

```
>> celldisp(a)
a{1, 1} =
This is the first example.
a{2, 1} =
    8    1    6
    3    5    7
    4    9    2
a{1, 2} =
    1    2
    3    4
a{2, 2}{1} =
North
a{2, 2}{2} =
East
```

【例 2-36】　(续例 2-33)使用 cellplot 函数以图形方式显示元胞数组中元胞内容示例。

```
>> cellplot(a)
```

所得结果如图 2.2 所示。

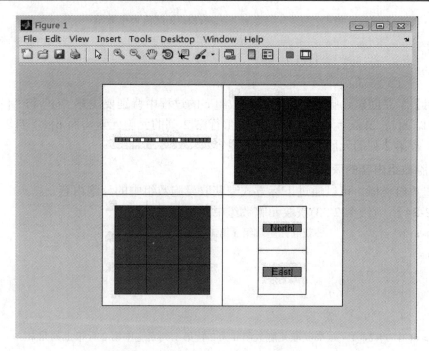

图 2.2　图形方式显示元胞数组的内容

2.3.2　元胞数组的扩充和收缩

和数值数组一样，使用给元胞数组赋值的方法可以实现数组维数的改变，其中赋空数组可以实现维数的减小，实现数组的收缩。

【例 2-37】　(续例 2-33)元胞数组的扩充和收缩示例。

```
>> a(2，3)={'元胞数组的扩展'}
a =
    [1x26 char   ]      [2x2 double]                  []
    [3x3   double]      {2x1 cell  }      '元胞数组的扩展'
>> a(：，1)=[] %给元胞数组赋空数组可以实现数组维数收缩
a =
    [2x2 double]                      []
    {2x1 cell  }      '元胞数组的扩展'
```

2.3.3　元胞数组的转换函数

MATLAB 提供的元胞数组和其他数组类型的转换函数有 cell2mat()，mat2cell()和 num2cell()，运用格式如下：

M=cell2mat(C)：将元胞数组 C 转换为单精度矩阵 M。其中 C 为多维元胞数组；M 为转换后得到的单精度数值矩阵。要求输入的元胞数组元素必须是同类型的数据。

C=num2cell(A)：转换数值数组 A 为元胞数组 C。其中 A 为数值数组；C 为转换得到的元胞数组。

C=mat2cell(X，M，N)：将数值矩阵 X 分解为元胞数组。其中 M 维数对应元胞行数；N 维数对应元胞列数；C 为转换后得到的元胞矩阵。

【例 2-38】　元胞数组和其他数组类型之间的转换实例。

```
>> clear，a={[1] [2 3 4]；[5； 9] [6 7 8； 10 11 12]}   %创建元胞数组
a =
    [          1]     [1x3 double]
    [2x1 double]      [2x3 double]
>> b=cell2mat(a)                              %转换元胞数组为单精度数值矩阵
b =
     1     2     3     4
     5     6     7     8
     9    10    11    12
>> t=rand(3，4)；%创建 3 阶魔方数组
>> p=mat2cell(t，[1 2]，[1 3])                %数值矩阵转换并分解为元胞矩阵
p =
    [    0.6948]     [1x3 double]
    [2x1 double]      [2x3 double]
>> A=[1 2 3 4；5 6 7 8；9 10 11 12]；
>> C=num2cell(A)                             %转换数值数组为元胞数组
C =
    [1]      [ 2]      [ 3]      [ 4]
    [5]      [ 6]      [ 7]      [ 8]
    [9]      [10]      [11]      [12]
```

2.4　构架数组(Structure Array)

构架数组也是 MATLAB 提供的一种特殊的数据类型，允许在一个数组中存放各种不同类型的数据。构架数组的基本组成是构架(Structure)，每个构架都包含了多个域(Field)，每个域都可以存放各种不同类型数据。通常每个域必须有自己的名字，叫做域名；域的取值叫做域值。在实际应用中部分域值可以不赋值。

2.4.1　构架数组的创建

构架数组的创建方法有三种：使用赋值语句直接创建、使用函数 struct()创建和使用转换函数 cell2struct()创建。

(1) 使用赋值语句直接创建。使用赋值语句创建构架数组是最直接也是最简单的创建方法。

【例 2-39】　使用赋值语句创建构架数组并获取示例。

```
>> a(1).name='li xiao lei';
```

```
>> a(1).weight='52kg';
>> a(1).sex='woman'              %建立构架数组 a
a =
1x2 struct array with fields：
    name
    weight
    sex
>> a(2).name='wang lei';
>> a(2).weight='60kg';
>> a(2).sex='man'               %构架数组的第二个元素可以通过增加下标实现
a =
1x2 struct array with fields：
    name
    weight
    sex
```

用户也可以通过工作空间浏览器直接查看已建立的构架数组内容。

(2) 使用函数 struct()创建。使用函数 struct()创建构架数组是最常用的方法，其格式如下：

　　　S=struct ('fieldl'，VALUES1，'field2'，VALUES2，...)

创建构架数组 S，其中值 VALUES1 赋给域 field1，值 VALUES2 赋给域 field2。

【例 2-40】　使用函数 struct()创建例 2-39 中的构架数组。

```
>> a(1)=struct('name', 'li xiao lei', 'weight', '52kg', 'sex', 'woman');
>> a(2)=struct('name', 'wang lei', 'weight', '60kg', 'sex', 'man')
a =
1x2 struct array with fields：
    name
    weight
    sex
```

(3) 使用转换函数 cell2struct()创建。构架数组除了可以通过直接赋值和创建函数创建外，用户还可以通过元胞数组转换得到。转换函数 cell2struct()的格式如下：

　　　S=cell2struct(C，FIELDS，DIM)

元胞数组 C 转换为构架数组 S。其中 FIELDS 为字符串数组或元胞数组；DIM 为元胞数组的维数。

【例 2-41】　使用转换函数 cell2struct()创建例 2-40 的构架数组实例。

```
>> clear，a={'li xiao lei', '52kg', 'woman'};
>> b={'name', 'weight', 'sex'}；%创建元胞数组
>> s=cell2struct(a，b，2)%将元胞数组转换为构架数组
s =
    name： 'li xiao lei'
```

　　　　weight：　'52kg'

　　　　　sex：　'woman'

2.4.2　域的增加和删除

1．获取域名

　　构架数组的域是根据用户的需要创建的。构架数组创建后，用户可通过函数 fieldnames()
获取构架数组的域，其格式如下：

　　　　NAMES = fieldnames(S)

返回构架数组 S 的域名构成的元胞数组 NAMES。

　　【例 2-42】　(续例 2-40)获取域名函数 fieldnames()使用实例。

```
>> NAMES = fieldnames(a)
NAMES =
    'name'
    'weight'
    'sex'
```

2．增加和删除域

　　构架数组建立后，允许用户增加和删除域。用户可以通过赋值语句实现域的增加。域
的删除可通过执行函数 rmfield()来实现。函数 rmfield()的格式如下：

　　　　S = rmfield(S，'field')

从构架数组 S 中删除域'field'。

　　【例 2-43】　(续例 2-40)在已有构架数组 a 上，增加课程成绩域 exams(三门功课)，并
删除 a 的域 sex。

```
>> a(1).exams=[90 86 74];        %通过赋值语句增加域 exam
>> a(1)                          %查看 a(1)各个域的域值
ans =
      name：  'li xiao lei'
    weight：  '52kg'
       sex：  'woman'
     exams：  [90 86 74]
>> a(2)                          %查看 a(2)各个域的域值
ans =
      name：  'wang lei'
    weight：  '60kg'
       sex：  'man'
     exams：  []
>> aa=rmfield(a，'sex')          %删除构架数组 a 的域 sex
aa =
1x2 struct array with fields：
```

      name

      weight

      exams

2.4.3　域值操作函数

　　域值除可以在引用构架数组的元素时获得，MATLAB 中还提供了两个与域值有关的函数 getfield()和 setfield()，格式如下：

　　　　getfield (S，{i，j}，'field'，{k})

获取构架数组指定域的域值。其中 S 是构架数组名；{i，j}用来指定元素构架的下标；'field'是指定的域名，必须是字符串；{k}用来指定域中数组的下标。

　　　　t=setfield(S，'field'，V)

　　　　t=setfield(S，{i，j}，'field'，{k}，V)

设置构架数组 S 的指定域的域值后创建新的构架数组 t。其中 S 是构架数组名；{i，j}用来指定构架数组元素的下标；'field'是指定的域名，必须是字符串；V 是设置值，S(i，j).field(k)=V。

　　【例 2-44】　(续例 2-43)函数 getfield()和 setfield()使用实例。

　　　　>> getfield(a，{1，1}，'exams'，{3})%获取 a 的第 1 个元素域 exams 的第 3 个值

　　　　ans =

　　　　　　74

　　　　>> S=setfield(a，{1，2}，'exams'，{[1 2 3]}，[76 85 78]) % 设置 s 的第 2 个元素的域 exams 的域值，并创建新的构架数组 S

　　　　S =

　　　　1x2 struct array with fields：

　　　　　　name

　　　　　　weight

　　　　　　sex

　　　　　　exams

　　　　>> averge=(S(2).exams(1)+S(2).exams(2)+S(2).exams(3))/3%求平均值

　　　　averge =

　　　　　　79.6667

　　　　>> S=setfield(a，{1，1}，'aver'，averge) %增加域 aver 并设置域值

　　　　S =

　　　　1x2 struct array with fields：

　　　　　　name

　　　　　　weight

　　　　　　sex

　　　　　　exams

　　　　　　aver

习　题

2.1　已知矩阵

$$a = \begin{pmatrix} 11 & 12 & 13 & 14 \\ 21 & 22 & 23 & 24 \\ 31 & 32 & 33 & 34 \\ 41 & 42 & 43 & 44 \end{pmatrix}$$

试分析下列语句的功能，并写出执行结果。

(1) a(2，3)；　　　　　　　　(2) a(2，：)；

(3) a(：，2：3)；　　　　　　(4) a(1：3，2：3)；

(5) a(：，end)；　　　　　　(6) a(：，1：2：3)；

(7) a(2：3)；　　　　　　　(8) a(：)；

(9) a(：，：)。

2.2　创建复数矩阵

$$x = \begin{pmatrix} 3+5i & 1+i & 7-5i \\ 2-3i & 6+4i & 3-9i \end{pmatrix}$$

分别计算其共轭转换、非共轭转置、各复数的模和幅角。

2.3　已知 A 为三阶魔方数组，B 为 3×3 均匀分布的随机数组，试计算：

(1) A+B，A−2B

(2) A×B，A.×B

(3) A/B，A\B，A.\B

2.4　采用冒号生成法和定数采样法分别创建区间为 $[-2\pi, 2\pi]$ 且有 50 个采样点的数组。

2.5　创建一个(4×3)的随机数组，提取第一行和第二行中大于 0.3 的元素构成新数组。

2.6　分析下列语句的执行结果：

x=[1.6，−2.5，5.45，−0.9]； ceil(x)； fix(x)； floor(x)； round(x)

2.7　分析下列语句的执行结果：

a=[1，NaN，Inf，3，-Inf，NaN]； isnan(a)； isfinite(a)； isinf(a)，any(a)，all(a)

2.8　分析下列语句的执行结果：

s1=upper('Nanjing')； s2='nanjing'； s3=lower(Xiaozhuang)；

c1=strcmp(s1，s2)； c2=strcmpi(s1，s2)； c3=strncmp(s1，s3，4)； c4=strncmpi(s1，s3，2)

2.9　创建元胞数组 A，分析下列语句执行功能：

A=cell(2，3)； A{1，1}=ones(2)； A{1，2}=randn(2)； A{1，3}=magic(2)； A{2，1} =

[2i, −3; −i, 1]; A{2, 2}=[]; A{2, 3}=zeros(3); ndims(A); [h, l]=size(A); numel(A); A(1, 2); A(1, :); A(: , end); A(2: 3, :); A{1, 2}; A{1, 2}(1); A{1, 2}(1, 2); A{1, 2}([1, 2]); A{1, 2}=4; A(3, :)=[]

2.10　表 2.8 和表 2.9 分别给出了 2011 级物理与电子工程学院自动控制班级的学生和任课教师的信息，试用构架数组存储这些信息，并计算各学生的平均成绩。

表 2.8　2013 级自动控制班级学生信息

学号	姓名	学习课程	成绩
201106812006	张建	高数、物理、英语、自控	77，78，80，91
201106812016	李敏	高数、物理、英语、自控	74，83，91，92
201106812023	王小利	高数、物理、英语、自控	62，76，78，84
201106812028	杨光	高数、物理、英语、自控	60，89，78，88

表 2.9　2013 级自动控制班级任课教师信息

编号	姓名	教授课程
2020605	王丽芬	英语
2020606	张齐光	高数、物理
2020608	赵明	自控

第 3 章　M 文件初步

　　前面的章节介绍了如何在 MATLAB 操作桌面完成运算，适合于指令条数不太多的情况。如果用户需要用到多条指令或者需要经常使用这些指令，则采用编写程序的方式完成起来会更方便。MATLAB 为用户专门提供了 M 文件，可以让用户自行将指令写成程序，存储为 M 文件后运行完成相应的工作。

　　M 文件分为脚本文件(Script File，标识为 📄)和函数文件(Function File，标识为 📄)两种形式，它们的扩展名都是 .m。脚本文件的效果等同于将指令逐条输入指令窗执行。因此，脚本文件在执行时，用户可以查看或者调用工作空间中的变量。函数文件则需要通过输入变量和输出变量来传递信息，如果没有特别设置，函数文件犹如一个暗箱，函数文件中的中间变量在工作空间是看不见的。MATLAB 强大的科学技术资源来自于 MATLAB 内部储存了丰富的函数文件，日益丰富的函数文件资源也是 MATLAB 版本升级的基础。

　　本章系统介绍 M 文件的种类、函数文件的构造以及 MATLAB 程序的跟踪调试。

　　本章主要内容包括：

➢　M 文件的分类及编写入门

➢　MATLAB 中不同流程控制语句及其使用技巧

➢　不同类型函数文件的创建及其调试

3.1　M 文件入门

3.1.1　M 文件的建立

　　M 文件是文本文件，可以用任何编辑程序来建立和编辑，一般最常用且最方便的是使用 MATLAB 提供的文件编辑器(MATLAB Editor/Debugger)。

　　缺省情况下，M 文件编辑器不随 MATLAB 的启动而开启，只有编写 M 文件时才启动。为建立新的 M 文件，启动 MATLAB 文件编辑器有三种方法：

　　(1) 命令按钮操作：鼠标左键单击 MATLAB 主窗口工具栏上的 New Script 命令按钮，出现标准的 MATLAB 脚本文件编辑窗口，如图 3.1 所示。

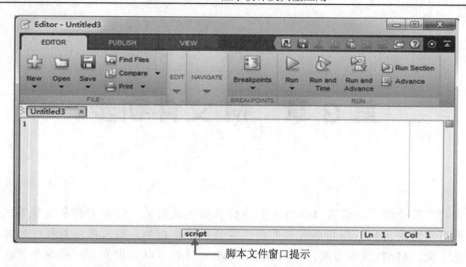

脚本文件窗口提示

图 3.1　新建的未命名(Untitled)空白脚本文件编辑窗口

(2) 菜单操作：从 MATLAB 主窗口 HOME 页面中点击 New Script，出现 MATLAB 脚本文件编辑窗口；如果希望新建函数文件，则选择 New →Function，则出现标准的 MATLAB 函数文件编辑调试窗口，如图 3.2 所示。

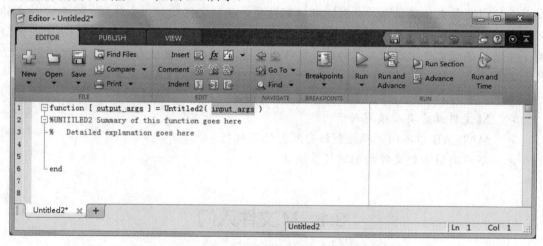

图 3.2　新建的未命名(Untitled)函数文件编辑调试窗口

(3) 命令操作：在 MATLAB 命令窗口执行指令 edit，MATLAB 将启动新建脚本文件编辑窗口。

3.1.2　M 文件编写初步

本节将通过编写脚本文件和函数文件执行相同的运算。通过这两个文件，用户可以初步了解脚本文件和函数文件。对于其中涉及的语言结构，文章后面将有详细介绍。

【例 3-1】　编写一个脚本文件，计算 $\sum\limits_{n=1}^{20} n$ 。

编写脚本文件的步骤：

(1) 启动 M 文件编辑调试器，建立新的脚本文件。

(2) 编写程序并保存。

在脚本文件空白处输入指令：

```
%脚本文件示例
clear
n=20；
sum=0；
for k=1：n
        sum=sum+k；
end
sum
```

指令输入完毕后保存该文件，方法为：单击 M 文件编辑调试器工具条上的保存图标 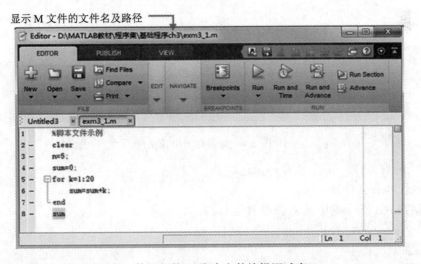，出现标准的文件保存对话框。在文件保存对话框中选定目录，键入程序的文件名(如 exm3_1)，单击保存即可；或者从 M 文件编辑调试器窗口中选择 File→Save 或者 Save As 也可以保存。保存完毕后，原来的未命名(Untitled)M 文件立即显示输入的文件名和路径，如图 3.3 所示。

显示 M 文件的文件名及路径

图 3.3　待运行的 M 脚本文件编辑调试窗口

(3) 运行脚本文件。

设置脚本文件 exm3_1.m 所在目录为当前目录，或者让该目录处于 MATLAB 的检索路径上，在指令窗中输入文件名 exm3_1 并运行。

```
>> exm3_1
sum =
210
```

【说明】

(1) 运行 M 文件的操作方法有很多，最常用的方法有：

① 在指令窗中运行 M 文件，M 文件不带扩展名。

② 在当前目录窗中，用鼠标右键单击待运行文件，再从引出的现场菜单中选择【Run】

即可。

(2) 在 M 文件编辑器中，注释部分可以采用汉字，并总可以获得准确显示。

(3) 当使用 M 文件编辑调试器保存文件时，不必写出文件的扩展名。

【例 3-2】　　运用 M 函数文件编写例 3-1 中的求和计算，要求 n 为任意自然数。

编写函数文件的步骤：

(1) 启动 M 函数文件编辑调试器，建立新的函数文件，如图 3.2 所示。

(2) 编写程序并保存。将输入变量(input args)、输出变量(output args)和函数名等处做相应修改，如图 3.4 所示。

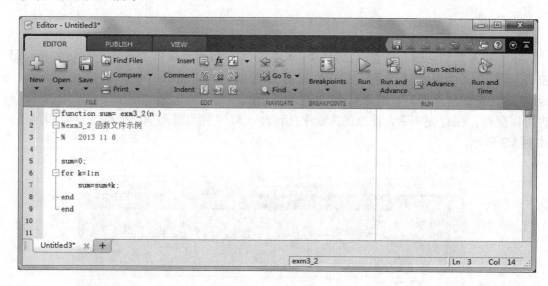

图 3.4　待保存的函数文件

保存该函数文件，文件名为 exm3_2。

(3) 运行函数文件。

在 MATLAB 指令窗中输入指令并运行：

```
>> sum=exm3_2(20)

sum =

    210
```

所得结果与上题相同。

【说明】

(1) 在指令窗中执行函数文件时，必须事先在工作空间中产生输入变量的值，或者直接将输入变量的值键入函数名后面的小括号中。用户如果像执行脚本文件一样执行函数文件，即仅键入 exm3_2，则 MATLAB 将提示出错。

(2) 函数文件在保存时，MATLAB 将函数名默认为文件名，建议用户不要随意修改。一旦函数文件的文件名和函数名不一致时，MATLAB 将以函数文件的文件名为准来执行。

(3) 用户如果要计算其他自然数，比如 n=5，可以在指令窗中执行 sum=exm3_2(5)。用户还可以输入任意自然数，体会一下函数文件的好处。

(4) 用户可以通过在脚本文件中使用交互式输入指令 input()，达到和函数文件相似的执行效果。建议用户将脚本文件 exm3_1 中的语句"n=20"修改为"n=input('n=?')；"，重新运行后观察其执行情况。

3.2　MATLAB 流程控制结构

MATLAB 为用户提供了 4 种流程控制结构：条件结构、循环结构、开关结构和试探结构，用户可以根据某些判断结果来控制程序流的执行次序。与其他程序语言相比，除了试探结构为 MATLAB 所特有外，其他结构及用法都十分相似。因此，本节只结合 MATLAB 特点对这几种流程控制结构做简要说明。

3.2.1　if 条件结构

if 条件结构是实现分支结构程序最常用的一种语句，能够实现单分支、双分支和多分支结构。

单分支结构的形式：

```
if 逻辑表达式
        指令语句组
    end
```

双分支结构的形式：

```
if   逻辑表达式
        指令语句组 1
    else
        指令语句组 2
    end
```

多分支结构的形式：

```
if   逻辑表达式 1
        指令语句组 1
    else if  逻辑表达式 2
        指令语句组 2
    …        …
    else if  逻辑表达式 n
        指令语句组 n
    else
        指令语句组 n+1
    end
```

【说明】

◆　在单分支结构中，当逻辑表达式为"逻辑真"(非 0)时，执行相应的指令语句组，否则，跳过该指令组。对于双分支结构，当逻辑表达式为"逻辑真"时，执行指令语句组 1，否则，执行指令语句组 2。在多分支结构中，MATLAB 将依次判断逻辑表达式是否为"逻辑真"，当前面所有的逻辑表达式都为"逻辑假"(0)时，MATLAB 执行指令语句组 n+1，并结束该结构。

◆ 逻辑表达式的形式大致有两种：一种是以标量或者数组的形式；另一种是由多个逻辑表达式进行关系运算的形式。当形式为数组时，只有当数组中的所有元素都为"逻辑真"时，MATLAB 才会执行对应条件的语句。后者的关系运算主要为"与(&)"、"或(|)"运算。

【例 3-3】　求分段函数 $y = \begin{cases} 2\sqrt{x}, & 0 \leqslant x \leqslant 1 \\ 1+x+\ln x, & x > 1 \end{cases}$ 的值。

编写文件名为 exm3_3 的脚本文件：

```
clear
x=input('请输入 x=?');
if x>=0 & x<=1
    y=2*sqrt(x)
elseif x>1
    y=1+x+log(x)
else
    disp('No defination')
end
```

在指令窗中执行文件 exm3_3.m，运行结果为

请输入 x=?

用户将需要计算的数值送给 MATLAB，这里以 x=6 为例：

请输入 x=?6

y =

8.7918

3.2.2　switch-case 开关结构

MATLAB 从 5.0 版本开始，提供了 switch-case 开关结构，其调用格式为

```
switch    开关表达式
case      表达式 1
              指令语句组 1
case      表达式 2
              指令语句组 2
 …             …
case      表达式 n
              指令语句组 n
otherwise
              指令语句组 n+1
end
```

【说明】

◆　开关结构运行时，MATLAB 将开关表达式的值依次和各个 case 后面的表达式进行比较，如果是"逻辑真"，将执行相应的指令语句，如果是"逻辑假"，则取下一个 case 后面的表达式比较。如果所有 case 后面的表达式都与开关表达式的值不相等，则执行 otherwise 后面的指令语句组。

◆　开关表达式的形式有两种：一种是标量；另外一种为字符串。对于字符串形式，MATLAB 在比较时将调用函数 strcmp()，得出字符串比较的逻辑输出值，MATLAB 根据该逻辑值的真假来判断是否执行该 case 后面的语句。

【例 3-4】　switch-case 开关结构实例：通过键盘输入百分制成绩，输出成绩的等级，其中 90～100 分等级为 A，80～89 分等级为 B，70～79 分等级为 C，60～69 分等级为 D，60 分以下等级为 E。

编写文件名为 exm3_4 的脚本文件：

```
n=input('请输入百分制成绩 n=?') ;
if n<0 | n>100
    disp ('输入有误，请重新输入百分制成绩')
else
    t=fix(n/10)            ; %fix()为截断取整函数
    switch t
      case {9，10}
          disp('A')
      case 8
          disp ('B')
      case 7
          disp('C')
      case 6
          disp('D')
      otherwise
          disp ('E')
    end
end
```

在指令窗中执行文件 exm3_4.m，并以 n=86 分为例，运行结果为：

```
请输入百分制成绩 n=?86
B
```

【例 3-5】　求分段函数 $y = \begin{cases} \dfrac{\sqrt{1+x^2}}{\ln 3}, x \leqslant 1, \ \text{且} \ x \neq -3 \\ \dfrac{x+\lg 7}{e}, x > 2 \\ \dfrac{x}{\pi}, \text{其他} \end{cases}$ 的值。

编写文件名为 exm3_5 的脚本文件：

方法一：利用 switch-case 开关结构。

```
clear
x=input('请输入 x 的值：');
switch 1
    case x<=1& x~=-3
        y=sqrt(1+x^2)/log(3)
    case x>2
        y=(x+log10(7))/exp(1)
    otherwise
        y=x/pi
end
```

注意：程序中 switch 后面的 1 为逻辑 1，表示条件永真。该题为三分支结构，也可以用 if 条件结构来编写。

方法二：利用 if 条件结构。

```
clear
x=input('请输入 x 的值：');
if x<=1&x~=-3
        y=sqrt(1+x^2)/log(3)
elseif x>2
        y=(x+log10(7))/exp(1)
else
        y=x/pi
end
```

3.2.3　try 试探结构

MATLAB 从 5.2 版本开始添加了 try 试探结构，其一般格式如下：

```
try
    指令语句组 1
catch
    指令语句组 2
end
```

【说明】　试探结构首先试探性地执行指令语句组 1，如果在此语句组执行过程中出现错误，则将错误信息赋给保留的 lasterr 变量，并放弃这组语句，转而执行语句组 2 中的语句。若语句组 2 执行过程中又出现错误，MATLAB 将终止该结构。

【例 3-6】　对 3 阶魔方阵的行进行引用，当行下标超出魔方阵的最大行数时改为对最后一行的引用，并显示出错警告信息。

编写文件名为 exm3_6 的脚本文件：

```
    N=input('提取魔方阵的第 N 行元素，其中 N=?');
    A=magic(3);  %执行函数 magic()产生 3×3 魔方矩阵
    try
        A_N=A(N，：) %取 A 的第 N 行
    catch
    A_end=A(end，：) %取 A 的最后一行
    lasterr %显示出错原因
    end
```

在指令窗中执行文件 exm3_6.m，并以 N=6 为例，运行结果为

取魔法阵的第 N 行，其中 N=?6

```
    A_end =
            4      9      2
    ans =
    Attempted to access A(6，：)；  index out of bounds because size(A)=[3，3]
```

3.2.4　for 循环结构

for 语句是一种基本的实现循环结构的语句，能够以确定的次数执行某一段程序。for 语句的格式如下：

```
    for 循环变量=表达式
        循环体指令语句组
    end
```

【说明】　"表达式"可以是 MATLAB 指令产生的数组，也可以是任意给定的一个数组。循环变量从"表达式"中的第一个数值(或第一列数组)一直循环到"表达式"的最后一个数值(或最后一列数组)。

【例 3-7】　运用 for...end 循环结构计算 $\sum_{n=0}^{m} \dfrac{1}{2^n+1}$ 的值，其中 $m=100$。

编写文件名为 exm3_7 的脚本文件：

```
    clear
    y=0;
    for n=0：100
        y=y+1/(2^n+1);
    end
    y
```

在指令窗中执行文件 exm3_7.m，运行结果为

```
    y =
        1.2645
```

【例 3-8】　运用循环结构计算积分 $s = \displaystyle\int_0^3 \dfrac{\ln x}{2x^2+1}\,\mathrm{d}x$。

编写文件名为 exm3_8 的脚本文件：

```
a=0+eps;                          %利用机器极小值代替 0，避免计算时出错
b=3；n=1000；h=(b-a)/n;
x=a：h：b；y=0;
f=log(x)./(2*x.^2+1);
for i=1：n
    s(i)=(f(i)+f(i+1))*h/2;       %计算细分后梯形的面积
    y=y+s(i);                     %迭代求和
end
y
```

在指令窗中执行文件 exm3_8.m，运行结果为

```
y =
    −0.7730
```

【例 3-9】 一个三位整数各位数字的立方和等于该数本身，称该数为水仙花数。运用 for…end 循环结构输出全部水仙花数。

编写文件名为 exm3_9 的脚本文件：

```
clear
for m=[100：999]
    m1=fix(m/100);                %求 m 的百位数字，函数 fix()功能为截断取整
    m2=rem(fix(m/10)，10);        %求 m 的十位数字，rem()为求余函数
    m3=rem(m，10);                %求 m 的个位数字
    if m==m1*m1*m1+m2*m2*m2+m3*m3*m3
        disp(m)
    end
end
```

在指令窗中执行文件 exm3_9.m，运行结果为

```
153
370
371
407
```

3.2.5 while 循环结构

while 结构是 MATLAB 语言实现循环结构的另一种基本方式，以不定的次数重复执行某一段程序。

while 循环结构的一般形式如下：

```
while   逻辑表达式
        指令语句组
    end
```

【说明】

◆ 执行时，只要逻辑表达式为"逻辑真"(非 0)，就执行指令语句组，执行后再返回到 while 引导的逻辑表达式处，继续判断；如果逻辑表达式为"逻辑假"(0)，则跳出循环。

◆ 通常，逻辑表达式的值为一个标量，但数组也同样有效。如果逻辑表达式的值为数组，要求数组的所有元素都为"逻辑真"(非 0)，MATLAB 才会执行循环体中的指令语句组。如果逻辑表达式为"空"，MATLAB 则认为表达式的值为逻辑假，不执行循环体语句指令组。

【例 3-10】　运用 while…end 循环结构实例：从键盘输入若干个数，当输入为 0 时结束输入。求这些数的平均值和它们的和。

编写文件名为 exm3_10 的脚本文件：

```
clear
val=input('Enter a number (end in 0)：');
sum=0；cnt=0；
while (val~=0)
    sum=sum+val；  cnt=cnt+1；
    val=input('Enter a number (end in 0)：');
end
if (cnt> 0)
    sum
    mean=sum/cnt
end
```

用户可以在指令窗中执行文件 exm3_10.m，将数字逐个输入并获得运行结果。

与循环语句有关的语句还有 break 和 continue 语句，它们一般和 if 语句配合使用：break 语句用于终止循环的执行，当在循环体内执行到该语句时，程序将跳出该循环；continue 语句用于控制跳过循环体内的某些语句，当在循环体内执行到该语句时，程序将跳过本次循环，继续下一次循环。

【例 3-11】　求[200，300]间第一个能被 18 整除的整数。

编写文件名为 exm3_11 的脚本文件：

```
clear
for n=200：300
    if rem(n，18)~=0
        continue
    end
    break
end
n
```

在指令窗中执行文件 exm3_11.m，运行结果为

```
n =
   216
```

3.2.6　控制程序流的其他常用指令

MATLAB 中有的指令能够使用户所编辑的程序具有交互性，使用这些指令有助于用户对程序做调试。

1. input()和 keyboard

(1) input()指令。input()指令常用格式为

　　v=input('message')

　　v=input('message', 's')

【说明】

◆ input()指令用于将 MATLAB 的"控制权"暂时交给用户。当用户通过键盘从指令窗中输入数据并执行后，所输入的内容被保存在变量 v 中，同时"控制权"被交还给 MATLAB。

◆ message 为显示在指令窗中的字符串，用户在指令窗中通过该提示给变量 v 赋值。第一种格式中，用户可以输入数值、字符串、元胞等各种形式的数据形式，变量 v 保持原来数据形式不变；第二种格式中，无论用户输入什么类型的数据形式，变量 v 总是被看做是字符串。

(2) keyboard 指令。当程序遇到该指令时，MATLAB 将"控制权"交给用户，用户从键盘上输入各种 MATLAB 指令。当用户执行指令 return 时，"控制权"交还给 MATLAB。

2. disp()指令和 echo 指令

disp()指令的常用格式为

disp(a)：显示变量 a 的结果，无需在指令窗中显示字符 a。

echo 指令：控制函数文件程序是否需要在屏幕上显示。当 MATLAB 执行程序中遇到 echo on 指令时，会显示当前执行的程序内容；echo off 为解除 echo on 指令。

3. pause 指令

pause 指令的格式为

pause：暂停执行程序，等待用户按任意键继续执行程序。

pause(n)：暂停 n 秒后，继续执行程序。

4. 警示指令

当程序执行中出现错误时，利用警示指令可以了解出错情况。常用的警示指令有：

lasterr：显示 MATLAB 自动判断的最新出错原因，终止运行程序。

lastwarn：显示 MATLAB 自动判断的最新出错原因，继续运行程序。

warning('message')：显示警告信息 message，继续运行程序。

error('message')：显示警告信息 message，终止运行程序。

errortrap：出错后，是否继续运行程序的切换开关。

3.2.7　加快 MATLAB 程序运行速度的技巧

由于 MATLAB 语言为解释性语言，因此，较其他语言来说，MATLAB 语言运行速度不太理想，因此，提高 MATLAB 程序运行效率就显得尤为重要。本文通过一个例题给用户

一个具体的体会。

【例 3-12】　提高 MATLAB 代码运行效率的实例：采用不同编程方法计算 1～100000 的平方根，比较运行时间。

编写文件名为 exm3_12 的脚本文件：

```
clear
nm=100000；
% 循环变量为标量时，显示运行时间
tic %打开定时器
for n=1：nm %循环变量为标量
    a(n)=sqrt(n)；
end
t1=toc %显示定时器的时间
% 循环变量为向量时，显示运行时间
clear a in
tic；
in=[1：nm]；
for n=in %循环变量为向量
    a(n)=sqrt(n)；
end
t2=toc
% 循环变量为向量，并预定义输出变量 a 时，显示运行时间
clear a in
tic；in=[1：nm]；
a=zeros(1，nm)；%对输出变量 a 预定义
for n=in %循环变量为向量
    a(n)=sqrt(n)；
end
t3=toc
%向量化编程代替循环结构后的运行时间
clear a in
tic；in=[1：nm]；
a=sqrt(in)；
t4=toc
%向量化编程代替循环结构，且对输出变量 a 进行预定义后的运行时间
clear a in
tic
in=[1：nm]；
a=zeros(1，nm)；
a=sqrt(in)；
```

```
        t5=toc
```
在指令窗中执行文件 exm3_12.m，运行结果为
```
    t1 =
        0.0332
    t2 =
        0.1489
    t3 =
        0.1060
    t4 =
        0.0016
    t5 =
        0.0026
```

【说明】

◆ 在循环结构中，对输出变量进行预定义可以大大缩短程序运行的时间，因此，为了提高 MATLAB 的执行效率，在循环语句之前尽量对向量或者矩阵进行预定义。但对于向量化编程，这种情况往往不见效。

◆ 在实际的 MATLAB 编程中，采用循环语句会降低程序的执行速度。为了得到高效代码，应尽量提高代码的向量化程度，即运用"向量化编程"，避免使用循环结构。

◆ 合理安排多重循环的次序，尽量较少外循环的次序，可以显著提高程序的运行速度。

◆ 在不同的计算机上运算时间可能各不相同，但其快慢的次序不变。

另外，在数组计算时尽量采用 MATLAB 的内建函数，由于内建函数置于 MATLAB 内核中，采用更底层的程序设计语言 C 优化构造的，其运行速度明显快于其他函数。

3.3　脚本文件和函数文件

3.3.1　脚本文件

对于较为简单的问题，从指令窗中直接输入指令进行计算是非常简单的事情。但当完成一个计算需要许多条指令，或者需要对相同指令进行多次重复操作时，直接从指令窗中输入指令已经不太合适，此时，采用脚本文件是最佳选择。

脚本文件是由 MATLAB 支持的指令组成。执行时只需在指令窗中输入文件名并运行，或者单击 MATLAB 操作桌面工具条上的图标 ⛶，打开该脚本文件，鼠标右击引出现场菜单，选中菜单【run】即可；还可在打开的脚本文件工具条中点击图标 ▶ 运行。

脚本文件的功能非常强大。它允许用户自由编写复杂的程序，仔细检查和修改。不会因为用户的一个无意操作而导致 MATLAB 盲目执行。脚本文件允许用户调用各种已经存在的函数文件，是一个非常有用的工具。

脚本文件的构成比较简单，其特点为：

(1) 它只是一串按照用户意图排列而成的 MATLAB 指令集合。

(2) 脚本文件只对 MATLAB 工作空间中的变量进行处理，并且文件中所有指令执行结

果也都驻留在 MATLAB 基本工作空间(Base Workspace)中。只要用户不使用指令 Clear 加以清除，且 MATLAB 指令窗不关闭，产生的变量将一直保存在基本工作空间中，供用户查看或者与其他脚本文件共享。

3.3.2　函数文件

函数文件是 MATLAB 工作的基石。MATLAB 的科学技术资源来自于 MATLAB 后台诸多的函数文件，MATLAB 不断升级的版本其功能的扩展也正基于添加更多更新功能的函数文件。

1．函数文件的特点

与脚本文件相同，函数文件也是以扩展名 ".m" 作为后缀。因此，从文件的名称上是不能区分脚本文件和函数文件的。但与脚本文件相比，函数文件更像是一个 "暗箱"：从外部只能看到传输给它的输入变量和送出来的输出变量，其内部运行是不可见的。

函数文件的特点为：

(1) 函数文件的第一个可执行指令总是以 "function" 引导的 "函数说明行(Function Declaration Line)"。该行还列出函数的输入变量(input_args)和输出变量(output_args)。有时函数的输入变量可能不止一个或者没有，输出变量也可能不止一个或者没有。

(2) 与脚本文件不同，函数文件在运行时，MATLAB 会为它开辟一个临时工作空间(Context Workspace)，称为函数工作空间(Function Workspace)，函数文件中除了输入输出变量外的中间变量都存放在函数工作空间中。当函数文件的最后一条指令执行完毕，或者遇到 return 指令时，函数工作空间及其所有的中间变量将被立即删除。

(3) 函数工作空间相对于基本工作空间来说是独立的，它随函数文件的被调用而产生，随函数调用的结束而删除。在 MATLAB 整个运行期间可以产生任意多个函数工作空间。

(4) 如果函数文件执行中发生对某个脚本文件的调用，那么该脚本文件运行产生的所有变量都存放在函数临时工作空间中，而不是存放在基本工作空间。

2．函数文件的结构

典型的函数文件格式如下：

> Function [输出变量]=函数名(输入变量)
> 函数注释行
> 函数体语句

【说明】

◆ 函数说明行：位于函数文件的首行，以关键字 function 开头，函数名以及函数的输入、输出变量都在这一行被定义。该点可类比于常规函数表达式 $y = f(x) = a^3 - x^3$，其中自变量 x 等效于函数输入变量；y 等效于函数输出变量；f 等效于函数名。对于输入变量不只是一个的情况，输入时将所有输入变量之间用逗号隔开放在小括号内；输出变量如果不只是一个的情况，也将各变量之间用逗号隔开，放在中括号内。如果没有定义输出变量，MATLAB 将把能够输出的函数运行结果从指令窗中输出而不会送到基本工作空间。

◆ 输入变量和输出变量的实际个数分别由 nargin 和 nargout 两个 MATLAB 预定义变量给出，只要调用该函数文件，MATLAB 就自动生成这两个变量。在标准程序中，往往需要对这两个变量的值进行检测，如果输入变量或者输出变量个数不正确，则应给出相应提示。

◆ 以%开头的注释行。这部分语句不执行，只起着注释的作用：第一个注释行为 H1 行，这一行一般包括大写的函数文件名和函数功能描述，即该文件的大纲(Summary)，供 lookfor 关键词命令查询用。其后的注释可以对文件进行详细地描述(Detailed explanation)。所有注释行产生帮助文本区，供 help 指令查询用。为了方便软件档案的管理，注释行里还会有编写该函数文件的作者、日期和版本记录等。

◆ 函数体语句位于注释行与函数文件的 end 之间，是由实现该函数文件功能的 MATLAB 指令组成的，它执行由输入到输出的运算。

函数文件的核心内容为函数申明行和函数体，这两条缺一不可。缺少注释行虽然不影响函数文件的执行功能，但会使得对该函数文件的查询和管理不方便。

【例 3-13】 编写函数文件产生扩展希尔伯特矩阵，要求：

(1) 检测输入输出变量的个数，如果有错误，则给出相关信息。

(2) 如果用户只提供一个输入变量，则产生希尔伯特方阵。如果用户没有要求输出变量，则显示产生矩阵的结果。

(3) 文件中给出合适的帮助信息，包括函数的基本功能、调用方法以及参数说明。

(注：希尔伯特矩阵中的元素为 $1/(i+j-1)$，其中 i、j 分别为该元素的行下标和列下标。普通意义上的希尔伯特矩阵为方阵，MATLAB 创建 n×n 希尔伯特矩阵的指令为 hilb(n)。本例创建 m×n 的广义希尔伯特矩阵。)

编写文件名为 gyhilb 的函数文件：

```
function b= gyhilb(m,n)
%GYHILB    produce a generalized hilbert matrix
% b= gyhilb(m,n)  生成一个(m×n)广义希尔伯特矩阵
% b= gyhilb(n)  生成一个(n×n)希尔伯特方阵
% gyhilb(m,n)  只显示生成的矩阵结果而不输出矩阵名

if nargin==1
    n=m;
elseif nargin==0
    error('请给输入变量赋值')
elseif nargin>2
    error('输入变量太多')
end
if nargout>1
    error('输出变量太多')
end
a=zeros(m,n);          %预定义变量
if n==m
    a=hilb(n);
else
```

```
    for k=1:m
        for l=1:n
            a(k,l)=1/(k+l+1);
        end
    end
end
if nargout==1
    b=a;
elseif nargout==0
    disp(a)
end
end
```

在指令窗中执行：

```
>> b=gyhilb(3，2)
b =
    0.3333    0.2500
    0.2500    0.2000
    0.2000    0.1667
>> gyhilb(4，5)
    0.3333    0.2500    0.2000    0.1667    0.1429
    0.2500    0.2000    0.1667    0.1429    0.1250
    0.2000    0.1667    0.1429    0.1250    0.1111
    0.1667    0.1429    0.1250    0.1111    0.1000
>> b=gyhilb(4)
b =

    1.0000    0.5000    0.3333    0.2500
    0.5000    0.3333    0.2500    0.2000
    0.3333    0.2500    0.2000    0.1667
    0.2500    0.2000    0.1667    0.1429
>> b=gyhilb
??? Error using ==> gyhilb at 10
```

请给输入变量赋值。

【说明】

◆ 从结构上看，函数文件比脚本文件多一个"函数申明行"，其余各部分相同。

◆ 如果函数文件只有一个输出变量，可以省略函数行输出变量的中括号。

◆ 建议用户将第一条注释用英文表达，便于 MATLAB 的关键词检索。

MATLAB 的函数文件不仅可以被用户在指令窗里调用，还可以被其自身调用，即可以实现递归调用。

【例 3-14】　　编写函数文件计算 $n!$，其中 n 为自然数。

编写文件名为 ffactor 的函数文件：

```
function    f=ffactor(n)
%FFACTOR Calculate n!
%  n    n 为自然数
if abs(n-floor(n))>eps|n<0 %判断 n 是不是自然数，如果不是
       error('输入变量 n 应为自然数')
end
    if n>1
        f=ffactor(n-1)*n;
    else
         f=1；
    end
end
```

在指令窗中执行：

```
>> f=ffactor(20)
f =
    2.4329e+018
```

或者用户编写文件名为 exm3_14 的脚本文件：

```
for i=1：10
     f(i)=ffactor(i)；
end
    f
```

在指令窗中执行该脚本文件，可以同时计算 1 到 10 各个自然数的阶乘：

```
>> exm3_14
f =
    Columns 1 through 7
         1         2         6        24       120       720      5040
    Columns 8 through 10
      40320    362880   3628800
```

【说明】　　采用递归结构编写的程序简洁明了，但执行时费时太多，建议用户尽量少用递归式编程。

3.3.3　局部变量和全局变量

用 MATLAB 语言编写的文件有脚本文件和函数文件之分，在文件执行过程中，如果没有特别声明，脚本文件运行后产生的变量存放在基本工作空间，函数文件运行过程中产生的变量存放于函数工作空间。

1. 局部变量(Local Variables)

函数工作空间中的变量其影响范围只局限在自身函数工作空间内，一旦该函数文件运行结束，它们将自动被删除。由于其在空间上的局限性，因此这一类型的变量称为局部变量。

2. 全局变量(Global Variables)

MATLAB 允许几个不同的函数空间以及基本工作空间共享一个变量，被共享的变量称为全局变量。全局变量是用 MATLAB 提供的 global 指令来设置的，格式如下：

  global X Y Z

其中 X，Y，Z 为希望定义的全局变量，中间用空格隔开。

每个希望共享全局变量的函数或 MATLAB 基本工作空间，必须逐个用 global 指令对具体变量加以专门定义。没采用 global 指令定义的函数或基本工作空间，将无权使用全局变量。

如果某个函数的执行使全局变量的内容发生变化，那么其他函数空间以及基本工作空间中的同名变量也就随之变化。除非与全局变量联系的所有工作空间都被删除，否则全局变量依然存在。

【说明】

◆ 对全局变量的定义必须在该变量被使用之前进行。建议把全局变量的定义放在脚本文件和函数文件的首行位置。在当前工作空间已经存在了相同的变量时，系统将会给出警告，表示如果将该变量定义为全局变量，可能会使变量的值发生改变。

◆ 为了提高文件的可读性，建议使用大写字母命名全局变量。

◆ 由于全局变量影响了函数的封装性，故不提倡使用全局变量。

【例 3-15】　global 指令定义全局变量示例。

编写计算圆周周长和面积的函数文件 ffun_SC：

```
function [C，S]=ffun_SC
%FFUN_SC Calculate the area and the the perimeter of a circle
global R
C=2*pi*R;
S=pi*R^2;
end
```

编写脚本文件并命名为 exm3_15：

```
clear
global R
R=4;
[C，S]=ffun_SC
```

在指令窗中执行指令：

```
>> exm3_15
C =
    25.1327
```

　　S =

　　　50.2655

3.4　MATLAB 函数类别和句柄函数

　　函数文件是扩展名为.m 的 M 文件中的一种，而函数文件又可以被细分为主函数、子函数、私用函数、匿名函数和内联函数等。本文只介绍主函数、子函数和内联函数，并简要介绍函数句柄。

3.4.1　主函数

　　MATLAB 允许一个函数文件包含多个函数。其中第一个出现的函数被称为主函数 (Primary function)，该文件中的其他函数都被称为子函数(Subfunction)。保存时所用函数文件名与主函数定义名相同。外部程序只能对主函数进行调用。

　　主函数的特点为：

　　(1) 一般为"与保存文件名相同"的那个函数。

　　(2) 在当前目录、搜索路径上，列出文件名的函数。

　　(3) 在指令窗或其他函数中，可以直接被调用的函数。

　　(4) M 函数文件中，由第一个 function 引导的函数。

　　(5) 采用 help functionname 可获取主函数所携带的帮助信息。

3.4.2　子函数

　　子函数的特点为：

　　(1) 子函数不独立存在，只能寄生在主函数中。

　　(2) 在函数文件中，由非第一个 function 引导的函数。

　　(3) 一个函数文件可以包含多个子函数。

　　(4) 同一函数文件的主函数、子函数的工作空间彼此独立，各函数之间的信息或通过输入输出变量传递，或通过全局变量传递。

　　(5) 子函数只能被其所在的主函数和其他"同居"子函数调用。

　　(6) 子函数可以出现在主函数中的任何位置，其位置先后与调用次序无关。

　　(7) 在函数文件中，任何指令通过函数名对函数进行调用时，子函数的优先级别仅次于内装函数。

　　(8) 采用 help functionname/subfunctionname 可获取子函数所携带的帮助信息。

3.4.3　内联函数

　　MATLAB 除了可以用 function 关键字开头的文件定义函数，还可以通过建立内联函数的方法建立函数文件。内联函数(Inline function)较之前的函数文件而言，创建方式比较简单。内联函数使得 MATLAB 的"泛函"指令具备了适应各种运算的能力。

1. 建立内联函数

建立内联函数的指令是 inline()，格式如下：

inline ('EXPR')

以字符串 EXPR 创建内联函数，如不指出变量，MATLAB 将以指令 findsym()指定变量为函数输入变量。用户可以调用指令 argnames()来查看内联函数的输入变量。

指令 vectorize()使得内联函数适用于数组运算规则，格式为：

vectorize(EXPR)

使得内联函数适用于数组计算。

【例 3-16】　运用内联函数实现 $f(a, x, y) = ae^{2x}\sin y$ 。

(1) 创建内联函数：

```
>> clear，F=inline('a*exp(2*x)*cos(y)')

F =

    Inline function：

    F(a，x，y) = a*exp(2*x)*cos(y)
```

(2) 查看内联函数的输入变量：

```
>> argnames(F)

ans =

    'a'

    'x'

    'y'
```

(3) 使其适应数组运算：

```
>> FF=vectorize(F)

FF =

    Inline function：

    FF(a，x，y) = a.*exp(2.*x).*cos(y)
```

(4) 令 $a=3$，计算 $x=1$, $y=\pi/3$ 和 $x=2$, $y=\pi/7$ 的值：

```
>> FF(3，[1 2]，[pi/3 pi/7])

ans =

    11.0836    147.5737
```

【说明】　'EXPR' 是字符串；EXPR 必须是不包含赋值号"="的表达式。

2. 计算内联函数的值

指令 feval()可以调用内联函数并进行计算，其格式如下：

y= feval(FIN，x1，x2…)

执行内联函数 FIN 指定的计算，其中 x1，x2…为传递给函数的参数值，它们的含义以及排列次序均与内联函数的输入变量含义及排列次序一致。y 为计算结果。

【例 3-17】　内联函数求值。

```
>> clear，f=inline('b*sin(3^x+z)')        %创建内联函数

f =
```

　　　　Inline function：

　　　　　f(b，x，z) = b*sin(3^x+z)

　　>> fy=feval(f，2，1，3)　　　　　　　%使用函数 feval()计算结果

　　fy =

　　　　−0.5588

　　>> f(2，1，3)　　　　　　　　　　　%也可以直接计算

　　ans =

　　　　−0.5588

3.4.4　函数句柄

　　函数句柄(Function Handle)是 MATLAB 的一种数据类型，它携带"相应函数创建句柄时的路径、视野、函数名以及可能的重载方式"。

　　函数句柄并不伴随函数文件的被创建、被调用而自动生成。用户可以通过两种方式为一个函数定义句柄：一是利用符号"@"，二是利用转换函数 str2func()。对函数句柄的观察需要借助指令 functions()来实现。

　　引入函数句柄后，用户调用函数如同调用变量一样方便。由于普通函数文件在调用时，MATLAB 都要为其进行全面的路径搜索，而函数句柄内部提供了路径搜索的全部信息，因此可以提高函数调用的速度，尤其是在反复调用的情况下效果更加明显。另外，函数句柄可以提高软件重用性，扩大子函数和私用函数的可调用性，也可迅速获得同名重载函数的位置、类型信息。

　　【例 3-18】　　(续例 3-13)为 gyhilb 函数文件创建函数句柄，并观察其内涵。

　　(1) 创建函数句柄。将 gyhilb 函数文件设置在搜索路径上，并执行：

　　　　>> clear，hm=@gyhilb

　　　　hm =

　　　　　　@gyhilb

　　(2) 类型判断：

　　　　>> class(hm)

　　　　ans =

　　　　function_handle

　　(3) 借助指令 functions()观察内涵：

　　　　>> F=functions(hm)

　　　　F =

　　　　　function： 'gyhilb'

　　　　　　type： 'simple'

　　　　　　file： 'G：\MATLAB 教材\程序集\基础程序 ch3\gyhilb.m'

　　(4) 句柄的调用方法之一：

　　　　>> M1=hm(3，4)

　　　　M1 =

0.3333	0.2500	0.2000	0.1667
0.2500	0.2000	0.1667	0.1429
0.2000	0.1667	0.1429	0.1250

(5) 句柄的调用方法之二：

```
>> M2=feval(hm，3，4)
M2 =
```

0.3333	0.2500	0.2000	0.1667
0.2500	0.2000	0.1667	0.1429
0.2000	0.1667	0.1429	0.1250

用户可以改变当前目录，比如将 L：\matlab2011a\bin 设置为当前目录，然后在指令窗中执行：

```
>> gyhilb(3)
??? Undefined function or method 'gyhilb' for input arguments of type 'double'.
>> M=hm(3)
M =
```

1.0000	0.5000	0.3333
0.5000	0.3333	0.2500
0.3333	0.2500	0.2000

【说明】

◆ 指令 hm=@hilb 的功能，可以用 hm=str2func('hilb')替换。

◆ 用户在创建函数的句柄时，必须保证该函数处于"当前视野"。

【例 3-19】　编写一个含有子函数的函数文件，创建子函数句柄，并利用子函数句柄在指令窗中执行子函数。

(1) 编写文件名为 exm3_19 的函数文件：

```
function OS = exm3_19(m)
%EXM3_19 Demo for handles of primary functions、subfunctions and function handle
%   m 只能取字符串 'ho' 或者 'do'
%ho-harmonic oscillation(无阻尼振荡); do-damped oscillation(阻尼振荡)
%OS  子函数 oscillation  的句柄
t=linspace(0,8*pi,500);
x=sin(t);
y=exp(-0.1*t);
OS=@oscillation;                    %创建子函数 oscillation 的函数句柄
feval(OS,m,x,y,t)
%----subfunction----
        function oscillation(m,x,y,t)
%oscillation(m,x,y,t)位于主函数 exm3_19 内部的子函数
%   m 可以取字符串 'ho' 或者 'do'
% t,x,y 由主函数创建
```

```
       if m=='ho'
                   plot(t,x)
       elseif m== 'do'
               plot(t,x.*y)
       else
               error('输入有误，请输入"ho"或者"do"!')
       end
       end
       end
```

(2) 把 exm3_19.m 保存在 MATLAB 的搜索路径上，然后在指令窗中执行下列指令：

```
>> OS = exm3_19('ho')

   OS =

     @exm3_19/oscillation
```

得到如图 3.5 所示的图。

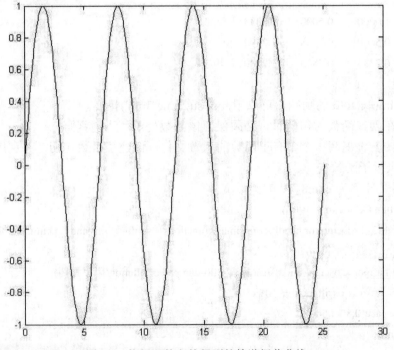

图 3.5　执行函数文件得到的简谐振荡曲线

(3) 直接利用创建的子函数句柄，在指令窗中执行下列指令，调用子函数：

```
>> t=linspace(0,8*pi,500);

>> x=sin(t);

>> y=exp(-0.1*t);

>> feval(OS,'do',x,y,t)
```

得到如图 3.6 所示的图。

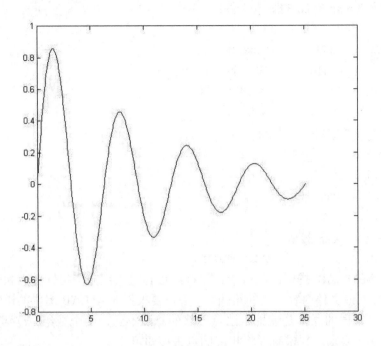

图 3.5　执行子函数句柄得到的阻尼振荡曲线

【说明】

◆　创建子函数句柄指令位于主函数体内，因此，只有当主函数被执行后，子函数句柄才被创建，当用户在工作空间看到被创建的子函数句柄 OS 后，才能利用指令在指令窗调用该子函数。即使该函数已经不在搜索路径上，MATLAB 也能准确执行。

◆　用户在指令窗中可以通过修改参数变量 t 的值，调用子函数句柄得到不同的绘图效果；也可以将字符串 'do' 修改为 "ho"，试试运行结果。

3.5　MATLAB 程序的调试

在编写 M 文件后，一般需要对程序进行调试，调试的目的是保证程序没有语法错误，并且能够按照用户的目的正确运行，得到正确的结果。MATLAB 程序中的错误(Bug)来源有两种：格式错误和运行错误。

格式错误是指变量名、函数名的命名错误或存在没有定义的变量，指令行缺少括号等。对于这类错误，MATLAB 在运行中可立即发现并立即终止程序的运行，从指令窗中用醒目的红色字体给出相应的错误原因以及具体行数。用户根据 MATLAB 的提示并仔细查找即可解决问题。

运行错误主要发生在算法和程序设计上，表现为对 MATLAB 指令的理解错误，导致程序正常运行却得不到正确结果或者程序不能正常运行而中断等。对于有些运行错误，MATLAB 也能立即发现并给出出错原因和具体行数。对于有些较为棘手的运行错误，用户必须使用好 M 文件中提供的调试器(Debugger)的调试功能来进行纠错。

【例 3-20】　M 文件的 MATLAB 调试示例之一。

编写文件名为 exm3_20 的脚本文件：

```
clear
A=[1 2；3 4；3 7]；           %3×2 数组(或矩阵)
B=[3 2 -4；5 8 1]；          %2×3 数组(或矩阵)
F=A.*B；                    %数组的点运算
E=A*B；                     %矩阵运算
```

在指令窗中输入文件名并执行：

```
>> exm3_20
Error using    .*
Matrix dimensions must agree.


Error in ==> exm3_20 at 4
F=A.*B；                    %数组的点运算
```

下划线为 MATLAB 提供的超链接，鼠标靠近超链接部分待指针的形状变成一个小手时，右击即可进入该文件内容出错的第四行，用户要根据 MATLAB 提供的出错原因仔细查找。本例给出了错误的原因是使用乘法点运算的算法不当，两个数组(或矩阵)的维数不满足数组进行点乘的要求。纠错时，将相应的点去掉即可。

对于函数文件，程序运行的错误同样在指令窗中显示，待用户将错误的程序修改后函数文件才能继续运行。

【例 3-21】 M 文件的 MATLAB 调试示例之二。

编写文件名为 fun_SC 的函数文件：

```
function [S，C]=fun_SC(R)
%fun_S fun_C 分别计算圆周面积和周长
C=2*pi*R；
P=R*R；
S=pi*P；
```

编写文件名为 exm3_21 的脚本文件：

```
clear
R=[2 3 4]；                 %三个圆周的半径
[S，C]=fun_SC(R)           %计算三个圆周的周长和面积
```

在指令窗中运行脚本文件 exm3_20.m：

```
>> exm3_21
Error using    *
Inner matrix dimensions must agree.
Error in fun_SC (line 4)
P=R*R；
Error in exm3_21 (line 4)
[S，C]=fun_SC(R)           %计算三个圆周的周长和面积
```

运用超链接可实现程序的查询和修改。本例将函数文件 fun_SC 的第四行修改为数组的

点乘积运算即可。

MATLAB 的 M 文件调试器不仅向用户提供了专门的调试菜单项，而且还提供了更为简洁的调试工具条，如图 3.7 所示。

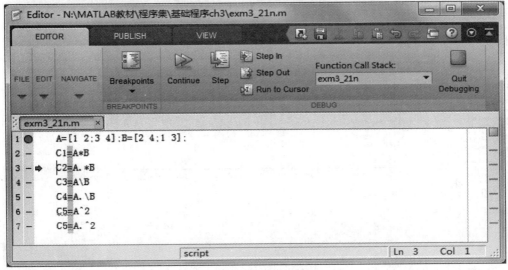

图 3.7　工具条中调试图标

利用这些图标功能可以方便地对 MATLAB 程序进行调试。它们的功能如表 3-1 所示。

表 3-1　工具条中的调试图标及其功能

调试器图标	功　能	调试器图标	功　能
	连续执行		深入被调函数
	设置/清除当前执行行断点		跳出被调函数
	清除所有文件设置的断点		继续执行到光标位置
	单步执行当前行		退出调试

【例 3-22】　M 文件的 MATLAB 调试示例之三。

(1) 编写脚本文件并命名为 exm3_22：

```
%exm3_21
A=[1 2 3；4 5 6；7 8 9]；B=magic(3)；
C1=A*B
C2=A.*B
C3=A\B
C4=A.\B
C5=A^2
```

　　C6=A.^2

给程序逐条添加断点，各指令行的左端出现红色的断点标志"●"。

（2）点击执行图标 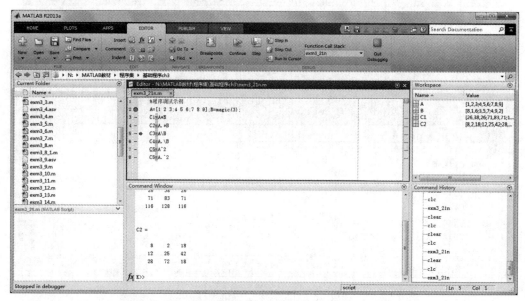，MATLAB 执行动态调试，此时 M 文件在所设断点旁显示"绿色右指箭头"为 MATLAB 程序调试指针，该调试指针表面运行中断在此行之前，指令窗出现标志符"K>>"，如图 3.8 所示。

（3）点击连续执行图标，程序将逐条执行，并将执行结果显示在工作空间。执行完毕，点击图标，退出调试(Quit Debugging)。

图 3.8　将被调试文件嵌入 MATLAB 操作桌面后的效果图

这种调试方法可以方便用户了解每一个语句的执行结果，在错误处箭头将消失，方便用户适时修改。调试完毕后，一定要点击"quit Debugging"按钮。

如果用户的程序规模较大，文件中又有较多的函数文件，显示使用逐步调试的方式不太合适，用户可以选择性地在文件的适当位置使用断点。

习　　题

3.1　简述脚本文件和函数文件的区别和联系。

3.2　分析下列语句的执行结果。

a=1: 9; b=linspace(11，3，9); x=a<=5; y=a>8; l=x&y; m=x|y; a1=a(l); a2=a(m); xm=find(m)

3.3　计算分段函数 $y = \begin{cases} x^2 - 1, & -1 \leqslant x \leqslant 1 \\ x, & \text{其他} \end{cases}$ 的值。

3.4　计算分段函数 $y = \begin{cases} x^2 - 6, & x < 0 \text{且} x \neq -3 \\ x - 3\sqrt{x} + 2, & 0 \leqslant x < 10, x \neq 2 \text{且} x \neq 3 \text{ 的值。} \\ x + 1, & \text{其他} \end{cases}$

3.5　分别用循环语句中的 for...end 结构和 while...end 结构编写程序，完成计算 $K = \sum_{n=1}^{100} \dfrac{1}{n^3}$ 。

3.6　编写脚本文件，能够提示用户从键盘输入数字，然后判断输入的数字是否为正数，并给出提示。同时记录输入的正数和负数的个数。当输入为 0 时终止脚本文件的运行，并显示记录的正数和负数的个数。(提示：指令 input()可以实现键盘输入，指令 disp()可以实现显示。)

3.7　编写脚本文件，列出 50 以内的所有质数。

3.8　编写一段程序，能够实现把输入的摄氏温度转换为华氏温度，也能够将华氏温度转换为摄氏温度。

3.9　用公式计算 π 的近似值：

$$\frac{\pi^2}{6} = 1 + \frac{1}{2^2} + \frac{1}{3^2} + \frac{1}{4^2} + \ldots$$

要求编程时最后一项的值小于 10^{-10}。

3.10　利用循环结构计算 $s = \int_0^{2\pi} \cos\left(x - \dfrac{\pi}{6}\right) \sin\left(x + \dfrac{\pi}{6}\right) \mathrm{d}x$ 的值。

3.11　找出区间[100，200]中第一个能被 13 整除的整数。

3.12　用迭代法计算 $x = \sqrt{a}$，$a \geqslant 0$，要求迭代后前后两次计算出的结果差的绝对值小于 10^{-6}。提示：计算平方根的迭代公式为：$x_{n+1} = \dfrac{1}{2}\left(x_n + \dfrac{a}{x_n}\right)$

3.13　编写函数文件，能够实现二分法求解一元方程零点的算法，并利用该函数文件求解方程 $f(x) = x^5 - 4x^2 + 3x - 5$ 在区间[-5，5]上的数值零点。

提示：若方程为 $f(x) = 0, x \in [a,b]$，且有 $f(a)f(b) < 0$，则取该区间中点为 x_m，比较 $f(a)$、$f(b)$ 中哪一个与 $f(x_m)$ 异号。找到该点后，转换为该点与 x_m 构成区间的求解并比较结果的过程。重复以上步骤，直至最后区间的长度小于事先设置好的参数 ε，此时该区间中点即为原方程的解。

3.14　利用内联函数计算表达式 $f(x) = x^3 + 2x^2 - 1$ 在 -5、-3、-1、1、3、5 处的值。

3.15　计算 $z = x^2 + \mathrm{e}^{x+y} + y \ln x$ 在 $x = 1$，$y = 3$ 时的值。

3.16　某班学生的 MATLAB 成绩为：67、86、85、88、56、94、72、46、100、79。试编写函数文件，用开关结构统计各分数段的人数，并将个人成绩用优秀、良好、中等、不及格表示，统计人数和成绩变换要求用子函数实现。

第 4 章　　数 值 计 算

　　数值计算在现代科学研究和工程技术领域中应用最为广泛。MATLAB 正是凭借其卓越的数值计算功能而称雄一方。现在 MATLAB 拥有的数值计算功能已经非常强大。本章重点讲述在 MATLAB 工作环境下解决具体的数值计算问题，包含高等数学、线性代数、数据分析中的很多重要内容：矩阵的计算和分解、多项式运算、函数的零极点、数值微积分等。

　　本章主要内容包括：

> ➢　矩阵多种运算方法的 MATLAB 实现
> ➢　计算矩阵的秩、特征值及其对应的特征向量
> ➢　利用矩阵操作求解线性方程组
> ➢　利用多项式实现数据点的插值和拟合
> ➢　利用 ode() 指令求初值问题的常微分方程数值解

4.1　矩 阵 的 计 算

　　本书第 2.1 节讲述了数组的创建，矩阵也即二维数组。运用矩阵的概念便于和线性代数中的概念相吻合。

4.1.1　矩阵的结构变换

　　矩阵的结构变换包括矩阵的转置、翻转和矩阵的旋转。MATLAB 中矩阵的结构变换遵循线性代数中的操作规则。

1. 矩阵转置

　　矩阵转置的 MATLAB 运算符为单引号 "'"。如：

　　　　A'

求 A 的转置，其中 A 可以是行向量、列向量和矩阵。

　　【例 4-1】　矩阵转置的 MATLAB 实例。

```
>> clear, x1=[1; 3; 5];              %3×1 的列向量
>> y1=x1'                            %转置结果为 1×3 的行向量
y1 =
      1      3      5
>> x2=[1 2 3;  4 5 6];               %2×3 的矩阵
>> y2=x2'                            %转置结果为 3×2 的矩阵
y2 =
      1      4
```

$$2 \quad 5$$
$$3 \quad 6$$

```
>> x3=[1−2*i 3+4*i; 1−4*i 2+6*i; 3-i −5+4*i];    % 3×2 的复数矩阵
>> y3=x3'                                         %转置结果为 2×3 的共轭矩阵
y3 =
    1.0000 + 2.0000i    1.0000 + 4.0000i    3.0000 + 1.0000i
    3.0000 − 4.0000i    2.0000 − 6.0000i   −5.0000 − 4.0000i
>> x3=[1−2*i 3+4*i; 1−4*i 2+6*i; 3-i −5+4*i];    %3×2 的复数矩阵
>> y3=x3.'                                        % 的点转置结果为 2×3 的非共轭矩阵
y3 =
    1.0000 − 2.0000i    1.0000 − 4.0000i    3.0000 − 1.0000i
    3.0000 + 4.0000i    2.0000 + 6.0000i   −5.0000 + 4.0000i
```

对于复数矩阵，MATLAB 完成的是复数矩阵的共轭转置。复数矩阵的非共轭转置的运算符为 "`.'`"（具体实例见第 2 章数值数组部分【例 2-18】）。

注意：矩阵转置的操作符必须在英文状态下输入。

2. 对称变换

指令 flipud()和 fliplr()用于完成矩阵的对称变换，调用格式如下：

B = flipud(A)

上下方向翻转的矩阵。如果是列向量，返回相反顺序的向量；如果是行向量，返回原向量。

B = fliplr(A)

水平方向翻转的矩阵。如果是行向量，返回相反顺序的向量；如果是列向量，返回原向量。

另外，MATLAB 还提供了一个以指定维翻转的函数 flipudim()，格式为

B=flipdim(A，dim)

返回以指定维翻转的矩阵。dim=1，以行方向翻转；dim=2，以列方向翻转。可见 flipdim(A，1) 操作效果等同于 flipud(A)，flipdim(A，2) 操作效果等同于 fliplr(A)。

【例 4-2】 矩阵的结构变换实例。

```
>> clear，B=[1 2 3 4; 5 6 7 8; 9 10 11 12; 13 14 15 16]
B =
     1     2     3     4
     5     6     7     8
     9    10    11    12
    13    14    15    16
>> flipud(B)              %将矩阵 B 上下方向翻转
ans =
    13    14    15    16
     9    10    11    12
     5     6     7     8
     1     2     3     4
>> fliplr(B)                          %将矩阵 B 水平方向翻转
```

```
ans =
        4       3       2       1
        8       7       6       5
       12      11      10       9
       16      15      14      13
```

3. 旋转

指令 rot90()用于完成矩阵逆时针旋转 90°，格式为

rot90(A，k)

矩阵 A 逆时针翻转 k×90°。

【例 4-3】　矩阵旋转变换实例。

```
>> clear，x=[1 2；3 4；5 6];
>> A1=rot90(x)%逆时针旋转 90°
A1 =
        2       4       6
        1       3       5
>> A2=rot90(x，2)          %逆时针旋转 2×90°
A2 =
        6       5
        4       3
        2       1
>> A3=rot90(x，3)          %逆时针旋转 3×90°
A3 =
        5       3       1
        6       4       2
```

4. 提取三角阵

MATLAB 中提取上三角矩阵的函数为 triu()，提取下三角矩阵的函数为 tril()。

函数 triu()的格式为

triu(X，K)

K=0 时，提取矩阵 X 的主对角线及以上的元素；K>0 时，提取矩阵 X 主对角线上方的第 K 条对角线以上的元素；K<0 时，提取矩阵 X 的主对角线下方第-K 条主对角线以上的元素。K 缺省时默认为 0。

函数 tril()的格式为

tril (X，K)

K=0 时，提取矩阵 X 的主对角线及以下的元素；K>0 时，提取矩阵 X 主对角线上方的第 K 条对角线以下的元素；K<0 时，提取矩阵 X 的主对角线下方第-K 条主对角线以下的元素。K 缺省时默认为 0。

【例 4-4】　提取三角阵指令实例。

```
>> clear，x=magic(3)；%创建 3 阶魔方矩阵
```

>> A=triu(x) %提取主对角线上三角矩阵

A =

8	1	6
0	5	7
0	0	2

>> B=tril(x)　　　　　　　　　　　%提取主对角线下三角矩阵

B =

8	0	0
3	5	0
4	9	2

>> B1=tril(x，1)　　　　　　　　%提取主对角线上方第一条对角线下三角矩阵

B1 =

8	1	0
3	5	7
4	9	2

4.1.2 矩阵分析

矩阵分析是线性代数中关于矩阵运算的重要环节。矩阵分析包括矩阵的秩、矩阵对应的行列式和逆矩阵等运算。MATLAB 提供了与之相应的指令，用户在计算中只需正确调用这些指令，就可以快速得到结果。

1. 秩

矩阵中线性无关的行数和列数成为矩阵的秩。在 MATLAB 中求秩函数为 rank()，调用格式为

　　rank(A)

计算矩阵 A 的秩。

【例 4-5】 求下列矩阵的秩。

$$(1) \begin{pmatrix} 1 & 4 & 2 \\ 6 & 7 & 2 \\ 5 & -4 & -8 \end{pmatrix} \qquad (2) \begin{pmatrix} 5 & 4 & -2 \\ 4 & 5 & 2 \\ -2 & 2 & 8 \end{pmatrix}$$

(1)　　　>> clear，a=[1 4 2；6 7 2；5 −4 −8]；

　　　　　　>> R1=rank(a)

　　　　　　R1 =

　　　　　　　　3

(2)　　　>> b=[5 4 −2 ；4 5 2；−2 2 8] ；

　　　　　　>> R2=rank(b)

　　　　　　R2 =

　　　　　　　　2

MATLAB 还提供了一个化简函数 rref()，其格式如下：

    rref(A)

将矩阵 A 化为行阶梯阵。

根据 MATLAB 的输出结果，用户可以得到矩阵的秩，即行阶梯阵中非零行的行数。

【例 4-6】   (续例 4-5)行阶梯阵化简函数 rref()应用实例。

```
>> rref(a)                    %将矩阵 a 化简为行阶梯阵
ans =
     1     0     0
     0     1     0
     0     0     1
>> rref(b)                    %将矩阵 b 化简为行阶梯阵
ans =
     1     0    -2
     0     1     2
     0     0     0
```

由化简结果可知，矩阵 a 的秩为 3，矩阵 b 的秩为 2。

2. 行列式和逆矩阵

把方阵 A 看做行列式|A|，对其按照行列式的规则求值，称该值为行列式的值。MATLAB 的求值指令为 det()，其格式为

    det(A)

计算方阵 A 对应的行列式的值。

行列式的值为 0 时，相应的矩阵称为奇异矩阵，否则称为非奇异矩阵(或满秩矩阵)。

对于非奇异矩阵 A，有与其同型的非奇异矩阵 B，使得 A×B=B×A=I，其中 I 为单位矩阵，则 A 和 B 互为逆矩阵。求方阵 A 逆矩阵的 MATLAB 函数为 inv()，格式为

    B=inv(A)

求非奇异矩阵 A 的逆矩阵 B。

【例 4-7】   (续例 4-5)矩阵对应行列式的值、逆矩阵和广义逆矩阵运算实例。

```
>> det(a)
ans =
    66
>> det(b)    %计算矩阵对应行列式的值
ans =
     0
>> inv(a)        %矩阵 a 为非奇异矩阵，存在逆矩阵
ans =
   -0.7273     0.3636    -0.0909
    0.8788    -0.2727     0.1515
   -0.8939     0.3636    -0.2576
```

【说明】   对于奇异矩阵，调用 MATLAB 指令 inv()也可以获得计算结果。此时

MATLAB 会给出警告：Warning： Matrix is close to singular or badly scaled。用户不要将输出矩阵认为是该奇异矩阵的逆矩阵，必须通过逆矩阵定义加以验证。

【例 4-8】 逆矩阵的应用。设

$$A=\begin{pmatrix} 1 & 2 & 3 \\ 2 & 3 & 4 \\ 3 & 4 & 3 \end{pmatrix}, \ B=\begin{pmatrix} 2 & 5 \\ 4 & 3 \end{pmatrix}, \ C=\begin{pmatrix} 1 & 3 \\ 4 & 0 \\ 2 & 1 \end{pmatrix}$$

求矩阵 X，使满足：A×B=C。

由线性代数可知：$X = A^{-1}CB^{-1}$ 或者 $X = A \backslash C / B$。本题给出两种计算程序，并比较计算结果和耗时。

编写文件名为 exm4_8 的脚本文件：

```
clear, clc,
A=[1 2 3; 2 3 4; 3 4 3]; B=[2, 5; 4 3]; C=[1 3; 4 0; 2 1];
%显示利用逆矩阵求解时的耗时
tic            %开启计时器
X1=inv(A)*C*inv(B)
toc            %结束计时，并输出时间
%显示利用矩阵除法求解时的耗时
tic
X2=A\C/B
toc
```

在指令窗中执行 exm4_11：

```
X1 =
    -4.7500     4.2500
     4.3571    -3.9286
    -1.1071     1.1786
Elapsed time is 0.000201 seconds.
X2 =
    -4.7500     4.2500
     4.3571    -3.9286
    -1.1071     1.1786
Elapsed time is 0.000137 seconds.
```

【说明】

◆ 利用逆矩阵求解方程组时需要两步计算，即求逆矩阵和矩阵乘法，因此较左除法求解方程组速度要慢。

◆ 该程序在不同计算机上执行时耗时不唯一，但时长顺序不会改变。

如果矩阵 A 不是方阵或非奇异矩阵时，该矩阵存在与 A 的转置矩阵同型的矩阵 B，使 A×B×A=A，B×A×B=B 成立，则 B 称为 A 的逆，即伪逆矩阵。求伪逆矩阵的 MATLAB 函数为 pinv()，其格式为

B=pinv(A)

求矩阵 A 的伪逆矩阵 B。

【例 4-9】　求方程组 $\begin{cases} 2x_1 + x_2 + 7x_3 + x_4 = 3 \\ 8x_1 - 3x_2 + 2x_3 + 6x_4 = 5 \end{cases}$ 的最小范数解。

分析：该方程组为欠定方程组，系数矩阵不是方阵，因此只能求其伪逆矩阵。

编写文件名为 exm4_11 的脚本文件：

```
clear，clc
A=[2 1 7 1；8 -3 2 6]；b=[3 5]';
X=pinv(A)*b
```

在指令窗中执行 exm4_11：

```
X =
    0.3426
   -0.0691
    0.3063
    0.2400
```

3. 矩阵的迹和范数

矩阵的迹：矩阵的对角线元素之和，即矩阵的特征值之和。MATLAB 中求迹函数是 trace()，格式如下：

```
trace(A)
```

求矩阵 A 的迹。

向量和矩阵的范数：对向量和矩阵定义的一种度量形式。使用范数可以测量两个向量或矩阵之间的距离。范数有多种定义形式。MATLAB 计算向量或矩阵的范数指令为 norm()，格式如下：

```
norm (A，k)
```

计算向量或矩阵 A 的 k-范数：k 可以取 1、2、Inf、'fro'，表示分别计算矩阵的 1-范数、2-范数、无穷大-范数、Frobenius-范数。k 缺省时为计算 2-范数。

【例 4-10】　计算矩阵 $\begin{pmatrix} 8 & 6 & -1 & 1 \\ 4 & 3 & -1 & 2 \\ 5 & 3 & -3 & 4 \\ 3 & 4 & -7 & -2 \end{pmatrix}$ 的迹和范数。

```
>> clear，A=[8 6 -1 1；4 3 -1 2；5 3 -3 4；3 4 -7 -2]；
>> trace(A)                    %计算矩阵的迹
ans =
     6
>> norm(A，1)                   %计算矩阵的 1-范数
ans =
    20
```

```
>> norm(A)                    %计算矩阵的 2-范数
ans =
    14.6918
>> norm(A，inf)               %计算矩阵的无穷大-范数
ans =
    16
>> norm(A，'fro')             %计算矩阵的 Frobenius-范数
ans =
    16.4012
>> norm(A(:，2)，1)           %计算向量的 1-范数
ans =
    16
```

4. 条件数

矩阵的条件数是解线性方程组时判断系数矩阵的变化对解的影响程度的一个参数。矩阵的条件数的定义依赖于范数。矩阵的条件数接近 1 时表示方程为良性的，否则为病态的。

MATLAB 计算矩阵条件数的指令为 cond()，格式如下：

cond(A，p)

计算矩阵 A 的 p-范数：p 可以取 1、2、Inf、'fro'，分别表示计算矩阵的 1-范数条件数、2-范数条件数、无穷大-范数条件数、Frobenius-范数条件数。p 缺省时为计算 2-范数条件数。

【例 4-11】 (续例 4-10)计算矩阵 A 的条件数。

```
>> cond(A，1)        %计算矩阵的 1-范数条件数
ans =
   108.1720
>> cond(A)                     %计算矩阵的 2-范数条件数
ans =
    51.7487
>> cond(A，inf)                %计算矩阵的无穷大-范数条件数
ans =
   67.0968
>> cond(A，'fro')             %计算矩阵的 Frobenius-范数条件数
ans =
   58.0285
```

4.1.3 矩阵的特征值分析

设 n 阶方阵 A，如果数 λ 和 n 维非零列向量 X，使关系式 $AX=\lambda X$ 成立，则数 λ 称为方阵 A 的特征值，非零向量 X 称为矩阵 A 对应于特征值 λ 的特征向量。MATLAB 计算矩阵特征值和特征向量的函数为 eig()，格式为

[V，D]=eig(A)

计算矩阵 A 的特征值 D 和对应的特征向量 V，使得 AV=VD。如果函数只有一个输出变量，则只给出特征值。

【例 4-12】　计算 3 阶魔方矩阵的特征值和特征向量。

```
>>clear，A=magic(3)；  %创建 3 阶魔方矩阵
>> d=eig(A)
d =
     15.0000
      4.8990
     -4.8990
>> [V，D]=eig(A)
V =
    -0.5774    -0.8131    -0.3416
    -0.5774     0.4714    -0.4714
    -0.5774     0.3416     0.8131
D =
     15.0000          0          0
          0     4.8990          0
          0          0    -4.8990
```

4.1.4　矩阵的分解

矩阵分解是线性代数中比较重要的内容，针对不同的分解方法，MATLAB 提供了多个关于矩阵分解的函数，具体见表 4-1。

表 4-1　矩阵分解函数及其功能表

分解类别	调用格式	功　　　能
LU 分解	[L，U]=lu(A)	计算上三角矩阵 U 和交换下三角矩阵 L，使 LU=A
	[L，U，P]=lu(A)	分解矩阵 A 为上三角矩阵 U、单位下三角矩阵 L 和交换矩阵 P，满足 L*U=P*A
Cholesky 因式分解	R=chol(A)	计算正定矩阵 A 的 Cholesky 因子，是一个上三角矩阵，满足 R'*R=A。如果 A 不是一个正定矩阵，则给出一个错误信息
	[G，p]=chol(A)	计算矩阵 A 的 Cholesky 因子 G。如果 A 不是一个正定矩阵，则不给出错误信息，而是将 p 设为正整数
qr 因式分解	[Q，R]=qr(A)	计算 m×n 矩阵 A 分解得到的 m×n 酉矩阵 Q 和 m×n 的上三角矩阵 R。Q 的列形成了一个正交基。Q 和 R 满足 A=Q*R
	[Q，R，P]=qr(A)	计算矩阵 Q、上三角矩阵 R 和交换矩阵 P。Q 的列形成一个正交基，R 的对角线元素按大小降序排列，满足 A*P=Q*R
SVD 分解	s=svd(A)	计算一个包含矩阵 A 的奇异值的向量 s
	[U，S，V]=svd(A)	计算与 A 同型的非负元素降序排列的对角矩阵 S，以及 m×m 和 n×n 的单位矩阵 U 和 V，使 A=U*S*V'

【例 4-13】 利用 LU 分解法求欠定方程组 $\begin{cases} 3x_1 + 2x_2 - x_3 = 2 \\ 5x_1 + 3x_2 = 7 \end{cases}$ 的一个特解。

分析：方程组形式为 AX=b，A=LU，即 LUX=b，由矩阵除法可知 X=U\(L\b)。

```
>>clear，clc，
>> A=[3 2 −1；5 3 0]；b=[2；7]；[L，U]=lu(A)；
>> X=U\(L\b)
X =
    1.4000
    0
    2.2000
```

4.1.5 线性方程组的求解

线性方程组分为齐次线性方程组和非齐次线性方程组两类。对于系数矩阵为满秩矩阵的线性方程组，可以将方程组表述为 Ax=b，其解为 $x=A^{-1}b$。MATLAB 语句为

x=inv(A)*b 或者 x=A\b

【例 4-14】 解方程组 $\begin{cases} 2x_1 + x_2 - x_3 + x_4 = 2 \\ 5x_1 + 3x_2 - x_3 + 2x_4 = 3 \\ 2x_1 + 3x_2 - 2x_3 + 4x_4 = 5 \\ 3x_1 + 3x_2 - 3x_3 + 2x_4 = 3 \end{cases}$

```
>>clear，A=[2 1 −1 1；5 3 −1 2；2 3 −2 4；3 3 −3 2]；
>> det(A)          %由行列式值是否为零判断 A 是否存在逆矩阵
ans =
    16
>> b=[2 3 5 3]';；
>> x=inv(A)*b
x =
    0.5000
   −1.0000
   −0.5000
    1.5000
```

由执行结果可知，方程组的解为：x_1=0.5；x_2=−1；x_3=−0.5；x_4=1.5。

该题也可以通过执行语句 x=A\b 求得。

对于系数矩阵为非满秩矩阵，即奇异矩阵，MATLAB 提供了针对齐次线性方程组和非齐次线性方程组的不同求解函数。

1．齐次线性方程组求解

对于系数阵 A 为奇异阵的齐次线性方程组，可以利用函数 rref(A)将系数阵化为行阶梯

阵，对照化简结果可以直接写出方程组的解。

【例 4-15】　　解方程组 $\begin{cases} 2x_1 + x_2 + x_3 - x_4 = 0 \\ 4x_1 + 2x_2 + 2x_3 - 2x_4 = 0 \\ x_1 + 3x_2 + 2x_3 - 4x_4 = 0 \\ x_1 + 2x_2 + 2x_3 + 2x_4 = 0 \end{cases}$

MATLAB 求解过程如下：

```
>> clear，A=[2 1 1 −1；4 2 2 −2；1 3 2 −4；1 2 2 2]；
>> format rat        %有理格式输出
>> x=rref(A)
x =
```

1	0	0	−4/3
0	1	0	−6
0	0	1	23/3
0	0	0	0

由执行结果可知，该方程组有无穷多解，其通解为：$\begin{cases} x_1 = \dfrac{4}{3}x_4 \\ x_2 = 6x_4 \\ x_3 = \dfrac{23}{3}x_4 \end{cases}$ 。

MATLAB 还提供了函数 null()用来求解齐次线性方程组解空间的一组基(即基础解系)，格式如下：

X=null(A，'r')

求系数矩阵为 A 的齐次方程组一组基础解系(即一组基)。r 是可选参数：当有 r 时，输出有理基；当无 r 时，输出正交规范基。

【例 4-16】　(续例 4-15)利用函数 null()求解齐次线性方程组示例。

```
>> x=null(A，'r')
x =
         4/3
         6
       −23/3
         1
```

则方程组的解为 $x = k \begin{pmatrix} \dfrac{4}{3} \\ 6 \\ -\dfrac{23}{3} \\ 1 \end{pmatrix}$ 。结果与【例 4-17】一致。

【**例 4-17**】 利用函数 null()求解齐次线性方程组 $\begin{cases} x_1 + 2x_2 + 2x_3 + x_4 = 0 \\ 2x_1 + x_2 - 2x_3 - 2x_4 = 0 \\ x_1 - x_2 - 4x_3 - 3x_4 = 0 \end{cases}$。

```
>> clear，A=[1 2 2 1；2 1 –2 –2；1 –1 –4 –3];
>> format   rat             %有理式格式输出
>> x=null(A，'r')           %求解空间的有理基
x =
            2                    5/3
           –2                   –4/3
            1                     0
            0                     1
```

则方程组的解为 $x = k_1 \begin{pmatrix} 2 \\ -2 \\ 1 \\ 0 \end{pmatrix} + k_2 \begin{pmatrix} \frac{5}{3} \\ -\frac{4}{3} \\ 0 \\ 1 \end{pmatrix}$。

2. 非齐次线性方程组求解

非齐次线性方程组可以表述为 AX=b，其中 A 为系数矩阵，其解存在三种可能：

(1) 无解：系数矩阵 A 的秩 n 小于增广阵(A，b)的秩，则方程组无解；

(2) 唯一解：系数矩阵 A 的秩 n 等于增广阵(A，b)的秩且等于未知变量的个数 m；

(3) 无穷多解：系数矩阵 A 的秩 n 等于增广阵(A，b)的秩且小于未知变量的个数 m，则方程组有无穷多解。

对于情况(3)，MATLAB 必须给出该方程的一个特解和对应齐次方程的 n–m 个通解。

求解通解用函数 null()，特解可以利用矩阵 LU 分解法求得。

用户可以编写一个文件名为 equs()函数的文件：

```
function X=equs(A，b，n)
%EQUS    Solving the homogeneous or inhomogeneous linear equations
%   A 方程组的系数矩阵
%   b 常数项对应的列向量
%   n 方程组中变量个数
%   X 线性方程组的解
B=[A，b];                        %增广矩阵
R_A=rank(A);                     %求系数矩阵的秩
R_B=rank(B);                     %求增广矩阵的秩
if R_A>n|R_B>n
    error('输入变量个数有误，重新输入')
end
```

```
    format rat %有理格式显示
    if R_A~=R_B                           %是否无解
        X='Equations have no solution!';
      elseif   R_A==R_B&R_A==n             %是否是唯一解
        X=A\b;
      else
        [L，U]=lu(A);
        X=U\(L\b);                         %求特解
        C=null(A，'r')                     %求通解
      end
    end
```

用户利用该函数文件，可以求解任意类型的齐次或者非齐次线性方程组。

【例 4-18】　　求解方程组 $\begin{cases} x_1 + x_2 - 3x_3 - x_4 = 1 \\ 3x_1 - x_2 - 3x_3 + 4x_4 = 4 \\ x_1 + 5x_2 - 9x_3 - 8x_4 = 0 \end{cases}$。

在指令窗中执行：

```
>> clear，A=[1 1 −3 −1；3 −1 −3 4；1 5 −9 −8]；b=[1 4 0]'；n=4;
>> X=equs(A，b，n)
Warning：  Rank deficient，rank = 2，tol =    9.0189e-015.
> In equs at 23
C =
        3/2            −3/4
        3/2            7/4
        1              0
        0              1
X =
        0
        0
        −8/15
        3/5
```

则该方程组的解为：$x = k_1 \begin{pmatrix} \dfrac{3}{2} \\ \dfrac{3}{2} \\ 1 \\ 0 \end{pmatrix} + k_2 \begin{pmatrix} -\dfrac{3}{4} \\ \dfrac{7}{4} \\ 0 \\ 1 \end{pmatrix} + \begin{pmatrix} 0 \\ 0 \\ -\dfrac{8}{15} \\ \dfrac{3}{5} \end{pmatrix}$

4.2 多 项 式

多项式运算是数学运算中最基本的运算方式之一，也是线性代数分析和设计中的重要内容。MATLAB 提供了多个函数可以帮助用户完成多项式的运算。

4.2.1 多项式的表达和创建

MATLAB 中将 n 阶多项式 $p(x)$ 存储在长度为 $n+1$ 的行向量 p 中，行向量 p 的元素为多项式的系数，并按 x 的降幂排列。行向量 $p = [a_n, a_{n-1}, ..., a_1, a_0]$ 代表的多项式为

$$p(x) = a_n x^n + a_{n-1} x^{n-1} + ... + a_1 x + a_0$$

注意： 若多项式中缺少某个幂次项，则在创建行向量时将该幂次项的系数写为 0。

【例 4-19】 创建多项式 $p(x) = 4x^5 - 3x^4 + x$ 。

```
>> p=[4, -3, 0, 0, 1, 0]          %三次项、二次项、常数项系数均为 0
p =
      4    -3     0     0     1     0
```

4.2.2 多项式的运算

1. 多项式的加法和减法运算

多项式加减运算实质上为两个向量的加减运算。如果两个多项式向量长度相同，则标准的向量加法和减法是有效的。当两个多项式阶次不同时，必须将较短的(即低阶多项式)向量前面用若干个零填补，使得两个向量长度相同，然后再进行运算。

【例 4-20】 将多项式 $a(x) = x^3 - 2x^2 + 6$ 与 $b(x) = x^2 + 2x + 3$ 相加减。

```
>> a=[1 -2 0 6];
>> b=[0 1 2 3];                    %将低阶多项式对于行向量补零
>> c=a+b %进行加法运算
c =
      1    -1     2     9
>> sum=poly2str(c, 'x')           %标准形式输出
sum =
    x^3 - 1 x^2 + 2 x + 9
>> d=a-b                          %进行减法运算
d =
      1    -3    -2     3
>> dif=poly2str(d, 'x')           %标准形式输出
dif =
    x^3 - 3 x^2 - 2 x + 3
```

2. 多项式的乘法和除法运算

两个多项式乘法运算实质是两个多项式系数的卷积运算。MATLAB 中计算多项式卷积的指令为 conv()，其调用格式为

conv(a，b)

计算两个多项式的乘积，其中 a，b 分别为两个多项式的系数向量。

多项式除法为乘法的逆运算，MATLAB 中的除法运算指令为 deconv()，其调用格式为

[q，r]=deconv(a，b)，

计算两个多项式的除法，其中 a，b 为被除数多项式和除数多项式的系数向量，q、r 分别为商多项式和余数多项式的系数向量。

【例 4-21】　(续例 4-20)运用函数 conv()和 deconv()进行多项式运算实例。

```
>> a=[1 −2 0 6];
>> b=[1 2 3];
>> m=conv(a，b)              %进行乘法运算
m =
       1        0       −1        0       12       18
>> pro=poly2str(m，'x')      %标准形式输出
pro =
    x^5 − 1 x^3 + 12 x + 18
>> [q，r]=deconv(a，b)        %进行除法运算
q =
       1       −4
r =
       0        0        5       18
>> q=poly2str(q，'x')        %输出商多项式的标准形式
q =
    x − 4
>> r=poly2str(r，'x')        %输出余多项式的标准形式
r =
    5 x + 18
```

3. 多项式求根

MATLAB 中求多项式全部根的函数为 roots()，其格式为

x=roots(p)

计算多项式的全部根，并以列向量形式赋给变量 x。其中 p 为多项式的系数向量。

【说明】　在 MATLAB 中，多项式和根都表示为向量，其中多项式是行向量，根为列向量。

如果已知多项式的根 x，可以用函数 poly()创建多项式：

p=poly(x)

由多项式的根向量 x 创建多项式系数向量 p，其中 p 的第一个元素为 1，对应多项式最高阶系数为 1。

【例 4-22】 已知 $f(x) = 2x^4 + 3x^2 + 2x - 5$。

(1) 计算 $f(x)=0$ 的全部根。

(2) 由方程 $f(x)=0$ 的根构造一个多项式 $g(x)$，并与 $f(x)$ 进行对比。

```
>> p=[2 0 3 2 −5];
>> x=roots(p)              %求方程f(x)=0 的根
x =
     0.1414 + 1.5930i
     0.1414 − 1.5930i
    −1.1402
     0.8573
```

由结果可知，方程有 4 个根，其中有两个实根，还有一对共轭复根。

```
>> g=poly(x)               %求多项式g(x)
g =
     1.0000      0.0000      1.5000      1.0000     −2.5000
>> g=poly2str(g，'x')       %标准形式输出
g =
     x^4 + 7.7716e−016 x^3 + 1.5 x^2 + 1 x − 2.5
```

4. 多项式求值

计算多项式的值函数为 polyval() 和 polyvalm()。

polyval() 的调用格式如下：

    y=polyval(P，x)

计算多项式的值。如果 x 为常数，则求多项式 P 在该点的值。计算表达式为

$$y = P(1) * x^N + P(2) * x^{N-1} + ... + P(N) * x + P(N+1)$$

若 x 为向量或矩阵，则对向量或矩阵中的每个元素求多项式 P 的值，返回值为与自变量同型的向量或矩阵。

polyvalm() 的调用格式如下：

    y=polyvalm(P，A)

以方阵 A 为自变量求多项式 P 的值。

【例 4-23】 polyval() 和 polyvalm() 使用实例：已知 $f(x) = 2x^4 - 3x^3 - 5$，分别计算 $x=1.3$

和 $x = \begin{pmatrix} 1.2 & 1 & 5 \\ 3 & -2 & 9 \\ -1 & 2/3 & 4 \end{pmatrix}$ 时 $f(x)$ 的值。

```
>> clear，clc
>> p=[2 −3 0 0 −5];
```

```
x1=1.2;
x2=[1.2 1 5；3 −2 9；−1 2/3 4];
y1=polyval(p，x1)            %计算标量对应的函数值
y1 =
    −6.0368
>> y2=polyval(p，x2)         %计算矩阵中各元素对应的函数值
y2 =
   1.0e+004 *
    −0.0006    −0.0006     0.0870
     0.0076     0.0051     1.0930
          0    −0.0005     0.0315
>> y3=polyvalm(p，x2)        %计算矩阵对应的函数值
y3 =
   −201.9168     33.2427    838.0000
   −471.7920    343.4400    606.0000
    −53.2960    −18.6133    206.0000
```

5. 多项式部分分式展开

执行部分分式展开的函数是 residue()，格式为

```
[r，p，k]=residue(b，a)
[b，a]=residue(r，p，k)
```

对多项式进行部分分式的展开和其逆运算。a 为分式的分母系数向量，b 为分式的分子系数向量。p 为极点(Pole)，r 为留数(Residue)，k(x)为直项(Direct term)。

对于多项式 $b(x)$ 和不含重根的 n 阶多项式 $a(x)$ 之比，满足：

$$\frac{b(x)}{a(x)} = \frac{r_1}{x-p_1} + \frac{r_2}{x-p_2} + ... + \frac{r_n}{x-p_n} + k(x)$$

如果 $a(x)$ 有 m 阶重根 $p_i = p_{i+1} = ... = p_{i+m-1}$，则对应的部分分式可以写成：

$$\frac{r_i}{x-p_i} + \frac{r_{i+1}}{(x-p_i)^2} + ... + \frac{r_{i+m-1}}{(x-p_i)^m}$$

【例 4-24】 对有理多项式 $\dfrac{b(x)}{a(x)} = \dfrac{2x^3+3x^2-2x+6}{-4x^3+5x+3}$ 进行部分分式展开。

```
>> clear，clc
>> b=[2 3 −2 6];
>> a=[−4 0 5 3];
>> [r，p，k]=residue(b，a)        %进行部分分式展开
r =
   −0.8144
    0.0322 − 1.5573i
    0.0322 + 1.5573i
```

```
    p =
        1.3445
       −0.6723 + 0.3254i
       −0.6723 − 0.3254i
    k =
       −0.5000
>> [b1，a1]=residue(r，p，k)              %进行部分分式逆运算，返回有理多项式形式
    b1 =
       −0.5000    −0.7500       0.5000    −1.5000
    a1 =
        1.0000     0.0000     −1.2500    −0.7500
```

【说明】   运用逆运算返回的多项式分母系数进行了归一化处理，将原有理分式分子
分母都除以−4 即可。

4.3 多项式插值和拟合

在大量的应用领域中，人们往往需要依据离散的数据点(即测量值)得出一个解析函数
的表达式：如果假定这些数据点是完全正确的，要求以某种方式描述数据点之间所分布点
的函数表达式，则为插值问题；倘若根据这些数据点，用户得到某条光滑曲线，它不需要
完全经过这些点，但能最佳拟合数据点，这就是曲线拟合或者回归。

4.3.1 多项式拟合

基于离散的数据点，拟合方法不同，给出的曲线表达式也不一样。多项式拟合是用一
个多项式来逼近这些给定的数据点 $\{(x_i, y_i), i = 1, 2, ..., n\}$ 。拟合的准则是函数在数据点处的误
差平方和为最小，即最小二乘多项式拟合。

MATLAB 实现最小二乘多项式拟合的函数为 polyfit()，调用格式为

    p=polyfit(x，y，m)

根据数据点(x，y)，产生一个 m 阶多项式 p。其中 x，y 是两个等长的向量(x 要求按递增或
递减次序排列)，p 是一个长度为 m+1 的多项式系数行向量。

【例 4-25】   多项式拟合实例。

编写文件名为 exm4_25 的脚本文件：

```
%输入测量数据点
 clear，clc
 x=0：.1：1;
 y=[−.460 1.68 3.28 6.18 7.18 7.35 7.66 9.56 9.40 9.30 11.2];
 p1=polyfit(x，y，1);            %线性拟合
 y1=poly2str(p1，'x')           %化为标准多项式形式
>> p2=polyfit(x，y，2);          %二阶多项式拟合
>> y2=poly2str(p2，'x')
```

在指令窗中执行文件 exm4_27.m，结果为

    y1 =

        10.3982 x + 1.3764

    y2 =

        −10.1632 x^2 + 20.5614 x − 0.14811

【说明】

◆ 拟合曲线能最佳拟合数据，反应数据点中隐藏的内在规律，拟合曲线上的函数值代表实验测量的真值，因此，测量值与拟合线上对应真值的差即为残差。最小二乘原理就是要保证通过拟合直线得到的残差平方和为最小。

◆ 给定 n 点数据，其最大拟合阶次为 n−1。图 4.1 给出了最高阶拟合曲线，此时拟合曲线将全部通过数据点，但在左右两边的极值处，曲线出现了大的波纹，此时多项式表达的性质不明显。因此，计算拟合曲线不是阶数越高越好。

◆ 常见的多项式拟合选择线性拟合，即选择 1 阶。

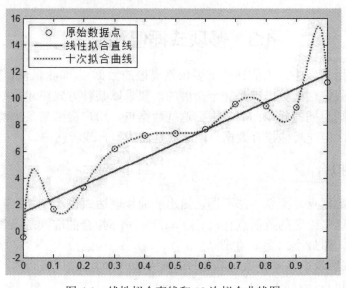

图 4.1　线性拟合直线和 10 次拟合曲线图

4.3.2　多项式插值

插值为对数据点之间函数的估值方法，即用户要找到一个解析函数能描述自变量相邻的两个点之间任一位置 x 处 y 的值。

MATLAB 中的插值函数有一维、二维和多维数值插值。

1. 一维数值插值

一维数值插值函数为 interp1()。调用格式如下：

    y0=interp1(x，y，x0，'method')

根据数据点(x，y)的值，计算函数在 x0 处的值 y0。x0 是一个向量或标量，为即将插值的点；y0 是一个与 x0 等长的插值结果。method 是插值方法，可用的方法有：

➢ 'linear'：线性插值法，如果没有指定插值方法，MATLAB 皆以这种方法进行插值。

➤ 'nearest'：最邻近插值法。

➤ 'cubic'：立方插值法，要求 x 的值等距离。

➤ 'spline'：三次样条插值法。

注意：所有插值方法均要求 x 是单调的(单调递增或单调递减)，且待插值的数据点横坐标不能超出 x 给定的范围，否则，插值结果会出现非数(NaN)。

【例 4-26】　在区间[0　5]内，取正弦函数曲线上均匀分布的 6 个数据点作为原始数据。再在该区间上选取均匀分布的 21 个点作为自变量，分别利用计算用线性插值、三次样条插值和立方插值得到的函数应变量的值，并进行误差比较。

```
>> x=linspace(0，5，6)；y=sin(x)；        %创建原始数据点
>> x0=linspace(0，5，21)；               %待插值点
>> y0=sin(x0)；                         %精确解
>> y1=interp1(x，y，x0)；                %线性插值法
>> y2=interp1(x，y，x0，'spline')；       %三次样条插值法
>> y3=interp1(x，y，x0，'cubic')；        %立方插值法
    %插值结果与精确解之间的残差
>> err=[y1−y0；y2−y0 ；y3−y0]；
    %不同插值方法带来的残差标准方差
>> s=[std(err(1，：))，std(err(2，：))，std(err(3，：))]
s =
      0.0641      0.0102      0.0522
```

【说明】

◆ 函数 std()计算序列的标准方差，插值残差的标准方差可以衡量数值插值效果：残差的标准方差越大，表明插值误差越大，插值效果越不理想。

◆ 在三种插值方法中，样条插值和立方插值的效果比较好，而线性插值的效果比较差。

2. 二维数值插值

二维插值函数是 interp2()，调用格式如下：

　　Z1=interp2(X，Y，Z，X1，Y1，'method')

根据数据点(X，Y，Z)的值，计算函数在(X1，Y1)处由相应的插值方法得到的插值结果 Z1。其中 X、Y 是两个向量，分别描述两个参数的采样点，X1、Y1 是两个向量或标量，描述欲插值的点。method 的取值与一维插值函数相同。X、Y、Z 也可以是矩阵形式。X1、Y1 的取值范围不能超出 X、Y 的给定范围，否则，插值结果会出现非数(NaN)。

MATLAB 正是利用插值方法实现二维绘图和三维绘图。

4.4　函数的零点和极值点

4.4.1　函数的零点

对于任意函数 f(x)，它可能存在零点，也可能没有零点；即便存在零点，函数也可能

只有一个零点，或者有多个甚至无穷多个零点。对于应用解析方法寻找零点较困难，或者解析方法寻找零点无能为力的情况下，MATLAB 提供了找寻函数零点的数值解法。

1. 一元函数的零点

MATLAB 中找寻函数零点的数值计算方法为：先猜测一个初始零点或者零点所在的区间，然后通过不断迭代，使得猜测值不断精确化，或区间不断收缩，直至达到预先指定的精度，终止计算输出结果。

MATLAB 中找寻函数零点的指令为 fzero()，调用格式如下：

> [xx，yy]=fzero(fun，x0)

计算函数 fun 在 x0 附近的零点。x0 为初始猜测零点：x0 取标量时，该指令将在它两侧寻找一个与之最靠近的零点；x0 为区间时，指令将在区间内寻找零点。输出变量 xx、yy 分别为零点的横坐标和纵坐标。如果函数只有一个输出变量，则仅给出零点横坐标。

【说明】

◆ 若函数有不止一个零点，但函数 fzero()只能找出一个零点。

◆ 为了能够有目的地找寻多个零点中的一个，用户可以先借助图形找到初始猜测零点的值。

【例 4-27】   求 $f(t) = (\sin x)e^{0.1x} + \cos(x)$ 的零点。

(1) 使用内联函数，并计算-1 附近的零点

```
>>clear,f=inline('(sin(x))*exp(0.1*x)+cos(x)');
>>  [x,y]=fzero(f,3)        %计算3附近的零点
x =
    2.4789
y =
    1.1102e-16
```

为了获得更多的零点信息，建议用户用作图法观察函数零点的分布情况，并借助相关指令来获取多个零点的近似值。

(2) 作图法观察零点分布。

编写文件名为exm4_27的脚本文件：

```
x=linspace(-8,8,200);
y=(sin(x)).*exp(0.1*x)+cos(x);
plot(x,y,x,zeros(size(x)))   %绘图指令
xlabel('x'),ylabel('y(x)')    %添加坐标轴名称
```

在指令窗中输入exm4_27并执行，结果如图4.2所示。

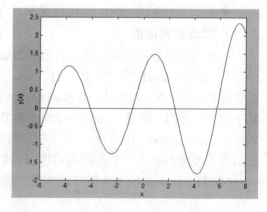

图4.2   函数零点分布观察图

(3) 利用 zoom 和 ginput 指令获取零点的近似值。

```
>> zoom on %执行该指令后，可获得图形的局部放大图
>> [xx,yy]=ginput(2);zoom off        %利用鼠标获取2个零点猜测值
>> xx                                %送出零点猜测初始值
xx =
```

    2.4147

    5.7696

(4) 求靠近 xx(1)的精确零点。

   >> [x1,y1]=fzero('(sin(x))*exp(0.1*x)+cos(x)',xx(1))

x1 =

    2.4789

y1 =

    −5.5511e−16

【说明】

◆ 用户可以试试将内联函数用字符串代替求解函数零点，此时的输入变量必须是 x。

◆ 当用户执行指令 ginput()时，鼠标光标将变成十字形，如图 4.3 所示。用户单击鼠标即可获得图中相应点的坐标，并将其送给工作空间中的变量。

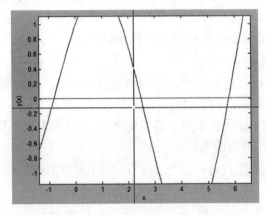

图 4.3 局部放大和利用鼠标取值

2. 多元函数的零点

MATLAB 中函数 fsolve()可以用来计算多元函数的零点。其调用格式为

    [x，fval]=fsolve(fun，x0)

计算函数 fun 在 x0 附近的零点。输出变量 x 为零点横坐标，fval 为零点纵坐标。

【例 4-28】　计算方程 $f(x,y,z)=2x+3y^2+xz$ 在(2，2，2)附近的零点。

   >> x0=[2，2，2];

   >> [x，fval]=fsolve('2*x(1)+3*x(2)^2+x(1)*x(3)'，x0)

Warning： Trust-region-dogleg algorithm of FSOLVE

cannot handle non-square systems； using

Levenberg-Marquardt algorithm instead.

> In fsolve at 285

  In exm4_30 at 2

Equation solved.

fsolve completed because the vector of function values is near zero

as measured by the default value of the function tolerance，and

the problem appears regular as measured by the gradient.

    <stopping criteria details>

    x =

      −0.0002   −0.0139   1.2923

    fval =

      1.0244e-11

或者执行语句 "fsolve('2*x(1)+3*x(2)^2+x(1)*x(3)'，[2 2 2])" 即可。

4.4.2 函数的极值点

  数学上，函数的极值点是通过确定函数导数为零的点，解析求出这些极值点。有的函数很难找到导数为零的点，因此利用解析法求极值点难度很大，有时甚至是不可行的。MATLAB 提供了在数值上找寻函数极值点的指令。

  对于函数的极值点存在极大值和极小值的区别，MATLAB 仅仅提供了获取函数极小值的指令，并且这种 "极小" 是一个 "局部极小"，即是在给定范围内的 "极小"。计算一个函数的极大值等价于计算该函数相反数的极小值。

1. 一元函数的极值点

  函数 fminbnd()可以用来求解一定区间内函数的极小值。其调用格式为

    [x，y]=fminbnd(fun，x1，x2)

计算区间(x1，x2)内函数 fun 的极小值。输出变量 x、y 分别为极小值点的横坐标和纵坐标。如果只有一个输出变量，则为横坐标。

  【例 4-29】 计算函数 $f(x) = 2e^{-x}\cos x$ 在(0，3)附近的极小值点和极大值点。

编写文件名为 exm4_29 的脚本文件：

```
clear
f=inline('2*exp(−x)*cos(x)');
[x，y_min]=fminbnd(f，0，3)          %输出区间(0，3)内函数的极小值坐标
%计算区间(0，3)的极大值
[x，y_min]=fminbnd('−2*exp(−x)*cos(x)'，0，3);
y_max=−y_min
```

在指令窗中运行 exm4_31，有：

    x =

      2.3562

    y_min =

      −0.1340

    y_max =

      1.9999

2. 多元函数的极值点

  求多元函数极小值点常见的两种方法：单纯行下山法(Downhill simplex methods)和拟牛顿法(Qussi-Newton methods)。对应的 MATLAB 指令为

    x=fminsearch(fun，x0)

[x，fval]=fminsearch(fun，x0)

单纯行下山法求多元函数极小值最简格式，其中 x0 为初始猜测极小值点。

x=fminunc(fun，x0)

[x，fval]=fminunc(fun，x0)

拟牛顿法求多元函数极小值最简格式，其中 x 为极小值点的坐标。fval 输出对应于极小值点 x 的极小值。

【例 4-30】 计算"Banana"测试函数 $f(x, y) = 100(y - x^2)^2 + (1 - x)^2$ 的极小值点。该测试函数有一片浅谷，许多算法难以逾越此谷。它的理论极小值点是(1，1)。

```
>>clear，clc，
>> x0=[−1.2 1.2]；%猜测极小值位置
>> ff=inline('100*(x(2)−x(1)^2)^2+(1−x(1))^2');
>> [x，fval]=fminsearch(ff，x0)          %单纯行下山法求极小值点
x =
     1.0000     1.0000
fval =
   5.4009e−10
>> [x，fval]=fminunc(ff，x0)          %拟牛顿法求极小值点
x =
     1.0000     1.0000
fval =
     2.2044e−11
```

4.5 数 值 微 积 分

当已知函数的表达式时，理论上可以通过公式进行微积分计算。但在实际应用中，往往需要处理的对象并不能用公式来进行计算。因此，有必要介绍这些函数的微分和积分的数值算法。

4.5.1 差分和偏导

函数 $f(x)$ 在 x 点的偏导数定义为

$$f'(x) = \lim_{h \to 0} \frac{f(x+h) - f(x)}{h}$$

设 $h>0$，$\Delta f(x)=f(x+h)−f(x)$ 称为 $f(x)$ 在 x 点的向前差分。

在 MATLAB 中，计算差分的指令为 diff()，调用格式为

DX=diff(A，n，dim)

计算矩阵 A 的 n 阶差分。dim=1 时，按列计算差分；dim=2 时，按行计算差分。dim 缺省时按列计算；n 缺省时为计算 1 阶差分。

指令 gradient()也可以计算数值偏导，格式如下：

[dfdx，dfdy]=gradient(f，dx，dy)

计算矩阵 f 分别对 x 和 y 方向的数值导数，即计算矩阵在 x、y 方向的梯度。

【例4-31】 已知 $f(x) = e^x \cos x$，应用指令 diff()和 gradient()计算该函数在区间 $[0, \pi/2]$ 的导函数。

编写文件名为 exm4_31 的脚本文件：

```
clear，clc，
dt=pi/20；t=0：dt：pi/2；
x=exp(t).*cos(t)；          %创建数据
dxdt_diff=diff(x)/dt
dxdt_grad=gradient(x，dt)
```

在指令窗中执行 exm4_31，结果为

```
dxdt_diff =
  Columns 1 through 9
    0.9911   0.9321   0.7975   0.5672   0.2191   −0.2701   −0.9243   −1.7666   −2.8178
  Column 10
   −4.0943
dxdt_grad =
  Columns 1 through 9
    0.9911   0.9616   0.8648   0.6824   0.3931   −0.0255   −0.5972   −1.3455   −2.2922
  Columns 10 through 11
   −3.4561   −4.0943
```

注意：函数 diff()输出结果比原数组长度少一。

4.5.2　数值积分

在数值计算中，数值积分的基本思想都是将整个积分区间[a，b]分成 n 个子区间 $[x_i, x_{i+1}]$，i=1，2，…，n，其中 $x_1 = a$，$x_{n+1} = b$。积分在各个子区间上进行，最后求和得到总的积分结果。

数值积分有定积分和不定积分的差别，MATLAB 中进行数值计算时调用的执行函数是一致的，只是在输入变量上有差别：对于定积分，必须给出积分区间；当没有积分区间时，计算不定积分。

1．一重积分

常用的一重积分函数有两个，即 quad()和 quadl()。

quad()函数是基于变步长辛普生法的求定积分函数，调用格式如下：

[I，n]=quad(fun，a，b，tol)

计算被积函数 fun 在区间[a，b]上的定积分。输出变量 I 为定积分结果，n 为被积函数调用次数。如果只有一个输出变量，即为定积分结果。tol 缺省时为 10^{-6}。

quadl()是基于洛巴托法求定积分函数，调用格式如下：

[I，n]=quadl(fun，a，b，tol)

功能同函数 quad()。该函数可以更精确地求出定积分的值，且一般情况下函数调用的步数明显小于 quad() 函数，从而保证能以更高效率求出所需的定积分值。tol 缺省时为 10^{-6}。

对于以表格形式定义的函数，MATLAB 计算定积分函数为 trapz()，格式为

  St=trapz(x，y)

采用梯形法求函数 y 关于自变量 x 的积分。

【例 4-32】　求 $\int_{0}^{\frac{\pi}{2}} \sqrt{1-\frac{1}{2}\sin x}\, dx$，其精确值为 1.288 898 992 310 102…

编写文件名为 exm4_32 的脚本文件：

```
clear，clc，
format long
[s_quad，n1]=quad('sqrt(1-1/2*sin(x))'，0，pi/2，1e-11)    %设置绝对精度为10^(-11)
[s_quadl，n2]=quadl('sqrt(1-1/2*sin(x))'，0，pi/2，1e-11)
x=linspace(0，pi/2，500);
y=sqrt(1-1/2*sin(x));                    %构建表格数据
s_trapz=trapz(x，y)                      %采用 trape 函数计算积分
```

在指令窗中执行 exm4_32，结果为：

```
s_quad =
    1.288898992309974
n1 =
    121
s_quadl =
    1.288898992310102
n2 =
    48
s_trapz =
    1.288899198751829
```

【说明】

◆ 采用 trapz() 函数计算积分时，用户不能控制计算结果的精度。

◆ quad() 和 quadl() 可以事先指定数值积分的精度，默认精度为 10^{-6}。函数 quadl() 计算数值积分时调用被积函数的次数远小于 quad()。

2. 二重积分

采用递推自适应辛普森法计算二重 dblquad() 和三重 triplequad() 定积分的调用格式分别如下：

  S=dblquad(fun，xmin，xmax，ymin，ymax，tol)

  S=triplequad(fun，xmin，xmax，ymin，ymax，zmin，zmax，tol)

tol 缺省时，积分的绝对精度为 10^{-6}。

【例 4-33】　求 $\int_{-1}^{1} \int_{-2}^{2} e^{\frac{-x^2}{3}} \sin(x^2+y^2)\, dx dy$ 的结果。

(1) 编写文件名为 fin 的函数文件。

```
function f=fin(x，y)
%FIN Function for the integrated calculation
%    x，y  被积函数自变量
%    f    被积函数
%    K    统计被积函数被调用次数
global K；   %定义 K 为全局变量
K=K+1；
f=exp(−x.^2/3).*sin(x.^2+y.^2)；
end
```

(2) 调用 dblquad 函数求二重定积分。编写文件名为 exm4_35 的脚本文件：

```
global K；
K=0；
I=dblquad('fin'，−2，2，−1，1)
K
```

在指令窗中执行 exm4_35，结果为：

```
I =
    2.8570
>> k
k =
        1292
```

4.6　初值问题的常微分方程数值解

凡含有参数、未知函数和未知函数导数(或微分)的方程，称为微分方程。未知函数是一元函数的微分方程称做常微分方程(Ordinary Differential Equation，ODE)。许多物理模型都可以表示为常微分方程的形式。常微分方程的求解问题可以分为初值问题和边值问题。

MATLAB 符号运算部分给出了求解常微分方程解析解的指令。在常微分方程难以获得解析解的情况下，MATLAB 提供了求解广义微分方程初值问题和一般边值问题的指令用以计算数值解。这里仅介绍函数 ode()求解带有初值问题的常微分方程执行机理和执行实例。

4.6.1　ode()指令的执行机理

ode()指令是 MATLAB 中针对一阶微分方程或方程组的初值问题编写的指令。

对于微分方程和初值条件为：

$$f(y, y'', y'', ..., y^{(n)}, x) = 0$$

$$y(0) = y_0, y'(0) = y_0', ..., y^{(n-1)}(0) = y_0^{n-1}$$

的 n 阶常微分方程的初值问题，可将其转化为一阶常微分方程的初值问题，再应用 ode() 指令求解。具体步骤为：

(1) 将 n 阶常微分方程变换为一阶常微分方程组，令

$$y_1 = y, y_2 = y', ..., y_n = y^{(n-1)}$$

则原 n 阶常微分方程以及初值问题变换为

$$DY = \begin{Bmatrix} y_1' \\ y_2' \\ \vdots \\ y_n' \end{Bmatrix} = \begin{Bmatrix} f_1(y_1, y_2, \cdots, y_n, x) \\ f_2(y_1, y_2, \cdots, y_n, x) \\ \vdots \\ f_n(y_1, y_2, \cdots, y_n, x) \end{Bmatrix}$$

和

$$Y_0 = \begin{Bmatrix} y_1(0) \\ y_2(0) \\ \vdots \\ y_n(0) \end{Bmatrix} = \begin{Bmatrix} y_0 \\ y_0' \\ \vdots \\ y_0^{(n-1)} \end{Bmatrix}$$

(2) 将一阶常微分方程组编写成函数文件，并执行 ode() 指令。

ode()指令主要采用龙格-库塔(Runge-Kutta)数值积分法。常用的 ode()指令见表 4-2。

表 4-2　常用的 ode()指令

函数名	功　　能
ode23()	单步法，非刚性，2、3 阶 Runge-Kutta 法，精度较低
ode45()	单步法，非刚性，4、5 阶 Runge-Kutta 法，精度较高，最常用
ode113()	多步法，非刚性，Adams 算法，精度可高可低
ode23s()	单步法，刚性，Gear 算法，精度较低
ode23t()	适度刚性，采用梯形法则算法
ode23tb()	刚性，采用梯形法则算法，精度较低

4.6.2　ode()指令求解微分方程示例

以 ode45()为例，介绍 ode()指令的调用格式：

　　　　[X，Y]=ode45('DY'，xspan，Y0)

计算常微分方程 DY 的数值解，其中 xspan 为一维行向量，可以取两种形式：

(1) 当 xspan $= [x_0, x_f]$ 时，表示微分方程的积分上、下限分别为 x_0 和 x_f；

(2) 当 xspan $= [x_0, x_1, ..., x_m]$ 时，计算出这些离散点处的微分方程的数值解。Y0 为微分方程的初值向量。

输出变量 X 是所求数值解的自变量数据列向量(若长度为 N)；Y 为(N×N)矩阵，该矩阵的第 k 列 Y(:，k)就是微分方程组中第 k 组解。

【例4-34】 求微分方程组 $\begin{cases} y_1' = y_2 y_3 \\ y_2' = -y_1 y_3 \\ y_3' = 2y_1 y_2 \end{cases}$ 在区间[0 12]内的数值解,初始条件为 $\begin{cases} y_1(0) = 0 \\ y_2(0) = -1 \\ y_3(0) = 1 \end{cases}$。

(1) 编写文件名为 ydot1 关于微分方程组的函数文件:

```
function dy=ydot1(x，y)
dy=[y(2)*y(3)；-y(1)*y(3)；2*y(1)*y(2)];
```

(2) 执行 ode()指令求解该方程组的数值解，并图示。

编写文件名为 exm4_34 的脚本文件:

```
xspan=[0 12]；                                    %给出解区间
y0=[0 -1 1]；                                     %给出初值
[x，y]=ode45('ydot1'，xspan，y0)；                %采用 ode 算法求解
%图示方程组三个解
plot(x，y(:，1)，'-'，t，y(:，2)，'-.'，t，y(:，3)，'.')   %图示计算结果
legend('y_1'，'y_2'，'y_3') %为图添加标识
```

执行结果如图 4.4 所示。

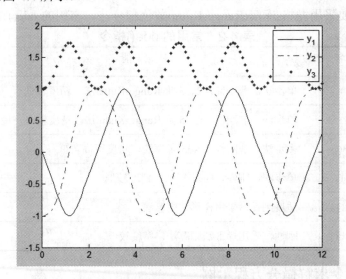

图 4.4 图示微分方程组数值解

【例 4-35】 求解描述振荡器工作的范德波(Van de Pol)微分方程 $\dfrac{d^2 x}{dt^2} -$ $\mu(1-x^2)\dfrac{dx}{dt} + x = 0$ 在初始条件 $x(0) = 1, \dfrac{dx}{dt}\Big|_{t=0} = 0$ 下在 $t \in [0,10]$ 范围内的数值解,并分别绘制其解的曲线。参数 $\mu = 2$。

(1) 将二阶微分方程减阶为一阶微分方程组。令 $y_1 = x$, $y_2 = \dfrac{\mathrm{d}x}{\mathrm{d}t}$，则原方程演变为一阶微分方程组：

$$\begin{bmatrix} \dfrac{\mathrm{d}y_1}{\mathrm{d}t} \\[2mm] \dfrac{\mathrm{d}y_2}{\mathrm{d}t} \end{bmatrix} = \begin{bmatrix} y_2 \\ \mu(1-y_1^2)y_2 - y_1 \end{bmatrix}, \quad \begin{bmatrix} y_1(0) \\ y_2(0) \end{bmatrix} = \begin{bmatrix} 1 \\ 0 \end{bmatrix}$$

(2) 根据微分方程编写文件名为 vpd1 的函数文件：

```
function ydot=vpd1(t，y)
global MU                    %将参量 MU 设为全局变量；
ydot=[y(2)；MU*(1−y(1)^2)*y(2)−y(1)];
```

(3) 执行 ode 指令求解微分方程。编写文件名为 exm4_37 的脚本文件：

```
MU=0.5；tspan=[0，15]；y0=[1 0]；
[t，y]=ode45('vpd1'，tspan，y0)；
%图示方程组两个解
plot(t，y(：，1)，'-.'，t，y(：，2))          %绘制两个数值解
legend('x(t)'，'dx(t)/dt'，2)          %给曲线添加标注
```

执行该脚本文件，结果如图 4.5 所示。

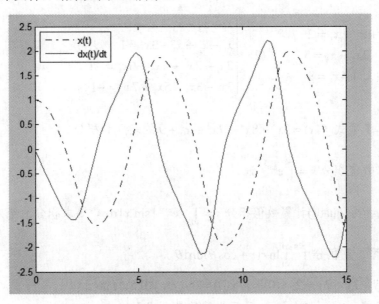

图 4.5　图示范德波(Van de Pol)微分方程的数值解

习　　题

4.1　分析下列语句的执行功能，并写出执行结果。

a=magic(3)；diag(a)；flipud(a)；fliplr(a)；rot90(a，2)；reshape(a1，9)；tril(a)；triu(a)

4.2　已知有理分式 $R(x) = \dfrac{N(x)}{D(x)}$，其中 $N(x) = (3x^3 + x + 2)(x^3 + 1)$，$D(x) = (x^2 + x - 1) \cdot$

$(3x^3 + 2x^2 + 1)$。

(1) 求该分式的商多项式 $Q(x)$ 和余多项式 $r(x)$。

(2) 用程序验证 $D(x)Q(x) + r(x) = N(x)$ 是否成立。

4.3　已知有理分式为 $R(x) = \dfrac{3x^4 + 5x^2 + 4x + 3}{x^5 + 4x^3 + 3x^2 + 5x + 1}$，试将其展开为部分分式的形式。

4.4　判断下列向量组是否线性相关。

$$\alpha_1 = (1 \quad 1 \quad 3 \quad 2), \quad \alpha_2 = (-1 \quad 1 \quad -1 \quad 3), \quad \alpha_3 = (5 \quad -2 \quad 8 \quad 9), \quad \alpha_4 = (-1 \quad 3 \quad 1 \quad 7)$$

4.5　求下列矩阵对应的行列式的值、矩阵的秩、逆矩阵、特征值、对应的特征向量。

$$(1)\ \begin{pmatrix} 2 & 2 & -1 \\ 1 & 2 & 4 \\ 8 & 5 & 2 \end{pmatrix} \qquad (2)\ \begin{pmatrix} 1 & 2 & 1 & 0 \\ 6 & 2 & 4 & 1 \\ 0 & 2 & 1 & 0 \\ 3 & 1 & 4 & 1 \end{pmatrix}$$

4.6　判断下列方程组解的情况。若有多个解，写出通解。

$$(1)\ \begin{cases} 2x_1 + x_2 + x_3 = 2 \\ -x_1 + 2x_2 - x_3 = 5 \\ x_1 - x_2 + 4x_3 = 8 \end{cases} \qquad (2)\ \begin{cases} x_1 - x_2 - x_3 + x_4 = 0 \\ x_1 - x_2 + x_3 - 3x_4 = 1 \\ 2x_1 - 2x_2 - 4x_3 + 6x_4 = -1 \\ 3x_1 - 3x_2 - 5x_3 + 7x_4 = -1 \end{cases}$$

4.7　计算多项式 $f(x) = 3x^5 - 8x^4 - 7x^3 + x^2 + 9$ 的差分和积分。

4.8　计算数值积分 $s = \displaystyle\int_0^{\pi} e^{\sin^3 x} \mathrm{d}x$。

4.9　利用指令 quad() 计算数值积分 $s = \displaystyle\int_{02\pi}^{1.8\pi} e^{-|x|} |\sin x| \mathrm{d}x$，要求积分的绝对精度为 10^{-9}。

4.10　计算二重积分 $\displaystyle\int_0^{2\pi} \int_0^1 \ln r (r + \cos\theta) \mathrm{d}r \mathrm{d}\theta$。

4.11　设 $\ddot{y} - 3\dot{y} + 2y = 2$，$y(0) = 1$，$\dot{y}(0) = 0$，求 $y(0.5)$ 的值。

4.12　将 $x(x-6)(x-4)(x^2+1)$ 展开为系数多项式形式。

4.13　已知多项式 $f(x) = 2x^4 + 3x^3 - 2x - 5$。计算 $f(x) = 0$ 的根，并根据所得的根构造多项式 $g(x)$。

4.14　已知多项式 $f(x) = 3x^2 + 2x - 5$，计算：

(1) 当 $x = 3$、5、7、9 时，对应的 $f(x)$ 的值。

(2) 当 $x = \begin{pmatrix} 3 & 5 \\ 7 & 9 \end{pmatrix}$ 时，$f(x)$ 的值。

4.15 根据下列数表，分别应用 3 次多项式拟合方法和样条插值法计算 $x = 3.5$ 处对应的函数值。

xi	…	−1	2	2.5	3	4	…
yi	…	0.2	3	3.5	3.6	2.4	…

第 5 章　符 号 计 算

　　MATLAB 的符号运算是凭借恒等式和数学定理，通过推理和演绎获得解析结果。与数值计算相比，符号计算存在以下的特点：① 运算以推理方式进行，因此不受截断误差和累计误差问题的影响；② 符号计算给出的解可以是完全正确的封闭解，当封闭解不存在时，给出任意精度的数值解；③ 符号计算的速度比较慢。

　　MATLAB 最初主要以解决自然科学领域中的数值计算和数据分析问题而出现的。为了解决 MATLAB 在符号运算方面的不足，1993 年 MathWorks 公司从加拿大的滑铁卢(Waterloo)大学购入了符号数学软件 Maple 的使用权，首次开发了符号数学工具箱(Symbolic Math Toolbox)。当要求 MATLAB 进行符号运算时，它就请求 Maple 去计算并将结果返回到 MATLAB 窗口。

　　MATLAB 采用重载(Overload)技术，使得用来构成符号表达式的运算符和基本函数无论在形式、名称以及使用方法上，都与数值计算完全相同。MATLAB 常用函数中除了angle()、atan2()、log2()、log10()只能用于数值运算外，其余的都可以用于符号运算。同时，符号运算没有逻辑操作符，关系运算中也只有是否"等于"的概念。

　　本章主要内容有：
- ➢ 符号对象的创建及其操作
- ➢ 符号对象和数值对象的转换
- ➢ 符号表达式的极限、级数求和以及符号微积分
- ➢ 符号代数方程和符号微分方程的求解

5.1　符号对象的创建和符号自变量的确定

5.1.1　符号对象的创建

　　符号对象是一种数据结构，包括符号常量和符号变量。MATLAB 规定：任何包含符号对象的表达式或方程，将承袭符号对象的属性，即这样的表达式或方程也一定是符号对象。

　　正如在数学表达式中所用到的变量必须实现赋值一样，在进行符号运算前，首先要对基本的符号对象进行定义。定义符号对象的指令有两个：sym ()和 syms。

　　sym()的调用格式如下：

　　　　sym(常量，参数)

把常量按参数的格式要求创建为符号常量。参数有四种选择：

　　'd'——返回最接近的十进制数值表示符号量；

　　'e'——最接近的带有机器浮点误差的有理数格式表示符号量；

'f——最接近的浮点格式表示符号量；

'r'——有理数格式(系统默认格式)表示符号量，可表示为 p/q，p*q，10^q，p/q，2^q 和 sqrt(p)形式之一。

有时也会用形式如 sym('常量', 参数)定义常量的方法，即

      sym('变量', 参数)

把变量定义为符号对象。其中参数用来设置限定符号变量的数学特性，有三种选择：

positive——正的实数符号变量；

real——实数符号变量；

unreal——非实数的符号变量。

如果不限定参数的数学特性，参数可省略。

用户如果要同时创建多个符号变量，则可以使用 syms 函数，其调用格式有两种：

      syms('变量 1', '变量 2', …, 参数)

      syms 变量 1 变量 2 … 参数

创建变量 1、变量 2 等多个符号变量。参数的含义同 sym。

注意：用第一种方式创建符号变量时，变量间必须用逗号隔开；用第二种方式创建符号变量时，变量间只能用空格隔开。

【**例 5-1**】 创建符号常量，并比较其与数值类和字符串类的差别。

编写文件名为 exm5_1 的脚本文件：

```
clear;
a1=pi+2*cos(3)              %创建一个数值
a2=sym('pi+2*cos(3)')       %创建一个符号常量
a3='pi+2*cos(3)'            %创建一个字符串
whos                        %检查所创建的各变量的信息
```

在指令窗中运行 exm5_1.m 后，结果为：

```
a1 =
     1.1616
a2 =
pi+2*cos(3)
a3 =
pi+2*cos(3)
```

Name	Size	Bytes	Class	Attributes
a1	1x1	8	double	
a2	1x1	146	sym	
a3	1x11	22	char	

【**说明**】

◆ 符号常量表示的符号类数字总被 MATLAB 准确记录和运算，但数值类数字运算时会引入截断误差。

◆ 尽管变量 a2 和 a3 显示的内容完全相同，但它们属于不同的数据类型，运算方法也不一样，且符号常量占据的存储空间较大。

【例 5-2】　数值类常量转换为符号常量后的不同表示方法实例。

编写文件名为 exm5_2 的脚本文件：

```
clear
a21=sym(pi+2*cos(3)，'d')        %返回最接近的 32 位的十进制数值
a22=sym(pi+2*cos(3)，'e')        %返回最接近的带有机器浮点误差的有理值
a23=sym(pi+2*cos(3)，'f')        %返回该符号值最接近的浮点表示
a24=sym(pi+2*cos(3)，'r')        %返回该符号值最接近的有理数型
```

在指令窗中运行 exm5_2.m 后，结果为：

```
a21 =
1.1616076603889022855753410112811
a22 =
5231415826478174*2^(−52)
a23 =
'1.295f1ea02745e'*2^(0)
a24 =
5231415826478174*2^(−52)
```

【例 5-3】　创建符号变量实例。

编写文件名为 exm5_3 的脚本文件：

```
clear；clc；
x=sym('a'，'real')；          %创建实数符号变量 x<1>
y=sym('b'，'real')；          %创建实数符号变量 y<2>
z=x+y*i
real(z) %求 z 的实部
y=sym('b'，'unreal')；         %消除 b 的实数特性
z=x+y*i
real(z)
```

在指令窗中运行 exm5_3.m 后，结果为：

```
z =
a+i*b
ans =
a
z =
a+i*b
ans =
a+1/2*i*b-1/2*i*conj(b)
```

【说明】

◆ 对于复数变量 b，MATLAB 认为其实部是 1/2*b+1/2*conj(b)。如果用户对所定义的符号变量的数学特性不加说明，MATLAB 认为所定义的变量都是复数变量。

◆ 用户一旦定义了符号变量的数学特性，比如符号 a 为实数，即便用户利用 clear 清除了工作空间中的符号变量 a，当用户再次定义符号 a 时，MATLAB 总默认其为实数，除非用户重新定义其特性，或者重启 MATLAB。

◆ 脚本文件中的<1><2>两条语句也可以用一条语句 syms x y　'real'代替，功能相同。

【例 5-4】 创建符号表达式 $ax^2 + bx + c$ 。

MATLAB 创建符号表达式的方法有两种：一是直接创建表达式；二是先逐个创建表达式中的各个变量，然后生成表达式。

编写文件名为 exm5_4 的脚本文件：

```
 clear
%方法一：直接创建表达式
y1=sym('a*x^2+b*x+c')
whos
%方法二：逐个创建表达式中的变量，产生表达式
clear
syms a b c x;
y2=a*x^2+b*x+c
whos
```

在指令窗中运行 exm5_4.m 后，结果为：

```
y1 =
a*x^2+b*x+c
```

Name	Size	Bytes	Class	Attributes
y1	1x1	146	sym	

```
y2 =
a*x^2+b*x+c
```

Name	Size	Bytes	Class	Attributes
a	1x1	126	sym	
b	1x1	126	sym	
c	1x1	126	sym	
x	1x1	126	sym	
y2	1x1	146	sym	

【说明】 尽管这两种方式都可以创建符号表达式，且创建的表达式没有差别，但从工作空间变量查询结果可知：第一种方法只创建了符号表达式，并没有创建表达式中的各个变量；第二种方法则创建了各个符号变量。因此，在第一种方法中尽管创建了表达式，当遇到表达式中的某个符号变量时，MATLAB 必须重新创建该符号变量。

5.1.2 符号表达式中符号自变量的确定

当符号表达式中存在多个符号变量时，例如 $y = ax^2 + bx + c$ 中 a、b、c、x 都是变量，显然，选择不同的自变量，方程的求解结果也截然不同。

MATLAB 确定符号表达式中的自变量有三条原则：

(1) 小写字母 i 和 j 不能作为自变量。

(2) 符号表达式中如果有多个字符变量，则按照以下顺序选择自变量：首先选择 x 作为自变量；如果没有 x，则选择在字母顺序表中最接近 x 的字符变量；如果与 x 相同距离，则在 x 后面的优先。

(3) 大写字母比所有的小写字母都靠后。

确定自变量的函数是 findsym()，格式如下：

　　findsym(S，n)

确定符号表达式 S 中的 n 个自变量。n 为按顺序得出符号变量的个数，当 n 缺省时，给出 S 中所有的符号变量。

【例 5-5】 函数 findsym()应用实例。

编写文件名为 exm5_5 的脚本文件：

```
clear
syms a b m x t w X Y
k=sym('2+cos(3)');
n=sym('c*sqrt(alpha)+y*sin(delta)');
f=k*x*Y+a*n*X−w^2+t^m;
f_all=findsym(f)          %找出表达式中所有的自由变量
f_1=findsym(f, 1)         %找出表达式中一个自由变量
f_2=findsym(f, 2)         %找出表达式中二个自由变量
f_5=findsym(f, 5)         %找出表达式中五个自由变量
```

在指令窗中运行 exm5_5.m 后，结果为：

```
f_all =
X, Y, a, alpha, c, delta, m, t, w, x, y
f_1 =
x
f_2 =
x, y
f_5 =
x, y, w, t, m
```

【说明】

◆ findsym()指令确定的变量本着"自由"和"独立"的原则，由于 n 不是"独立"的，所以变量 n 不能做自变量。k 为常量，不"自由"，所以它也不能做自变量。

◆ findsym()指令首先对符号变量的第一个字母比较，再比较其余的。

【例 5-6】 由符号表达式组成的矩阵中函数 findsym()应用实例。

编写文件名为 exm5_6 的脚本文件：

```
clear
syms a c x v y
B=[a*c, sin(x)+y; exp(-v), log(a)]
```

findsym(B，1)

在指令窗中运行 exm5_6.m 后，结果为：

B =

[　　　 a*c，sin(x)+y]

[　 exp(-v)，log(a)]

ans =

x

5.2　符号表达式的基本操作

5.2.1　符号对象和数值对象的转换

前面已经介绍了，借助指令 sym(数值常数，参数)可以将数值类数字转换为符号类数字。MATLAB 提供了相应的指令可以实现将符号类数字转换为数值类数字，便于用户进行相关的数值计算和绘制图像。

符号常量可以应用函数 double()转换为数值对象，其调用格式为

double(S)

把符号常量 S 转换为数值对象。

【例 5-7】　建立符号常数矩阵，并转换为数值矩阵。

编写文件名为 exm5_7 的脚本文件：

```
clear
a=sym('[sin(1/2) 5/7；sqrt(3) 2*log(1/3)]')        %建立符号常数矩阵 s
double(a)    %把 a 转换为数值矩阵
```

在指令窗中运行 exm5_7.m 后，结果为：

a =

[　 sin(1/2)，　　　 5/7]

[　　 sqrt(3)， 2*log(1/3)]

ans =

　　 0.4794　　　 0.7143

　　 1.7321　　　 −2.1972

5.2.2　符号数值的精度控制

符号运算与数值计算比较，其最大的特点是符号运算是完全准确的，即在运算过程中不存在截断误差和累积误差。但这种准确性是以牺牲计算速度和增加内存为代价的。为了兼顾计算速度和精度，节约内存，MATLAB 针对符号运算提供了"变精度"算法。这种"变精度"算法由函数 digits()和 vpa()实现或者由 vpa()单独实现。

digits()的格式如下：

digits(n)

设定计算精度为 n 位有效位数。n 缺省时为当前计算精度。MATLAB 默认精度为 32 位。

vpa 的格式如下：

        t=vpa(x，n)

将 x 表示为 n 位有效位数的符号对象 t。其中 x 可以是数值对象或符号对象，但计算的结果 t 一定是符号对象。n 缺省时以 MATLAB 当前给定的精度显示。

【说明】

◆ 指令 digits 设置了计算精度后，随后的每个进行符号函数的计算都以新精度为准，除非用户重新设置，或者重启 MATLAB。

◆ 设置的有效位数增加时，计算时间和占用的内存也增加。

◆ 指令 vpa(x，n)只对指定的符号对象 x 按新精度进行运算，并以同样的精度显示计算结果，并不改变全局的计算精度。

【例 5-8】   函数 digits()，vpa()的使用实例。

```
>> a=sym('2*sqrt(5)+sin(2/3)')%2*sqrt(5)+sin(2/3)字面数值的完全准确表达

a =

sin(2/3) + 2*5^(1/2)

>> ar=sym(2*sqrt(5)+sin(2/3))        %字面数值在 16 位精度下"广义有理形式"表达式

ar =

5731399958792085/1125899906842624

>> digits                            %查看当前"十进制浮点"表示符号数值的有效位数

Digits = 32

>> a0=vpa(a)                         %用当前的位数计算并显示

a0 =

5.0905057580693164005682337996694

>> a1=vpa(a，20)                     %按指定的 20 位精度下计算并显示

a1 =

5.0905057580693164006

>> digits                            %查看当前"十进制浮点"表示符号数值的有效位数

Digits = 32

>> digits(15)                        %改变当前的有效位数为 15 位

>> a2=vpa(a)                         %按 digits 指定的 15 位精度计算并显示

a2 =

5.09050575806932

>> digits                            %查看当前表示符号数值的有效位数

Digits = 15
```

5.2.3 符号表达式的化简

MATLAB 符号工具箱中提供了许多符号表达式的操作指令，用于实现对符号表达式的多种化简功能。其中最常用的有以下几种。

1．合并同类项

合并同类项是多项式的基本操作。合并多项式中同类项的指令为 collect()，格式如下：

　　collect(S，v)

合并多项式 S 中的指定符号对象 v，其中 S 是符号表达式。v 缺省时，MATLAB 将以函数 findsym()确定的变量合并多项式 S 中的同类项。

【例 5-9】　　分别按 x, e^{-t} 合并表达式$(x^2+xe^{-t}+1)(x+e^{-t})$中的同类项。

编写文件名为 exm5_9 的脚本文件：

```
clear，syms x t
f=sym((x^2+x^2*exp(-t)+1)*(x+exp(-t)));
f1=collect(f)              %合并 x 的同类项系数
f2=collect(f，exp(-t))     %合并 exp(-t)的同类项系数
```

在指令窗中运行 exm5_9.m 后，结果为：

```
f1 =
(1+exp(-t))*x^3+(1+exp(-t))*exp(-t)*x^2+x+exp(-t)
f2 =
x^2*exp(-t)^2+(x^2+1+x^3)*exp(-t)+(x^2+1)*x
```

2．因式分解

MATLAB 实现符号多项式因式分解的指令为 factor()和 hornor()，调用格式为：

　　factor(S)

把符号表达式 S 转换成多因式相乘的形式，如果 S 为正整数，可以实现因子分解。

　　hornor(S)

将符号多项式 S 因式分解成嵌套形式表示。

【例 5-10】　　分解因式a^3-x^3。

编写文件名为 exm5_10 的脚本文件：

```
clear;
syms x a;
f=factor(a^3-x^3)
```

在指令窗中运行 exm5_10.m 后，结果为：

```
f =
(a-x)*(a^2+a*x+x^2)
```

【例 5-11】　　将大整数 102456 分解为几个素数的乘积。

在指令窗中执行指令并显示结果：

```
>> factor(sym('102456'))
ans =
(2)^3*(3)^2*(1423)
```

【例 5-12】　　将表达式$x^6-5x^3+4x^2+4x-6$表示成嵌套形式。

编写文件名为 exm5_12 的脚本文件：

```
clear
```

```
syms x;
    f=horner(x^6-5*x^3+4*x^2+4*x-6)
```

在指令窗中运行 exm5_12.m 后，结果为：

```
f =
    -6+(4+(4+(-5+x^3)*x)*x)*x
```

【例 5-13】 当 λ 取何值时，方程组 $\begin{cases} (1-\lambda)x_1 - 2x_2 + 4x_3 = 0 \\ 2x_1 + (3-\lambda)x_2 + x_3 = 0 \\ x_1 + x_2 + (1-\lambda)x_3 = 0 \end{cases}$ 有非零解。

编写文件名为 exm5_13 的脚本文件：

```
clear，clc，
syms t；A=[1-t -2 4；2 3-t 1；1 1 1-t]；    %创建系数矩阵
B=det(A)；C=factor(B)                      %计算系数矩阵对应行列式的值，并进行因式分解
```

在指令窗中运行 exm5_13.m 后，结果为：

```
C =
    -t*(t - 2)*(t - 3)
```

由结果可知，当 λ 取值为 0、2、3 时，方程组才存在非零解。

3．符号表达式中分子多项式和分母多项式的提取

如果表达式是一个有理分式(两个多项式之比)，或者可以展开为有理分式(必要时还需要进行表达式合并、有理化)，用户可以利用 MATLAB 中的指令 numden()提取该表达式的分子和分母，调用格式为：

```
[N，D]=numden(S)
```

对多项式 S 进行分子分母多项式的提取，其输出分别为分子多项式 N 和分母多项式 D。

【例 5-14】 分别提取有理多项式 x^2；$\dfrac{1}{x^3}+3$；$\dfrac{2x^2+1}{x}-\dfrac{1}{x^2}$；$\dfrac{1}{x-3}$ 的分子、分母多项式。

分析：由于这四个表达式进行的是相同的运算，将它们组合成数组，MATLAB 只需要执行一次指令即可以计算出全部结果。

编写文件名为 exm5_14 的脚本文件：

```
clear，clc，syms x
A=[x^2 1/x^3+1；(2*x^2+1)/x-1/x^2    1/(x-3)]；
[n，d]=numden(A)
```

在指令窗中运行 exm5_14.m 后，结果为：

```
n =
[              x^2，  3*x^3 + 1]
[ 2*x^3 + x - 1，          1]
d =
[    1，  x^3]
[ x^2，  x - 3]
```

各个表达式有理化后的结果为：

$$x^2 = \frac{x^2}{1}; \quad \frac{1}{x^3} + 3 = \frac{3x^3 + 1}{x^3}; \quad \frac{2x^2 + 1}{x} - \frac{1}{x^2} = \frac{2x^3 + x - 1}{x^2}; \quad \frac{1}{x-3} = \frac{1}{x-3}$$

4. 符号表达式的展开

MATLAB 实现符号多项式展开的指令为 expand()，调用格式为：

    expand(S)

对符号表达式 S 进行多项式、三角函数、指数函数和对数函数等展开。

【例 5-15】 展开表达式 $f = (x + y)^n$，其中 n 为任意给定的整数。

编写文件名为 exm5_15 的脚本文件：

    clear，clc，syms x y
    n=input('Please input n=? ');
    g=(x-y)^n；g=expand(g)

在指令窗中运行 exm5_15.m 后，以 n=4 为例，结果为：

    Please input n=? 4
    g =
    x^4 – 4*x^3*y + 6*x^2*y^2 – 4*x*y^3 + y^4

【例 5-16】 展开矩阵 $\begin{pmatrix} \sin(\alpha + \beta) & \sin(\alpha - \beta) \\ \tan(2\alpha) & \sin(2\beta) \end{pmatrix}$ 中的各表达式。

编写文件名为 exm5_16 的脚本文件：

    clear，clc
    syms alpha beta
    f=[sin(alpha+beta), sin(alpha−beta); sin(2*alpha), tan(2*beta)]
    expand(f)

在指令窗中运行 exm5_16.m，结果为：

    f =
    [sin(alpha + beta), sin(alpha - beta)]
    [sin(2*alpha),   tan(2*beta)]
    ans =
    [cos(alpha)*sin(beta)+cos(beta)*sin(alpha), cos(beta)*sin(alpha)−cos(alpha)*sin(beta)]
    [2*cos(alpha)*sin(alpha),   −(2*tan(beta))/(tan(beta)^2−1)]

该例题也证明了函数运算中的正弦函数、正切函数的倍角公式以及正弦函数和余弦函数的和、差公式。

5. 符号表达式的化简

符号表达式可以用许多等价的形式来表示。为了让用户得到最简洁的表达形式，MATLAB 提供了两个指令进行符号化简：simplify()和 simple()。其调用格式相同：

    simplify(S)或 simple(S)

对符号表达式 S 化简，输出最简化形式。二者的区别在于对于较为复杂的表达式化简，不带输出变量的 simple()往往给出符号表达式的化简过程，而 simplify()只给出化简后的最简形式。

【例 5-17】 化简指令 simplify()和 simple()使用实例：化简表达式 $y = \dfrac{2x}{x^2 - x + 1} + \dfrac{3}{x + 1}$。

```
>>syms x；   f=2*x/(x^2−x+1)+3/(x+1)；simple(f)
simplify：
(5*x^2 − x + 3)/(x^3 + 1)
radsimp：
3/(x + 1) + (2*x)/(x^2 − x + 1)
…(省略号为编者所加)
mwcos2sin：
3/(x + 1) + (2*x)/(x^2 − x + 1)
collect(x)：
(5*x^2 − x + 3)/(x^3 + 1)
ans =
(5*x^2 − x + 3)/(x^3 + 1)
>> simplify(f)
ans =
(5*x^2 - x + 3)/(x^3 + 1)
```

【例 5-18】 化简 $f = \sqrt[3]{\dfrac{1}{x^3} + \dfrac{6}{x^2} + \dfrac{12}{x} + 8}$。

编写文件名为 exm5_18 的脚本文件：

```
clear，clc，syms x
f=(1/x^3+6/x^2+12/x+8)^(1/3)；
f1=simplify(f)
f2=simplify(f1)
g1=simple(f)
g2=simple(g1)
```

在指令窗中运行 exm5_18.m 后，结果为：

```
f1 =
((2*x+1)^3/x^3)^(1/3)
f2 =
((2*x+1)^3/x^3)^(1/3)
g1 =
(2*x+1)/x
g2 =
2+1/x
```

【说明】 simplify()利用各种类型的代数恒等式，包括求和、积分和分数幂、三角、指数和常用对数、Bessel 函数、超几何函数和 γ 函数来简化表达式；simple() 使用几种不同的简化工具，然后选择在结果表达式中含有最少字符的那种形式作为输出。建议用户在化简过程中多用几次化简指令。

【例 5-19】　已知矩阵 $A=\begin{pmatrix} \cos x & -\sin x \\ \sin x & -\cos x \end{pmatrix}$，计算 A 的平方，以及 A 中各元素的平方，

并化简。

编写文件名为 exm5_19 的脚本文件：

```
clear，syms x ；A=[cos(x) sin(x)；sin(x) cos(x)]；
B=simple(A^2)                    %计算矩阵 A 的 2 次幂
C=simple(A.^2)                   %计算矩阵 A 中各元素的 2 次幂
```

在指令窗中运行 exm5_19.m 后，结果为：

```
B =
[          1，sin(2*x)]
[ sin(2*x)，        1]
C =
[ cos(x)^2，sin(x)^2]
[ sin(x)^2，cos(x)^2]
```

5.3.4　符号表达式的置换

MATLAB 符号数学工具箱中提供了用于符号表达式的置换函数，用于简化表达式的输出，方便用户阅读。

subs (ES，OLD，NEW)：用变量 NEW 替换符号表达式 ES 中的变量 OLD。

[Y，X]=subexpr(ES，X)：自动查找表达式中最长的子表达式，并用符号变量 X 来置换，输出置换后的符号表达式 Y 和子表达式 X。

【例 5-20】　使用置换函数 subs() 对表达式 $f = a\sin x + b$ 进行不同的置换操作。

```
>>clear，clc，
>> syms a b x y
>> f=a*sin(x)+b；
>> f1=subs(f，'sin(x)'，y )           %以符号变量 y 替换符号表达式 sin(x)
f1 =
b + a*y
>> f2=subs(f，'a'，sym('2'))          %以符号常量 2 替换符号变量 a
f2 =
b + 2*sin(x)
>> f3=subs(f，{a，b}，{3，2})          %分别以标量 2、3 替换符号变量 a、b
f3 =
3*sin(x) + 2
```

```
>> f4=subs(f, {a, b, x}, {2, 2, pi/3})    %分别以标量 2、3 、pi/3 替换符号变量 a、b、x
f4 =

    3.7321
```

【说明】　　只有当符号表达式中的符号变量全部用数值常量代替后，计算的结果为数值常量；否则，仍然为符号变量或符号常量。

【例 5-21】　　置换函数 subexpr()使用实例：计算符号矩阵的逆矩阵。

编写文件名为 exm5_21 的脚本文件：

```
clear
syms X
A=sym('[a11 a12 a13；a21 a22 a23；a31 a32 a33]')        %创建符号矩阵
D=inv(A);                              %计算符号矩阵的逆矩阵
[Y，X]=subexpr(D，X)              %用 X 置换其中的子表达式
```

在指令窗中运行 exm5_21.m 后，结果为：

```
A =
[ a11, a12, a13]
[ a21, a22, a23]
[ a31, a32, a33]
Y =
[   X*(a22*a33 − a23*a32), −X*(a12*a33 − a13*a32), X*(a12*a23 − a13*a22)]
[ -X*(a21*a33 − a23*a31), X*(a11*a33 − a13*a31), −X*(a11*a23 − a13*a21)]
[   X*(a21*a32 − a22*a31), −X*(a11*a32 − a12*a31), X*(a11*a22 − a12*a21)]
X =
1/(a11*a22*a33 − a11*a23*a32 − a12*a21*a33 + a12*a23*a31 + a13*a21*a32 − a13*a22*a31)
```

【说明】　　函数 subexpr()对子表达式是自动寻找，只有比较长子表达式才被置换。对于较短的子表达式，即便重复多次也不会被置换。

5.3　符号微积分

MATLAB 符号计算工具箱中提供了很多关于符号微积分的运算函数，用户只要正确调用这些函数就可以准确地进行符号微积分的运算，减轻了手工运算的劳苦，更避免了因疏忽引起的差错。

5.3.1　符号极限和符号微分

1. 符号极限

MATLAB 计算符号极限的函数为 limit()。其格式如下：

```
limit(f， x， a)
```

计算当自变量 x 趋近于常数 a 时，符号函数 f(x)的极限值(即计算 $\lim\limits_{x \to a} f(x)$)。当 x 缺省时，

MATLAB 将根据 findsym()找出的第一自由变量作为自变量；当 a 缺省时，MATLAB 将认为是自变量趋近于 0。

> limit(f，x，a，'right')

计算自变量 x 从右边趋近于 a 时，符号函数 f 的极限值(即计算 $\lim\limits_{x \to a^+} f(x)$)。

> limit(f，x，a，'left')

计算自变量 x 从左边趋近于 a 时，符号函数 f 的极限值(即计算 $\lim\limits_{x \to a^-} f(x)$)。

【例 5-22】 分别计算 $\lim\limits_{x \to 0} \dfrac{\sin x}{x}$ ； $\lim\limits_{x \to 0^+} (\cot x)^{\frac{t}{\ln x}}$ ； $\lim\limits_{x \to 0^-} (\cot x)^{\frac{t}{\ln x}}$ 和 $\lim\limits_{x \to \infty} \left(1 + \dfrac{1}{3x}\right)^x$ 。

编写文件名为 exm5_22 的脚本文件：

```
clear，clc，syms x t
f1=limit(sin(x)/x，x，0)
f2_left=limit(cot(x)^(t/log(x))，x，0，'left')
f2_right=limit(cot(x)^(t/log(x))，x，0，'right')
f3=limit((1+1/(3*x))^x，inf)
```

在指令窗中运行 exm5_22.m 后，结果为：

```
f1 =
1
f2_left =
1/exp(t)
f2_right =
1/exp(t)
f3 =
exp(1/3)
```

由执行结果可知： $\lim\limits_{x \to 0} \dfrac{\sin x}{x} = 1$ ； $\lim\limits_{x \to 0^+} (\cot x)^{\frac{t}{\ln x}} = \lim\limits_{x \to 0^-} (\cot x)^{\frac{t}{\ln x}} = e^{-t}$ ； $\lim\limits_{x \to \infty} \left(1 + \dfrac{1}{3x}\right)^x = \sqrt[3]{e}$ 。

2. 符号微分

MATLAB 中可用来计算符号表达式微分的指令形式多样，主要有 diff()、jacobian()和 taylor()。diff()的调用格式为：

> dfdtn=diff(f，t，n)

计算符号表达式 f 对符号变量 t 的 n 阶微分(即计算 $\dfrac{d^n f(t)}{dt^n}$)。n 缺省时默认计算一阶微分 1；t 缺省时按照 findsym()找寻的第一自变量求微分。

jacobian()的调用格式：

　　　fj=jacobian(f(t))

计算多元符号表达式 f(t)的一阶微分雅克比(Jacobian)矩阵。雅可比矩阵定义为向量对向量的一阶微分矩阵：

$$
J = \left| f_{ij}' \right| = \begin{vmatrix} \dfrac{\partial f_1}{\partial x_1} & \dfrac{\partial f_1}{\partial x_2} & \cdots & \dfrac{\partial f_1}{\partial x_n} \\[2mm] \dfrac{\partial f_2}{\partial x_1} & \dfrac{\partial f_2}{\partial x_2} & \cdots & \dfrac{\partial f_2}{\partial x_n} \\[2mm] \cdots & \cdots & & \\[2mm] \dfrac{\partial f_n}{\partial x_1} & \dfrac{\partial f_n}{\partial x_2} & \cdots & \dfrac{\partial f_n}{\partial x_n} \end{vmatrix}
$$

taylor()的调用格式如下：

　　　ftlr=taylor(f，n，t，a)

计算符号表达式 f(t)在 t=a 处的(n−1)阶泰勒级数展开(即计算 $\sum_{k=0}^{n-1} \dfrac{f^{(k)}(a)}{k!}(x-a)^k$)。

【例 5-23】　已知函数矩阵 $f = \begin{pmatrix} a & y^3 \\ y\cos x & \ln x \end{pmatrix}$，求 $\dfrac{\mathrm{d}f}{\mathrm{d}x}$、$\dfrac{\mathrm{d}^2 f}{\mathrm{d}y^2}$、$\dfrac{\mathrm{d}^2 f}{\mathrm{d}x\mathrm{d}y}$。

编写文件名为 exm5_23 的脚本文件：

```
clear，clc，syms a x y；
f=[a，y^3；y*cos(x)，log(x)]；
dfdx=diff(f)                %求矩阵 f 对 x 的一阶导数
dfdy2=diff(f，y，2)          %求矩阵 f 对 y 的二阶导数
dfdxdy=diff(diff(f，x)，y)  %求二阶混合导数
```

在指令窗中运行 exm5_23.m 后，结果为：

```
dfdx =
[          0,       0]
[ -y*sin(x),     1/x]
dfdy2 =
[   0，6*y]
[   0，0]
dfdxdy =
[        0,      0]
[ -sin(x),      0]
```

【例 5-24】　隐函数求导实例。

(1) 设 $\sin y + \mathrm{e}^x - xy = 1$，求 $\dfrac{\mathrm{d}y}{\mathrm{d}x}$。

分析：根据隐函数求导步骤，第一步令 $F(x,y)=\sin y+e^x-xy-1$，由指令计算 F'_x，F'_y；

第二步，由 $\dfrac{\mathrm{d}y}{\mathrm{d}x}=-\dfrac{F'_x}{F'_y}$ 计算结果。

编写文件名为 exm5_24_1 的脚本文件：

```
clear，syms x y；
F=sin(y)+exp(x)-x*y-1；
dFdx=diff(F，x)
dFdy=diff(F，y)
dydx=-dFdx/dFdy
```

在指令窗中运行 exm5_24_1..m 后，结果为：

```
dFdx =
exp(x)-y
dFdy =
cos(y)-x
dydx =
- (exp(x)-y)/(cos(y)-x)
```

即

$$\frac{\mathrm{d}y}{\mathrm{d}x}=\frac{y-e^x}{\cos y-x}$$

(2) 设 $f(x,y,z)=\begin{bmatrix} x+\ln(yz) \\ y^2+\tan z \\ \sin x+\cos y \end{bmatrix}$，求 f 的 Jacobian 矩阵 $\begin{pmatrix} \dfrac{\partial f_1}{\partial x} & \dfrac{\partial f_1}{\partial y} & \dfrac{\partial f_1}{\partial z} \\ \dfrac{\partial f_2}{\partial x} & \dfrac{\partial f_2}{\partial y} & \dfrac{\partial f_2}{\partial z} \\ \dfrac{\partial f_3}{\partial x} & \dfrac{\partial f_3}{\partial y} & \dfrac{\partial f_3}{\partial z} \end{pmatrix}$。

编写文件名为 exm5_24_2 的脚本文件：

```
clear，clc，syms x y z
f=[x+log(y*z)；y^2+tan(z)；sin(x)+cos(y)]；
t=[x，y，z]；
fj=jacobian(f，t)
```

在指令窗中运行 exm5_24_2..m 后，结果为：

```
fj =
[        1,      1/y,        1/z]
[        0,      2*y,  1+tan(z)^2]
[   cos(x),  -sin(y),          0]
```

【例 5-25】　求 $f(x)=\ln(1+x)$ 在 $x=0$ 处展开的 9 阶麦克劳林级数。

编写文件名为 exm5_25 的脚本文件：

```
clear，clc，syms x
taylor(log(1+x)，8，x，0)
```

在指令窗中运行 exm5_25..m 后，结果为：

```
ans =
x−1/2*x^2+1/3*x^3−1/4*x^4+1/5*x^5−1/6*x^6+1/7*x^7
```

5.3.2　符号级数/序列求和与符号积分

1．级数/序列的符号求和

级数或序列求和是高等数学中常见的运算，MATLAB 中的实现函数为 symsum()，格式如下：

```
Sum=symsum(f，t，a，b)
```

计算序列/级数在指定变量 t 取区间[a，b]中所有整数时的和(即计算 $\sum_{t=a}^{b} f(t)$)。如果 t 缺省，MATLAB 按照 findsym()找寻第一自变量。t 可以取有限值，也可以是无穷大。用户如果不指定 t 的区间，MATLAB 将按照默认计算区间[0，t−1]求和。

【**例 5-26**】　序列/级数求和指令 symsum()使用实例：分别计算 $\sum_{t=0}^{t-1}[t\quad k^2]$ 和

$\sum_{k=1}^{\infty}\left[\dfrac{1}{(2k-1)^2}\quad\dfrac{(-1)^k}{k}\right]$ 的值。

编写文件名为 exm5_26 的脚本文件：

```
 clear，clc，syms k t
f1=[t，k^3];
f2=[1/(2*k-1)^2，(-1)^k/k];
Sum1=simple(symsum(f1))            %f1 的第一自变量为 t
Sum2=simple(symsum(f2，1，inf))      %f1 的唯一自变量为 k
```

在指令窗中运行 exm5_26.m 后，结果为：

```
Sum1 =
[ 1/2*t*(t−1)，      k^3*t]
Sum2 =
[ 1/8*pi^2，−log(2)]
```

【**说明**】　在符号求和运算后结合化简指令，可以使输出结果简洁易读。

2．符号积分

MATLAB 实现符号积分的指令为 int()，该函数既可计算定积分，也可以计算不定积分，其调用格式如下：

```
S=int(f，v，a，b)
```

计算被积函数 f 关于变量 v 的定积分，积分区间为[a，b]。v 缺省时，MATLAB 将以指令 findsym()找寻的第一变量作为积分变量。当 a、b 缺省时，为计算表达式的不定积分。函数 int()的嵌套使用可实现多重积分的计算。

【例 5-27】　分别计算 $\int_0^\pi a^x \cos x \, dx$ 和 $\int_1^\infty \frac{1}{x^p} \, dx$，其中 a, p 都为正数。

编写文件名为 exm5_27 的脚本文件：

```
clear，clc，
syms x
syms a p positive
s1=int(a^x*cos(x)，0，pi)
s2=int(1/x^p，1，inf)
```

在指令窗中运行 exm5_27.m 后，结果为：

```
s1 =
−(log(a)*(a^pi + 1))/(log(a)^2 + 1)
s2 =
piecewise([1 < p，1/(p − 1)]，[p <= 1，Inf])
```

由结果可知：

$$\int_0^\pi a^x \cos x \, dx = \frac{-\ln a(a^\pi + 1)}{\ln^2 a + 1} \; ; \quad \int_1^\infty \frac{1}{x^p} \, dx = \begin{cases} \dfrac{1}{p-1}, p>1 \\ \infty, p \le 1 \end{cases}$$

【例 5-28】　计算 $\int \begin{pmatrix} ax & bx^2 \\ \dfrac{1}{x} & \tan x \end{pmatrix} dx$。

编写文件名为 exm5_28 的脚本文件：

```
clear，clc，syms a b x
F=[a*x，b*x^2；1/x，tan(x)]；
disp('The integral of F is')
disp(int(F))
```

在指令窗中运行 exm5_28.m 后，结果为：

```
The integral of F is
[     1/2*a*x^2，1/3*b*x^3]
[        log(x)，−log(cos(x))]
```

【例 5-29】　计算 $\iint\limits_{x^2+y^2 \le 1} \sin(\pi(x^2 + y^2)) dx dy$。

分析：该例题积分区域为单位圆，如果采用直角坐标，积分区间可以设定为 $x \in [-1,1]$，

对应于任意 x 处，$y \in [-\sqrt{1-x^2}, \sqrt{1-x^2}]$；如果选用极坐标，极径 $\rho \in [0,1]$，极角 $\theta \in [-\pi, \pi]$。

编写文件名为 exm5_29 的脚本文件：

```
%直角坐标下计算积分
clear，clc，syms x y r theta
S_d=int(int(sin(pi*(x^2+y^2)), y, −sqrt(1−x^2), sqrt(1−x^2)), x, −1, 1)
%极坐标下计算积分
S_p=int(int(r*sin(pi*r^2), r, 0, 1), theta, −pi, pi)
```

执行后的结果为：

```
Warning： Explicit integral could not be found(没有获得积分结果显函数形式).
S_d =
int((2^(1/2)*fresnelS(2^(1/2)*(1-x^2)^(1/2))*cos(pi*x^2))/2-(2^(1/2)*fresnelS(-2^(1/2)*(1-x^2)^(1/2))*cos(pi*x^2))/2+(2^(1/2)*fresnelC(2^(1/2)*(1-x^2)^(1/2))*sin(pi*x^2))/2-(2^(1/2)*fresnelC(-2^(1/2)*(1-x^2)^(1/2))*sin(pi*x^2))/2, x = -1..1)
S_p =
2
```

【例 5-30】　　计算 $\int_1^2 dz \int_{\sqrt{x}}^{x^2} dy \int_{\sqrt{xy}}^{x^2 y} (x^2 + y^2 + z^2) dx$。

编写文件名为 exm5_30 的脚本文件：

```
clear，clc，syms x y z
F=int(int(int(x^2+y^2+z^2, z, sqrt(x*y), x^2*y), y, sqrt(x), x^2), x, 1, 2);
VF=vpa(F, 8)                    %积分结果用 8 位有效数字显示
```

在指令窗中运行 exm5_30.m 后，结果为：

```
VF =
224.92154
```

【说明】

◆ 与数值积分比较，符号积分指令简单，但计算时会占用较长的时间。当积分上、下限也为符号时，MATLAB 将给出冗长的"封闭型"解析解，有时也会出现给不出解析解的现象。

◆ 使用函数 int()嵌套结构时，积分变量的先后次序必须要正确，否则 MATLAB 将会给出错误结果。

◆ 如果积分结果为符号常数，用户可以结合指令 vpa()，使输出结果简短易读。

5.4　符号方程的求解

5.4.1　符号代数方程的求解

MATLAB 求解代数方程或代数方程组的指令为 solve()，调用格式为

```
S=solve('eq', 'v')
```

计算单个方程 eq=0 关于变量 v 的解 S。eq 可以是含等号的符号方程。v 缺省时 MATLAB 将利用指令 findsym()找寻第一自由变量作为求解变量。

　　　　[y1, y2, …, yn]=solve('eq1', 'eq2', …, 'eqn', 'v1', 'v2', …, 'vn')

计算方程组 eq1=0, eq2=0, …, eqn=0 关于变量 v1, v2, …, vn 的解 y1, y2, …, yn。如果只有一个输出变量，则该输出变量类型为构架数组，MATLAB 把各个解分别存放在此构架数组的不同域中，每个域值为对应域名的变量的解。v 缺省时 MATLAB 将利用指令 findsym()找寻 n 个自由变量作为求解变量。

　　【说明】　　当代数方程不存在"封闭型"解析解又无其他自由参数时，MATLAB 将给出符号常数解。

　　【例 5-31】　　分别求解方程 $(x+2)^x=2$；$ax^2+bx+c=0$；$\sin x=0$。

编写文件名为 exm5_31 的脚本文件：
```
 clear, clc, syms a b c x
s1=solve('(x+2)^x=2', 'x');           %含等号的方程
s1=vpa(s1, 6)                         %输出 5 位有效位数
s2=solve('sin(x)', 'x')               %不含等号的方程，与 sinx=0 等价
s3=solve('a*x^2+b*x+c')               %第一自变量为 x
```
在指令窗中运行 exm5_31.m 后，结果为：
```
s1 =
0.6983
s2 =
0
s3 =
 -1/2*(b-(b^2-4*a*c)^(1/2))/a
 -1/2*(b+(b^2-4*a*c)^(1/2))/a
```
　　注意：如果方程的解为有限个，MATLAB 将逐个输出其解；当方程有无穷多个解时，MATLAB 只输出 0 附近的一个数值解。

　　【例 5-32】　　求解非线性方程组 $\begin{cases} x^2+2y+1=0 \\ x+3z=4 \\ yz=-1 \end{cases}$。

编写文件名为 exm5_32 的脚本文件：
```
clear
s=solve('x^2+2*y+1', 'x+3*z=4', 'y*z=-1') ;
disp([blanks(8), 'x', blanks(8), 'y', blanks(8), 'z'])
%利用显示函数 disp()，便于阅读
disp(vpa([s.x, s.y, s.z], 6))        %结果显示有效位数为 6 位
```
在指令窗中运行 exm5_32.m 后，结果为：
```
        x        y        z
```

$$[\qquad 1.0, \qquad -1.0, \qquad 1.0]$$
$$[-0.561553, \quad -0.657671, \quad 1.52052]$$
$$[\quad 3.56155, \quad -6.84233, \quad 0.146149]$$

【例 5-33】　计算 "欠定" 方程组 $\begin{cases} d+\dfrac{n}{2}+\dfrac{p}{2}=q \\ n+d+q-p=10 \\ q+d-\dfrac{n}{4}=p \end{cases}$ 的解。

编写文件名为 exm5_33 的脚本文件：

　　clear，clc，

　　syms d n p q

　　eq1=d+n/2+p/2−q；eq2=n+d+q−p−10；eq3=q+d−n/4−p；

　　[n，p，q]=solve(eq1，eq2，eq3，n，p，q)

在指令窗中运行 exm5_33.m 后，结果为：

　　n =

　　8

　　p =

　　4*d + 4

　　q =

　　3*d + 6

5.4.2　符号微分方程的求解

　　MATLAB 求解符号微分方程和符号微分方程组的指令为 dsolve()，调用格式为：

　　　　dsolve('eq1'，'eq2'，…，'eqn'，'condl'，'cond2'，…，'condn'，'v')

计算带有初始条件 cond1，cond2，…，condn 的微分方程组 eq1，eq2，…，eqn 的解。v 为微分变量，缺省时 MATLAB 将以 t 作为微分变量。

　　【说明】　微分方程输入形式规定："Dny" 表示 "y 的 n 阶微分"。输入形式如果是 ('Dny=f(x)'，'x')，表示计算 $\dfrac{\mathrm{d}^n y}{\mathrm{d}x^n}=f(x)$；自变量缺省时，即输入形如('Dny=f(x)')，表示计算 $\dfrac{\mathrm{d}^n y}{\mathrm{d}t^n}$。

　　【例 5-34】　求一阶微分方程 $\dfrac{\mathrm{d}y}{\mathrm{d}x}=1+y^2$ 的解。初始条件为 $y(0)=1$。

编写文件名为 exm5_34 的脚本文件：

　　clear，clc，syms x y

　　y=dsolve('Dy=1+y^2'，'y(0)=1'，'x')

在指令窗中运行 exm5_34.m 后，结果为

　　y =

```
tan(pi/4 + x)
```

【例 5-35】 求二阶微分方程 $y'' = \cos(2x) - y$ 在初始条件 $y'(x)\big|_{x=0} = 0,\ y(x)\big|_{x=0} = \ln 2$ 下的特解。

编写文件名为 exm5_35 的脚本文件：

```
clear，clc，syms x y
y=dsolve('D2y=cos(2*x)-y', 'Dy(0)=0', 'y(0)=log(2)', 'x');
y=simple(y)
```

在指令窗中运行 exm5_35.m 后，结果为：

```
y =
cos(x)/3 – cos(2*x)/3 + log(2)*cos(x)
```

【例 5-36】 求微分方程组 $\dfrac{\mathrm{d}x}{\mathrm{d}t} = 2y$，$\dfrac{\mathrm{d}y}{\mathrm{d}t} = -x$ 的通解。

编写文件名为 exm5_36 的脚本文件：

```
clear，clc，
S_g=dsolve('Dx=2*y，Dy=-x');
Sx=S_g.x
Sy=S_g.y
```

在指令窗中运行 exm5_36.m 后，结果为：

```
Sx =
C1*sin(2^(1/2)*t)+C2*cos(2^(1/2)*t)
Sy =
1/2*2^(1/2)*(C1*cos(2^(1/2)*t)–C2*sin(2^(1/2)*t))
```

【说明】 在计算微分方程的通解时，输出结果中的符号 C1，C2 为积分常数。

【例 5-37】 求微分方程组 $\begin{cases} \dfrac{\mathrm{d}y}{\mathrm{d}x} = 3y + z \\ \dfrac{\mathrm{d}z}{\mathrm{d}x} = -4y + 3z \end{cases}$ 的通解和在初始条件为 $\begin{cases} y(x)\big|_{x=0} = 0 \\ z(x)\big|_{x=0} = 1 \end{cases}$ 时的特解。

编写文件名为 exm5_37 的脚本文件：

```
clear
S_g=dsolve('Dy=3*y+4*z，Dz=-4*y+3*z', 'x');              %求通解
disp('S_g.y=')，disp(S_g.y)
disp('S_g.z=')，disp(S_g.z)
S_s=dsolve('Dy=3*y+4*z，Dz=-4*y+3*z', 'y(0)=0，z(3)=1', 'x');    %求特解
disp('S_s.y=')，disp(S_s.y)
disp('S_s.z=')，disp(S_s.z)
```

在指令窗中运行 exm5_37.m 后，结果为：

```
S_g.y=
```

exp(3*x)*(C1*sin(4*x)+C2*cos(4*x))

S_g.z=

-exp(3*x)*(-C1*cos(4*x)+C2*sin(4*x))

S_s.y=

exp(3*x)/cos(12)/(cosh(9)+sinh(9))*sin(4*x)

S_s.z=

exp(3*x)/cos(12)/(cosh(9)+sinh(9))*cos(4*x)

【说明】 在输入微分方程时，建议遵循"导数阶数按降阶次序，导数先输入函数后输入"的原则，否则容易出错。

习　　题

5.1　分析下列表达方式的含义：

(1) $a = pi/3$；(2) $b = \text{sym}(pi/3)$；(3) $c = \text{sym}(pi/3,'d')$；(4) $d = \text{sym}('pi/3')$；

(5) $f = '3*x\wedge3+2*x-1'$；(6) x=syms x

$f = 3*x\wedge3+2*x-1$

提示：分析 a、b、c、d 的关系时，可以通过 vpa($abs(a-d)$)，vpa($abs(b-d)$)，vpa($abs(c-d)$) 等来观察。

5.2　不加以专门指定的情况下，以下符号表达式中的哪一个变量被认为是第一自由变量。

$\text{sym}('\sin(w*t)')$；$\text{sym}('a*\exp(r*X)')$；$\text{sym}('z*\exp(i*alpha)')$

5.3　计算矩阵 $A = \begin{pmatrix} a_{11} & a_{12} & a_{13} \\ a_{21} & a_{22} & a_{23} \\ a_{31} & a_{32} & a_{33} \end{pmatrix}$ 的行列式值、逆矩阵和特征值。

5.4　合并表达式 $(x+1)^3 + (x+1)^2 + 5x - 6$ 中的同类项。

5.5　分解因式 $x^4 - 5x^3 + 5x^2 + 5x - 6$。

5.6　计算 $\dfrac{1}{x^3-1} + \dfrac{1}{x^2+y+1} - \dfrac{1}{x+y+1} + 8$ 的分子和分母。

5.7　展开表达式 $\sin(x+y)$。

5.8　函数 $f(k) = \begin{cases} a^k, & k \geq 0 \\ 0, & k < 0 \end{cases}$，当 a 为正实数时，计算 $\sum\limits_{k=0}^{\infty} f(k)z^{-k}$。

5.9　求下列极限值。

(1) $\lim\limits_{x \to \frac{\pi}{4}} \dfrac{\ln \sin x}{(\pi - 2x)^2}$；(2) $\lim\limits_{x \to \infty} \left(\dfrac{5x^2}{1-x^2} + 2^{\frac{1}{x}} \right)$

5.10 设 $y = \ln x \cos x$，计算 $y^{(5)}$。

5.11 设 $z = e^{2xy} \ln(3x + y)$，分别计算 $\dfrac{\partial^2 z}{\partial x^2}$、$\dfrac{\partial^2 z}{\partial y^2}$、$\dfrac{\partial^2 z}{\partial x \partial y}$。

5.12 设 $f = \begin{pmatrix} x^2 + 2 & e^{a^2 x} & \dfrac{b}{a^2 x} \\ \ln(a + b) & \sin(ax) & 2a \end{pmatrix}$，计算 $\dfrac{df}{da}$。

5.13 求下列积分结果：

(1) $\displaystyle\int \sqrt{a^2 - x^2}\,dx$； (2) $\displaystyle\int x^2 \arcsin x\,dx$； (3) $\displaystyle\int_1^e x \ln x\,dx$ (结果为 10 位有效数字)；

(4) $\displaystyle\int_1^2 \int_1^{x^2} (x^2 + y^2)\,dy\,dx$ (结果为 32 位有效数字)

5.14 求下列微分方程的解：

(1) $y'' + 3y' + e^x = 0$； (2) $\dfrac{1}{5} yy' + \dfrac{1}{4} x = 0$； (3) $\begin{cases} (x^2 - 1)y' + 2xy - \cos x = 0 \\ y|_{x=0} = 1 \end{cases}$

5.15 计算初值问题 $\begin{cases} \dfrac{df}{dx} = 3f + 4g \\ \dfrac{dg}{dx} = -4f + 3g \\ f(0) = 0, g(0) = 1 \end{cases}$ 的解。

5.16 求下列方程的解：

(1) $x^5 - 5x - 1 = 0$； (2) $x^3 + px + q = 1(p、q$ 为实数)；

(3) $\begin{cases} x^2 + y^2 = 1 \\ xy = 2 \end{cases}$

第 6 章　　数据和函数的可视化

　　MATLAB 能够为广大科技工作者接受和喜爱的原因，除了其强大的计算功能外，就是它能够提供极其方便的绘图功能。MATLAB 的数据函数可视化可以方便地让用户从一堆杂乱无章的数据中观察数据间的内在关系，并进而获得数据背后隐藏的物理本质。MATLAB 可以绘制多种类型的二维、三维图形，并可以进行动画演示。

　　本章的主要内容有：

> ➢ 不同坐标系中二维和三维曲线的绘制
> ➢ 直角坐标系和极坐标系之间的相互转换
> ➢ 绘制三维网线图和网面图并实现图形的裁切和镂空
> ➢ 利用图形句柄实现图形的精细操作
> ➢ 利用图形窗现场菜单实现图形的修饰
> ➢ 简易绘图指令的应用

6.1　二维曲线的绘制

　　MATLAB 绘制二维曲线即绘制平面曲线，与手工绘制曲线的思路相同，首先必须确定平面坐标系。MATLAB 提供了不同坐标系下的绘图指令，其中包括直角坐标系、极坐标系、对数坐标系等。其次，在对应坐标系中描出一组坐标点，即在坐标系中实现离散数据的可视化。最后，采用插值方法计算离散数据点之间的值并将其连接成线，从而近似表现函数的可视化。对此必须要注意一点，就是采样点必须足够多，才能比较真实地体现原函数隐藏的规律。

6.1.1　二维直角坐标系中基本绘图指令 plot()

1．绘图指令 plot()

　　在绘制曲线时，最重要的指令是 plot()。在执行指令 plot() 时，将打开一个默认图形窗，描点连线在这个窗口里面自动完成。另外，它还会自动添加数据标尺到坐标轴上。如果图形窗已经存在，该指令将刷新当前窗口中的图形。指令 plot() 有 3 种调用格式：

　　(1) plot(y, 's')：当 y 是向量时，元素的下标作为横坐标，y 作为纵坐标，绘制一条曲线。当 y 是矩阵时，以该矩阵的"行下标"为横坐标、y 为纵坐标绘制"列数"条曲线。s 是所绘曲线的线型、点型和颜色的字符串，含义如表 6-1～表 6-3 所示。当 s 缺省时，MATLAB 将默认设置蓝色细实线("b-")来绘制曲线。当 s 选择表 6-2 里面的字符时，MATLAB 绘制出离散的图形。

表 6-1　曲线线型控制符

类　型	符　号	类　型	符　号
细实线(默认)	-	虚点线	:
点划线	-.	虚划线	--

表 6-2　离散数据点点型控制符

类　型	符　号	类　型	符　号
实心黑点(默认)	.	圆圈标记	o
叉号形×	x	十字形	+
星号标记 *	*	方块标记□	s
菱形标记◇	d	向下的三角符	v
向上的三角符	^	向左的三角符	<
向右的三角符	>	五角星标记☆	p
六边形标记	h		

表 6-3　曲线色彩控制符

类　型	符　号	类　型	符　号
蓝色(默认)	b(Blue)	品红色(紫色)	m(Magenta)
青色	c(Cyan)	红色	r(Red)
绿色	g(Green)	黄色	y(Yellow)
白色	w(White)	黑色	k(Black)

【例 6-1】　指令 plot()使用实例之一：绘制连续波形的叠加波 $y = \sin(x) + \sin(8x)$ 。
编写文件名为 exm6_1 的脚本文件：

```
clear,clc,clf
x1=linspace(0,4,10);
y1=sin(x1)+sin(8*x1);
x2=linspace(0,4,100);
y2=sin(x2)+sin(8*x2);
subplot(1,2,1),plot(x1,y1,x1,y1,'r.'),title('(a)')
subplot(1,2,2),plot(x2,y2,x2,y2,'r.'),title('(b)')
```

在指令窗中执行文件 exm6_1.m，结果如图 6.1 所示。

【说明】

◆ 对于同一个函数显示绘制的图形，用户如果选择的数据点数较少，则图形不能较好地反映函数的特性，如图(a)所示。

◆ 用户将数据点作为输入变量传递给函数 plot()时，如果不特别说明绘制离散图形，MATLAB 将自动利用线性插值的方法用直线连接相邻的数据点，将各离散点连接成曲线。

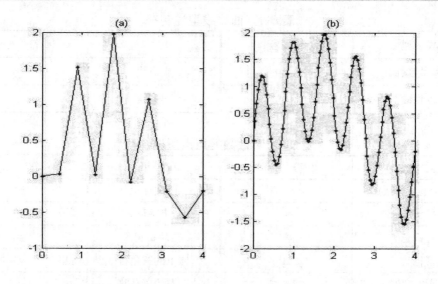

图 6.1 指令 plot()使用实例

【例 6-2】 指令 plot()使用实例之二：绘制曲线 $y(x) = \mathrm{e}^{0.5x}k$ ，其中 $x \in [0,1]$ ，$k = [0.2, 0.3, 0.4, 0.5, 0.6, 0.7, 0.8]$ 。

编写文件名为 exm6_2 的脚本文件：

```
clear
x=linspace(0,1,30)';        %创建 30×1 的列向量
k=linspace(0.2,0.8,7);      %创建 1×7 的行向量
 y=exp(0.5*x)*k;            %产生 30×7 的矩阵
plot(y)
```

在指令窗中执行文件 exm6_2.m，结果如图 6.2 所示。

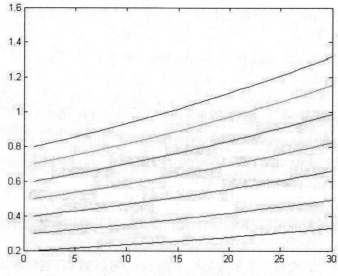

图 6.2 指令 plot()对输入变量为矩阵的执行结果

【说明】　当利用指令 plot()同时绘制多条曲线时，MATLAB 默认的着色次序为蓝、绿、红、青、紫红、黄和黑，便于用户观察。

(2) plot(x，y，'s')：当 x 和 y 为长度相同的向量时，绘制由它们组成的采样点的一条曲线，其中 x 为横坐标，y 为纵坐标。当 x 是向量，y 是矩阵时，绘制出"列数条"不同颜色的曲线。当 x、y 是同维矩阵时，以 x、y 对应列元素为横、纵坐标分别绘制曲线。曲线条数等于 y 矩阵的列数。该指令的输入变量(x，y，'s')称为二维绘图的三元组。

读者可以将脚本文件 exm6_1 中的指令 plot(y)修改为 plot(t，y)并观察绘图结果。

(3) plot(x1，y1，'s1'，x2，y2，'s2'，…，xn，yn，'sn')：同时绘制 n 条曲线，每条曲线的绘制都由"三元组"(xi，yi，'si')给出，且每个"三元组"之间彼此独立。

【例 6-3】　指令 plot()执行三元组实例：绘制曲线 $y = x^2 \sin x$，其中 $x \in [0,6]$。

编写文件名为 exm6_3 的脚本文件：

```
clear
%绘制一条曲线
x=linspace(0，6，20)；
y=x.^2.*sin(x)；
figure(1)
plot(x，y)
%绘制多条曲线
figure(2)
y1=y+2；
y2=y−2；
plot(x，y，x，y1，'k−.*'，x，y2，'：x')
```

在指令窗中执行文件 exm6_3.m，结果如图 6.3 所示。

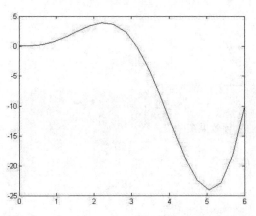 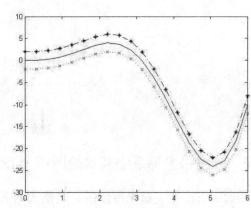

图 6.3　指令 plot()对多个三元组的执行结果

【说明】

◆ 字符串 'k−.*' 表示用黑色点划线绘制曲线，且曲线上的每一个离散数据点用"八线符"标记显示。

◆ 为了避免曲线图形被刷新，可以执行指令 figure()同时打开多个图形窗口。figure(n)表示打开第 n 个图形窗。如果用户不设置图形窗，MATLAB 遇到绘图指令时自动打开名为 Figure1 的图形窗。

2．双纵坐标绘图指令 plotyy()

MATLAB 除了允许用户用相同标度在同一坐标系内绘制多条曲线外，用户运行指令 plotyy()可以利用不同的标度在同一个坐标内绘制不同曲线，其调用格式为

　　　　plotyy(x1，y1，x2，y2)

分别以左 y 轴、右 y 轴和 x 轴绘制(x1，y1)和(x2，y2)的曲线。其中 x1 和 y1，x2 和 y2 为对应的向量或矩阵，一般情况下 y1 和 y2 的标度采用不同的间隔。

【例 6-4】　指令 plotyy()绘制曲线实例：在同一个坐标中绘制曲线 $y = 2e^{-0.5x}\sin(2\pi x)$ 和 $y = 4.5e^{-0.1x}\sin(x)$ 。

编写文件名为 exm6_4 的脚本文件：

```
clear
x=linspace(0，8，100);
y1=2*exp(-0.5*x).*sin(2*pi*x);
y2=4.5*exp(-0.1*x).*sin(x);
plotyy(x，y1，x，y2);
```

在指令窗中执行文件 exm6_4.m，结果如图 6.4 所示。

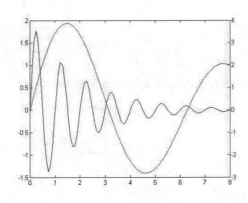

图 6.4　指令 plotyy()的执行效果图

6.1.2　二维极坐标系中基本绘图指令 polar()

函数 polar()实现极坐标绘图，其格式如下：

　　　　polar(theta，radius，'s')

在极坐标系中绘图，其中向量 theta 为极角，单位为弧度；向量 r 为极径。字符串's'的含义与指令 plot()中的相同，s 缺省时为蓝色细实线"b-"。

【例 6-5】　指令 polar()绘制曲线实例：绘制曲线 $\rho = 3(1+\cos\theta)$ 。

编写文件名为 exm6_5 的脚本文件：

```
clear
```

```
th=linspace(0，2*pi，100)；
r=3*(1+cos(th))；
polar(th，r，'k-*')
```

在指令窗中执行文件 exm6_5.m，结果如图 6.5 所示。

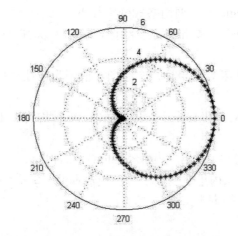

图 6.5　指令 polar()绘制极坐标曲线效果图

6.1.3　直角坐标和极坐标之间的相互转换

直角坐标和极坐标之间通过函数文件可以实现相互转换。

直角坐标到极坐标的转换函数为 cart2pol()，调用格式为

[Th，r]=cart2pol(x，y)

实现直角坐标到极坐标的转换。输入变量(x，y)为直角坐标系内的坐标，输出变量(Th，r)为其对应极坐标系内的坐标，其中 Th 为极坐标系里面的极角，单位为弧度。r 为极径。

极坐标到直角坐标的转换函数为 pol2cart()，调用格式为

[x，y]=pol2cart(Th，r)

实现极坐标到直接坐标的转换。输入变量(Th，r)为极坐标系内的坐标，输出变量(x，y)为其对应直角坐标系内的坐标。

比如 A(2，3)、B(pi/3，2)分别为直角坐标系内和极坐标系内的两点，执行转换函数可以分别获得其对应于极坐标和直角坐标内的坐标：

```
>> [Th，R]=cart2pol(2，3)
Th =
    0.9828
R =
    3.6056
>> [x，y]=pol2cart(pi/3，2)
x =
    1.0000
y =
```

1.7321

6.1.4 二维对数坐标系绘图

MATLAB 除了能以直角坐标和极坐标绘图，还提供了半对数和全对数坐标系绘图指令 semilogx()、semilogy()和 loglog()。调用格式分别如下：

semilogx(x，y，'s')：在半对数坐标系中绘图，横轴为以 10 为底的对数坐标 log(x)，纵轴为线性坐标 y。

semilogx(x，y，'s')：在半对数坐标系中绘图，横轴为线性坐标 x，纵轴为以 10 为底的对数坐标 log(y)。

loglog(x，y，'s')：在全对数坐标系中绘图。横轴、纵轴均为以 10 为底的对数坐标 log(x) 和 log(y)。

其中各个指令中的字符串 s 的含义与指令 plot()中的相同。

【例 6-6】 对数坐标系内绘制曲线实例：绘制曲线 $y = x^3 + x^2 - 2x + 6$ 。

编写文件名为 exm6_6 的脚本文件：

```
clear
x=linspace(0，10，100);
y=x.^3+x.^2−2*x+6;
figure(1);
semilogy(x，y);            %y 轴用以 10 为底的对数刻度标定的半对数坐标系绘图
grid on
figure(2);
loglog(x，y);              %全对数坐标系绘图
grid on
```

在指令窗中执行文件 exm6_6.m，运行的结果如图 6.6 所示。

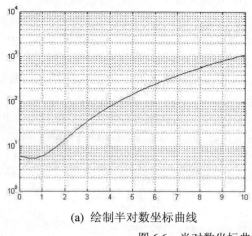
(a) 绘制半对数坐标曲线

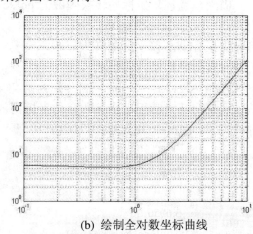
(b) 绘制全对数坐标曲线

图 6.6 半对数坐标曲线和全对数坐标曲线效果图

用户可以执行指令 plot(x，y)、semilogx(x，y)获得直角坐标和 x 轴半对数图形，并比较运行结果。

6.2　绘制二维图形的辅助操作

6.2.1　窗口的控制与分割

MATLAB 的所有图形都显示在特定的窗口中，成为图形窗(figure)。在使用绘图指令时，如果没有已经存在的窗口，MATLAB 会自动创建一个新的窗口；如果已经存在图形窗，默认时，MATLAB 将直接利用该窗口绘图。如果用户需要同时创建多个窗口绘制不同图例或者在同一个窗口上开辟不同区域绘图，MATLAB 提供了关于窗口的控制和分割指令：

figure(n)：创建第 n 个图形窗，见【例 6-3】和【例 6-6】。

clf：擦除当前图形窗；

shg：显示当前图形窗；

close(n)：关闭第 n 个图形窗。

图形窗的分割指令为 subplot()，调用格式为

　　　subplot(m，n，p)

将图形窗分为 m×n 个区域分别绘制图形，其中当前图为第 p 个区域。各个子图的编号为先上后下，先左后右的顺序。m、n、p 之间的逗号可以省略。

　　　subplot('position'，[left botton width height])

在规格化的窗口对象(范围为 0.0～1.0)里创建一个位置为[left botton width height]的图形窗。

【例 6-7】　指令 subplot()应用实例。

编写文件名为 exm6_7 的脚本文件：

```
clear

subplot(2，3，1：2)          %运用分区指令 subplot()分区后，合并第 1、2 子区域

t=linspace(0，10，200)；

y1=sin(2*pi*t)；

plot(t，y1)

subplot(233)          %与 subplot(2，3，3)等价

y2=sin(t)；

plot(t，y2)

subplot('position'，[0.2，0.05，0.65，0.45])

y3=y1.*y2；

plot(t，y3，'b-'，t，y2，'r：'，t，−y2，'r：')
```

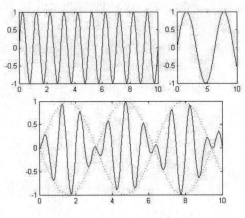

图 6.7　多子图的绘制

在指令窗中执行文件 exm6_7.m，结果如图 6.7 所示。

【说明】　使用指令 subplot()分区后，如果希望再恢复到整幅图的界面，用户必须使用 clf 指令擦除图形。

6.2.2　坐标轴的设置

　　MATLAB 对图形的控制比较完善，一般情况下，它采用考虑周全的默认设置，能根据所给数据自动地确定坐标取向、范围、刻度、高宽比，并给出令人满意的绘制结果。当然，MATLAB 为了适应用户不同的要求，给出了一系列便于操作的指令，方便用户按照自己的需要和喜好修改系统默认的设置参数。

　　用户可用 axis()和 box()命令对坐标轴重新设定。常用的坐标系统设定指令见表 6-4。

表 6-4　常用的坐标系统设定指令

命令格式	功　能
axis([xmin xmax ymin ymax])	设定坐标系统的最大值和最小值
axis auto	将当前图形的坐标系统恢复到自动默认状态
axis square	将当前图形的坐标系统设置为正方形
axis tight	设置当前数据为坐标范围
axis fill	坐标充满整个绘图区
axis equal	横轴、纵轴的单位刻度设置成相等
axis　off	关闭坐标系统
axis on	显示坐标系统
box	坐标形式在封闭式和开启式之间切换
box on/off	使坐标形式呈现封闭式/开启式
hold on	不刷新窗口，继续绘图
hold off	刷新窗口重新绘图
grid on/off	添加/擦除网格线
set(gca, 'xtick', xs, 'ytick', ys)	设置坐标轴的刻度标识

【例 6-8】　坐标轴设置指令应用实例。

编写文件名为 exm6_8 的脚本文件：

```
%the function about the setting of the axis
clear，clf
x=linspace(0，2*pi，30)；
y=sin(x).*cos(2*x)；
plot(x，y，'r')
hold on                                              %在当前图形上继续绘图
plot(x，y−1)
hold off
axis([0，2*pi，−1.5，1.5])
set(gca，'xtick'，[0.1，2.6，5]，'ytick'，[−1.5，0，0.2，1])    %设定坐标轴的刻度标识
axis equal
grid on                                              %添加网格线
```

为了能够清楚看到各个指令在运行过程中的效果，建议用逐步执行的方法，并将图形

窗嵌入到 desktop 界面，效果图如图 6.8(a)所示，执行结果见图 6.8(b)所示。

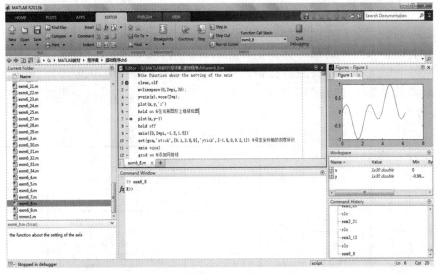

(a) 运用逐步执行法绘制曲线

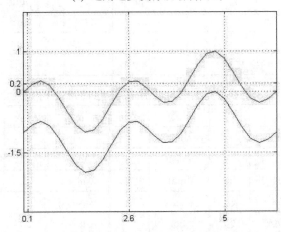

(b) 坐标轴设置刻度效果图

图 6.8　运用逐步执行法绘制曲线及效果图

【说明】

◆ 指令 set()中的 xs，ys 分别为横轴和纵轴刻度标识的标识向量，因此取值必须是从小到大的顺序。

◆ 建议用户调用指令 hold on 后在适当位置使用指令 hold off，否则绘图时容易出错。

6.2.3　图形标识

MATLAB 允许对图形对象进行文字识别，即图形标识。常用的图形标识指令有：

title('s')：添加图形标题；

xlabel('s')：横坐标命名；

ylabel('s')：纵坐标命名；

　　text(x，y，'s')：在位置(x，y)处添加说明文字；

　　gtext('s')：用鼠标在选定位置处添加说明文字。

其中，'s'为字符串，可以是英文字符，也可以是希腊文字或者中文，或者特殊字符。

　　指令 gtext()执行后，会把当前图形窗从后台调到前台，同时光标变为十字叉。用户移动鼠标，使得十字叉移动到待放置标识位置，单击左键，图形标识便添加到图形窗中。图形标识的希腊字母采用 Latex 编译方式。有关图形标识常用的希腊字母和其他特殊字符见表 6-5～表 6-7。

表 6-5　图形标识用的希腊字母

指令	字符	指令	字符	指令	字符	指令	字符
\alpha	α	\beta	β	\gamma	γ	\epsilon	ε
\zeta	ζ	\delta	δ	\xi	ξ	\lambda	λ
\pi	π	\Delta	Δ	\Xi	Ξ	\Lambda	Λ
\Pi	Π	\theta	θ	\sigma	σ	\kappa	κ
\mu	μ	\Theta	Θ	\Sigma	Σ	\phi	φ
\rho	ρ	\tau	τ	\omega	ω	\Phi	Φ
\chi	χ	\psi	ψ	\Omega	Ω	\iota	ι
\upsilon	υ	\Psi	Ψ	\nu	ν	\eta	η
\Upsilon	Υ						

表 6-6　图形标识用的其他特殊字符

指令	字符	指令	字符	指令	字符	指令	字符	指令	字符
\approx	≈	\propto	∝	\oint	∮	\cup	∪	\downarrow	↓
\div	÷	\sim	～	\exists	∃	\cap	∩	\leftarrow	←
\equiv	≡	\times	×	\forall	∀	\subset	⊂	\leftrightarrow	↔
\geq	≥	\oplus	⊕	\in	∈	\suseteq	⊆	\rightarrow	→
\leq	≤	\otimes	⊗	\bot	⊥	\supset	⊃	\uparrow	↑
\neq	≠	\varnothing	∅	\clubsuit	♣	\supseteq	⊇	\circ	○
\pm	±	\partial	∂	\ldots	…	\Im	ℑ	\bullet	●
\cong	≅	\int	∫	\infty	∞	\Re	ℜ	\copyright	©

表 6-7　上标和下标的控制指令

分类	指令	arg 取值	指令示例	效果
上标	^{arg}	任何合法字符	'\ite^{x}\sint'	$e^x \sin t$
下标	_{arg}	任何合法字符	'\alpha: x_{\tau}(t)'	$\alpha \sim x_\tau(t)$

注：'\tan\alpha' 编译后为 tanα；'\it B{\in}R^{m\times n}'编译后为 $B \in R^{m \times n}$。特别要注意有些字符后要留有空格才能正确编译，比如\times 和 n 间如果没有空格则不能编译。

　　legend ('s1'，'s2'，…，postion)：在图形窗中开启一个注释小窗口，依据绘图的先后次序，依次输出字符串对各条曲线进行注释说明。position 确定注释窗口的位置，含义如表 6-8 所示。

表 6-8　'positon'参数值

参数值	位　　置	参数值	位　　置
0	自动放置在最佳位置，有可能阻挡部分图形	1	图形的右上方(默认时)
2	图形的左上方	3	图形的左下方
4	图形的右下方	−1	图形窗外的右边

【例 6-9】　图形标识指令应用实例。

编写文件名为 exm6_9 的脚本文件：

```
clear，clf，
t=0：pi/100：2*pi；
y1=2*sin(2*t)；
y2=3*sin(3*t)；
plot(t，y1，t，y2，'-.')                      %在同一个坐标系分别绘制二条曲线
axis([0，pi，−4，4])
title('正弦曲线 0\rightarrow\pi ')；          %给图形加上标题
xlabel('时间')；                              %给 x 轴加标注
ylabel('函数值')；
text(pi/4，2*sin(pi/2)，'\leftarrow 这里是\pi/4 的函数值')
gtext('\leftarrow 这里是 3sin(3t)的极小值')   %借助鼠标确定位置
legend('2sin(2t)'，'3sin(3t)'，3)；           %在当前图形上输出图例
```

在指令窗中执行文件 exm6_9.m，并借助鼠标，结果如图 6.9 所示。

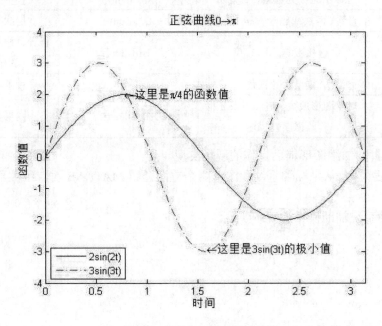

图 6.9　添加图形标识效果图

6.2.4　二维图形辅助操作的现场实现

用户通过编写好的 M 文件，调用一系列指令可以实现对二维图形的辅助操作。同时，MATLAB 在图形窗口提供了多种辅助操作的菜单，用户可以借助这些菜单，通过鼠标很轻松地对图形窗中的图形及其坐标轴进行现场操作，方便快捷。

MATLAB 图形窗带有工具条，如图 6.10 所示。在工具条最左边是四个 Windows 标准按钮。

图 6.10　工具条

在"Tools"菜单里，列出了可操作选项，如表 6-9 所示。

表 6-9　图形窗中"Tools"菜单里的选项(即功能)

选项	功　能	选项	功　能
Edit Plot	编辑图像，等效于点击 ↖	Pin to Axis	数据与轴捆绑
Zoom In	放大点击的图形，即 🔍	Snap To Layout Grid	拍摄背景网格
Zoom Out	还原图形大小，即 🔍	View Layout Grid	查看背景网格
Pan	追踪图形位置，即 ✋	Smart Align and Distribute	灵活排列图形
Rotate 3D	图形空间三维旋转，即 🔄	Align Distribute Tool	图形排列工具
Data Cursor	显示光标处数据，即 📶	Align	整齐排列选项
Brush	查看、替换或删除数据，即 🖌	Distribute	层次排列选项
Link	链接数据，即 🔲	Brushing	查看、替换或删除图形中的数据
Reset View	重新设置视角	Basic Fitting	多种基本拟合选项
Options	对于图形放大、追踪以及光标数据属性描述	Data Statistics	图形数据统计

【例 6-10】　二维图形辅助操作的现场实现。

以正弦曲线为例，从坐标轴系统和图形两个方面介绍 MATLAB 对二维图形辅助操作的现场实现。

(1) 坐标轴系统辅助操作的现场实现。

运行程序：

```
clear
clf
x=linspace(0，2*pi，100);
y=sin(x);
plot(x，y)
```

绘制出没有任何修饰的曲线，如图 6.11 所示。

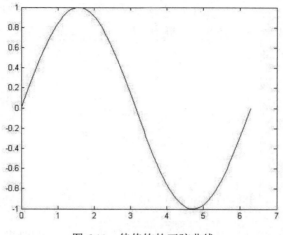

图 6.11　待修饰的正弦曲线

选中"Edit"→"axes properties…"，打开图形坐标轴系统的编辑窗口，如图 6.12 所示。

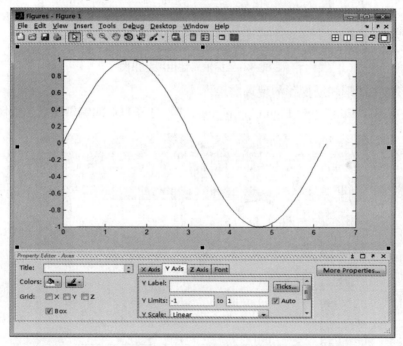

图 6.12　打开坐标轴属性操作界面

选择"X Axis"、"Y Axis"、"Font"完成对横轴和纵轴的命名，绘图区间的设置，以及坐标轴上字体的设置，点击"Ticks"实现设定坐标轴的刻度标识。在"Title"处直接输入图题，可以是中文，也可以是特殊字符，无需用单引号。图标 用于给图添加背景色，图标 用于改变坐标轴上的刻度及字体的颜色，如图 6.13 所示。

用户通过点击图 6.13 中的 More Properties 按钮，打开菜单[Inspector：axes…]，通过该菜单可以对轴的更多属性以及有关量值进行查看或者重新设置。

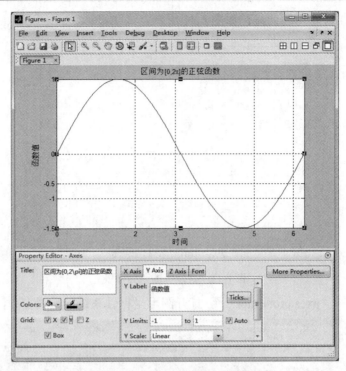

图 6.13　坐标轴属性运用效果图

(2) 图形窗中图形辅助操作的现场实现。

(续上图)选中"Edit"→"Figure properties…",打开图形的编辑窗口,如图 6.14 所示。

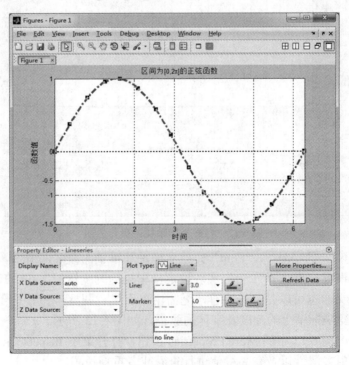

图 6.14　打开图形属性操作界面

用鼠标选中曲线,与曲线辅助操作的菜单便显示在图形窗下侧,通过鼠标操作就可以很容易的修改曲线的线型、线宽以及曲线的颜色。

另外,运用菜单中的"Insert"选项可以实现更多辅助操作,包括给坐标轴和图形窗命名、添加图例以及给曲线添加标识,灵活方便,如图 6.15 所示。用户也可以通过点击图 6.14中的 More Properties 按钮,打开菜单[Inspector:graph…],通过该菜单可以对图形的更多属性以及有关量值进行查看或者重新设置。

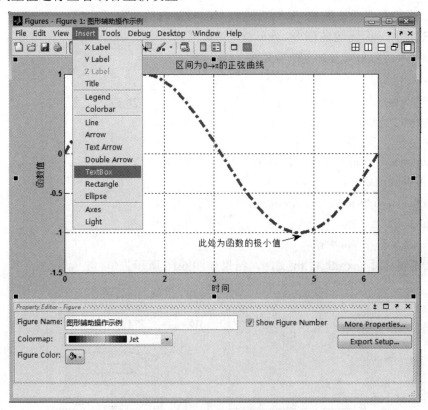

图 6.15 图形属性运用效果图

与运用指令执行的辅助操作相比,鼠标操作灵活方便,但缺点是现场操作产生的图形必须保存,否则图形窗口关闭后,所有鼠标操作过的效果将不复存在。

6.3 其它二维绘图指令

6.3.1 简易绘图指令 ezplot()和 ezpolar()

简易绘图指令 ezplot()和 ezpolar()用于实现对隐函数的绘图。

1. ezplot()

指令 ezplot()用于实现在直角坐标系内进行简易绘图,通用格式为

  ezplot(f, [xmin,xmax,ymin,ymax])

在区间[xmin,xmax]和[yimn,ymax]上绘制 f(x,y)=0 的图形。如果输入变量中没有变量区

间，MATLAB 将以默认的区间为 $(x, y) \in [-2\pi, 2\pi]$ 绘图。其中函数表达式 f 可以是字符串、内联函数或函数句柄中的任一形式输入。

对于参数方程，调用格式为

  ezplot(x，y，[tmin，tmax])

在区间 $t \in$ [tmin, tmax]绘制 x=x(t)和 y=y(t)的图形。如果输入变量中没有变量区间，MATLAB 将以默认的区间 $t \in [0, 2\pi]$ 绘图。函数表达式 x(t)、y(t)可以是字符串、内联函数或函数句柄中的任一形式输入。

【例 6-11】 简易绘图指令 ezplot()使用实例。

编写文件名为 exm6_11 的脚本文件：

```
clear
subplot(2，2，1);
ezplot('x^2−y+1');
subplot(2，2，2);
ezplot('x^2−cos(y)+sin(x)'，[−2，1，−15，15]);
subplot(2，2，3);
ezplot('exp(t)*sin(t)'，'exp(t)*cos(t)');
subplot(2，2，4);
ezplot('sin(t)'，'cos(2*t)');
```

在指令窗中执行 exm6_11.m 文件，结果如图 6.16 所示。

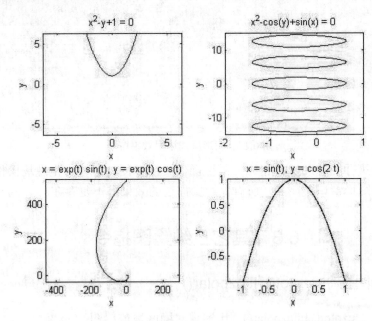

图 6.16 简易绘图指令 ezplot()绘制曲线

【说明】 指令 ezplot()在执行后将自动添加函数关系式作为图题并添加坐标轴名称。

2. ezploar()

简易绘图指令 ezpolar()用于实现在极坐标系中绘制简易图形，调用格式为

ezploar(f，[a，b])

绘制极坐标曲线 rho=f(theta)，其中 theta ∈ [a,b]。默认值 theta 的范围为[0，2π]。

【例 6-12】　简易绘图指令 ezpolar()使用实例。

在指令窗中执行语句：

```
>> ezpolar('abs(2*cos(2*(t-pi/8)))')
```

执行结果如图 6.17 所示。

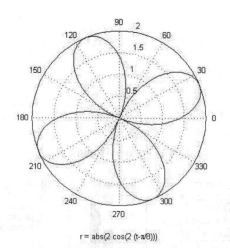

图 6.17　简易绘图指令 ezpolar()绘制曲线

6.3.2　特殊二维图形绘制

1. 直方图

直方图的绘图指令为 bar()和 barh()。

bar()的调用格式如下：

bar(X，Y，WIDTH，参数)

对 m×n 矩阵 Y 绘制含有 m 组，每组 n 个宽度为 WIDTH 的垂直直方图。其中向量 X 为横坐标，要求递增或递减。参数有两种选择：'grouped'为绘制垂直的分组直方图，'stacked'为绘制垂直累积直方图。如果用户不输入该参数，MATLAB 默认为 'grouped'绘图。向量 X 缺省时，横坐标取向量 Y 的序号。

barth()的调用格式如下：

barh(X，Y，WIDTH，参数)

绘制水平直方图。参数含义同函数 bar()。

【例 6-13】　直方图绘制函数 bar()和 barh()应用实例。

编写文件名为 exm6_13 的脚本文件：

```
clear
y = round(rand(5，3)*10)；%创建 5×3 数组，round()为最近点取整函数
subplot(1，3，1)
bar(y，'group')；
```

```
title( '垂直分组式')
legend('first'，'second'，'third')
axis([0，6，0，12])
xlabel('x')；ylabel('y')
subplot(1，3，2)
bar(y，'stack');
title('垂直累积式')
axis([0，6，0，25])
xlabel('x')；ylabel('y')
subplot(1，3，3)
barh(y，0.5)；
title('水平分组式，宽度 0.5')
xlabel('x')；ylabel('y');
```

在指令窗中执行 exm6_13.m 文件，结果如图 6.18 所示。

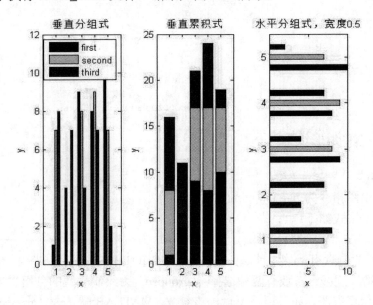

图 6.18　绘制直方图的效果

2．饼图

饼图的绘制指令为 pie()，格式如下：

```
pie(x，explode)
```

绘制各元素占总和的百分数。如果向量 x 的元素和小于 1，则绘制不完全的饼图。explode 是与向量 x 大小相同的向量，并且其中不为零的元素所对应的相应部分从饼图中独立出来。

【例 6-14】　绘制饼图指令 pie()应用实例。

编写文件名为 exm6_14 的脚本文件：

```
clear
data=[15 30 5 8 6];
```

explode=[0 1 0 1 0]；

pie(data，explode)；

　%绘制向量 data 中各个元素所占比例的饼图，第二、第四部分独立

在指令窗中执行 exm6_14.m 文件，结果如图 6.19 所示。

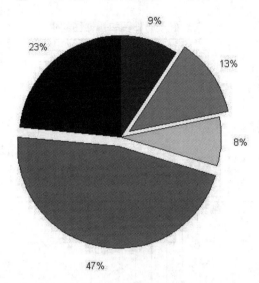

图 6.19　指令 pie()绘制饼图的效果

3. 离散杆状图和离散阶梯图

离散杆状图绘图指令为 stem()，调用格式如下：

stem(X，Y，'filled')

绘制向量 X 对应序列 Y 的离散杆状图，其中'filled'为绘制实心杆图，该参量缺省时为绘制空心杆图。Y 可以是向量或者矩阵。如果 Y 为向量，则长度必须与 X 相同；如果 Y 为矩阵，则 Y 的行数必须和 X 的长度相同。

离散阶梯状图的绘图指令为 stairs()，其调用格式如下：

stairs(X，Y，'s')

绘制向量 X 中对应的序列 Y 的阶梯状图。Y 可以是向量或者矩阵。如果 Y 为向量，则长度必须与 X 相同；如果 Y 为矩阵，则 Y 的行数必须和 X 的长度相同。参数 s 是颜色，点型和线型字符串，具体含义见表 6-1～表 6-3 所示。

【**例 6-15**】　绘图函数 stem()和 stairs()应用实例：绘制信号 $y(t)=\mathrm{e}^{-0.2t}\cos t$ 经采样开关后产生的离散信号的杆图和阶梯图。

编写文件名为 exm6_15 的脚本文件：

```
clear
t=linspace(0，2*pi，20)；
y=cos(t).*exp(-0.2*t)；
stem(t，y，'filled')；
title('离散信号的杆图和阶梯图实例')；
xlabel('t')；ylabel('e^{-0.2t}cost')；
```

　　　　hold on

　　　　stairs(t，y，'：k')

　　　　hold off

　　　在指令窗中执行 exm6_15.m 文件，结果如图 6.20 所示。

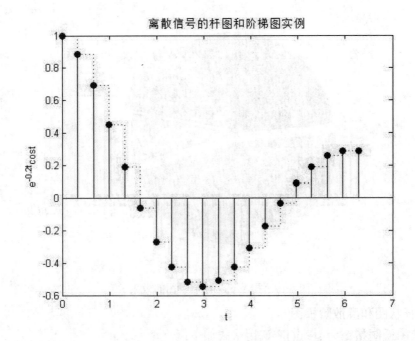

图 6.20　离散信号的重构图

　　　用户也可以通过选中变量利用 MATLAB 界面的 PLOTS 页面完成特殊图形的快捷绘图。

6.4　三　维　绘　图

　　　和二维绘图一样，三维绘图的思路仍然是从准备数据点开始，然后在坐标系内实现描点连线。与二维绘图相比，三维绘图有两个自变量，绘制的图形有线图和面图的区别，而且面图里面又存在网面图和曲面图的不同。

6.4.1　三维线图绘图指令 plot3()

　　　指令 plot3() 的调用格式如下：

　　　　plot3(x，y，z，'s')

绘制三维曲线。其中当 x、y 和 z 是同维向量时，绘制坐标为 (x，y，z) 的三维曲线；当 x、y 和 z 是同型矩阵时，绘制以 x、y 和 z 元素为坐标的"列数条"三维曲线。s 是指定的线型、数据点形和颜色的字符串，见表 6-1～表 6-3 所示。

【例 6-16】　三维线图绘图指令 plot3()应用实例：绘制三维曲线 $\begin{cases} x = t \\ y(t) = \sin t \\ z(t) = \cos t \end{cases}$ 。

编写文件名为 exm6_16 的脚本文件：

```
t=linspace(0，5*pi，100);
x=t;
y=cos(t);
z=sin(t);
plot3(x，y，z，'b-'，x，y，z，'bp')
xlabel('x')；ylabel('y')；zlabel('z');
```

在指令窗中执行 exm6_16.m 文件，结果如图 6.21 所示。

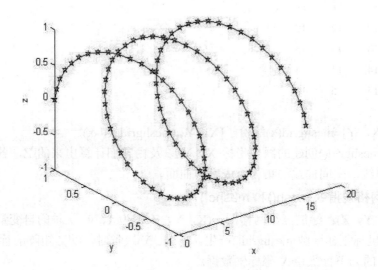

图 6.21　绘制三维曲线效果图

6.4.2　绘制三维网格线指令 mesh()和曲面图指令 surf()

与三维曲线的绘制不同，绘制三维曲面时，需要确定 x-y 平面区域内的网格坐标矩阵 (X，Y)，根据每一个网格点上的 x、y 坐标由函数关系求出函数值 z。

1. 创建网格坐标指令 meshgrid()

函数 meshgrid()的调用格式为

　　　　[X，Y]=meshgrid(x，y)

将长度为 m 的向量 x 和长度为 n 的向量 y 提供的数据转换成矩阵 X 和矩阵 Y。矩阵 X 行元素是向量 x 的复制，共复制 n 行；矩阵 Y 列元素是向量 y 的复制，共复制 m 列。因此，矩阵 X 和矩阵 Y 大小均为 n×m。

【例 6-17】　指令 meshgrid()创建网格坐标点实例。

编写文件名为 exm6_17 的脚本文件：

```
clear
x=1：3；
y=11：15；
[X，Y]=meshgrid(x，y)
```

在指令窗中执行 exm6_17.m 文件，结果为：

```
X =
     1     2     3
     1     2     3
     1     2     3
     1     2     3
     1     2     3
Y =
    11    11    11
    12    12    12
    13    13    13
    14    14    14
    15    15    15
```

【说明】

◆ 指令[X，Y]=meshgrid(x)等价于[X，Y]=meshgrid(x，x)。

◆ 指令 meshgrid()创建的网格坐标 X、Y 以及由它们计算出来的 Z，各列或各行对应于一条空间曲线，空间曲线的集合组成空间曲面。

2. 三维网格线指令 mesh()和 meshc()

mesh(X，Y，Z)：绘制三维网格图。(X，Y，Z)作为 x、y、z 轴的自变量。一般情况下 X、Y 由网格坐标创建函数 meshgrid()产生。当 X、Y 缺省时，以 Z 矩阵的行下标作为 X 坐标轴数据，Z 的列下标当做 Y 坐标轴数据。

函数 meshc()：绘制带有轮廓线的三维网格图，使用方法与函数 mesh()相同。

【例 6-18】　函数 mesh()应用实例：绘制函数 $z = x^2 + y^2$，其中 $x \in [0,4]$, $y \in [0,3]$。

编写文件名为 exm6_18 的脚本文件：

```
clear
x=linspace(0，4，30)；
y=linspace(0，3，20)；
[X，Y]=meshgrid(x，y)；
Z=X.^2+Y.^2；
mesh(X，Y，Z)
xlabel('x-axis')，ylabel('y-axis')，zlabel('z-axis')；
title('函数 mesh()绘图实例 ')；
```

在指令窗中执行 exm6_18.m 文件，结果如图 6.22 所示。

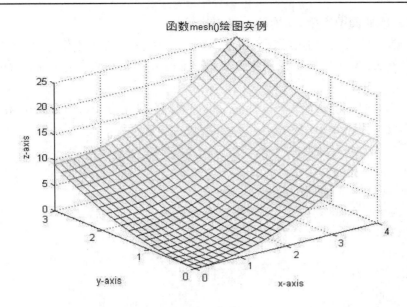

图 6.22　绘制三维网格线效果图

【例 6-19】　　指令 meshc()应用实例：绘制函数 $z = \sin x \sin y$。

编写文件名为 exm6_19 的脚本文件：

```
clear
x=linspace(0，2*pi，100);
y=x；
[X，Y]=meshgrid(x，y);
Z=sin(X).*cos(Y);
meshc(X，Y，Z);
```

在指令窗中执行 exm6_19.m 文件，结果如图 6.23 所示。

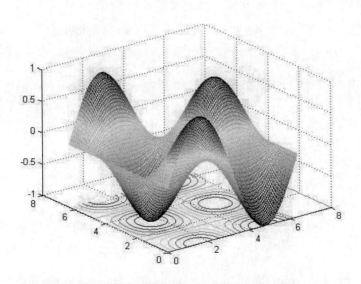

图 6.23　绘制带有轮廓线的三维网格线效果图

3. 绘制三维曲面图指令 surf()和 surfc()

指令 surf(X，Y，Z)：用来绘制三维曲面图，其中，(X，Y，Z)作为 x、y、z 轴的自变量。一般情况下 X、Y 由网格坐标创建函数 meshgrid()产生。这些与指令 mesh()的使用方法完全相同。

指令 surfc()：用来绘制带有轮廓线的三维曲面图，使用方法与指令 surf()相同。

【例 6-20】　　指令 surf()应用实例：绘制函数 $z = 2(x + y)e^{-(x^2+y^2)/2}$ 。

编写文件名为 exm6_20 的脚本文件：

```
clear
x=linspace(-3，3，20);
[X，Y]=meshgrid(x);            %创建网格点坐标
Z=2*(X+Y).*exp(-X.^2/2-Y.^2/2);
subplot(2，2，1)
surf(X，Y，Z)                 %网面图
title('网面图')
colormap(cool)               %着色指令
subplot(2，2，2)
surfc(X，Y，Z)                %带轮廓线的网面图
title('带轮廓线的网面图')
subplot(2，2，3)
mesh(X，Y，Z)                 %网格图
title('网格图')
subplot(2，2，4)
contour3(X，Y，Z，10)          %绘制 10 条三维等高线图
title('三维等高线图')
```

在指令窗中执行 exm6_20.m 文件，结果如图 6.24 所示。

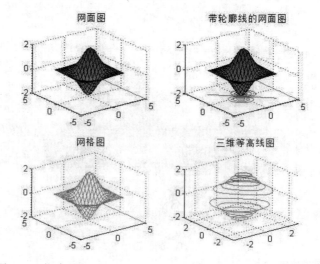

图 6.24　指令 surf()、surfc()、mesh()和 contour3()绘图效果比较

6.4.3　色彩处理

色彩是表现图形的一个非常重要的手段，而色图(Colormap)是 MATLAB 着色的基础。对图形色彩的处理，可以用以下方法来设置。

1．RGB 三元组

一种色彩用[R G B]基色三元行向量表示，向量元素 R、G、B 分别表示红(Red)、绿(Green)、蓝(Blue)基色相对亮度，其值在[0，1]区间。常用的数据向量表示的颜色含义如表 6-10 所示。

表 6-10　常用的颜色向量

基色			调和色	基色			调和色
R	G	B		R	G	B	
0	0	0	黑	1	1	1	白
1	0	0	红	0	1	0	绿
0	0	1	蓝	1	1	0	黄
1	0	1	洋红	0	1	1	青蓝
2/3	0	1	紫色	1	0.5	0	橘黄
0.5	0	0	深红	0.5	0.5	0.5	灰色

2．色图矩阵和色图

色图矩阵是用 m×3 的 RGB 三元组表示颜色的一种方法，其中矩阵的每一行是一个三元组，代表一种颜色。色图矩阵可以用颜色向量组合表示，也可以通过调用指令 colormap()来定义。colormap()的调用格式如下：

　　　colormap(map)

通过矩阵 map 设置当前色图，map 缺省时为设置或获取当前色图。色图矩阵的第 k 行定义了第 k 个颜色，其中 map(k，：)=[r(k)，g(k)，b(k)]指定了组成该颜色中黄色、绿色和蓝色的强度。

MATLAB 的每个图形窗只能有一个色图矩阵。常用的色图矩阵如表 6-11 所示。

表 6-11　常用的色图矩阵表

色图矩阵名	含　义	色图矩阵名	含　义
hsv	两端为红的饱和色	hot	黑、红、黄、白浓淡色
gray	线性灰色	bone	蓝色调浓淡色
copper	线性铜色图	pink	淡粉红色图
white	全白色图	flag	红、白、蓝、黑交错色
summer	绿、黄浓淡色	colorcube	增强的彩色立方体色图
jet	蓝头红尾饱和值色	prism	光谱彩色图
cool	蓝绿和洋红浓淡色	autumn	红和黄浓淡色
spring	品红、黄阴浓淡色	winter	蓝和绿浓淡色

【例 6-21】　　绘制函数 $z = \sqrt{x^2 + y^2}$ 的三维曲面图，并设置色图。

编写文件名为 exm6_21 的脚本文件：

```
clear，clf
[x，y]=meshgrid(-2：0.1：2，-1：0.1：1)；
z=sqrt(x.^2+y.^2)；
surf(z)；                  %绘制三维网面图
colormap([.5 0 0])；        %设置色图
colormap(hot(128))；        %重新设置色彩
cmap=colormap；            %获取当前色图矩阵
```

在指令窗中执行 exm6_21 即可观察图形着色效果如图 6.25 所示。

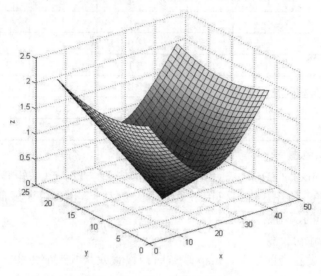

图 6.25　图形着色效果图

3．三维表面图形色彩的浓淡处理

表面色彩浓淡处理的三种方式：

shading flat：对曲面图的某整个小片或网线图的某整段网格线着同一种颜色。

shading faceted：在 flat 着色的基础上，再在小片交接的四周勾画黑色，这种方式立体表现力最强，因此 MATLAB 将它设置为默认方式。

shading interp：着色时使小片根据四顶点的颜色产生连续的变化，或根据网格线的线段两端产生连续的变化，这种方式着色细腻但费时间。

【例 6-22】　　三种浓淡处理方式的效果比较。

编写文件名为 exm6_22 的脚本文件：

```
clear, clf,
x=linspace(-3，3，20)；
[X，Y]=meshgrid(x)；
Z=X.*exp(-X.^2/2-Y.^2/2)；
surf(Z)；
```

  subplot(1，3，1)；surf(X，Y，Z)；title('shading faceted')

  subplot(1，3，2)；surf(X，Y，Z)；shading flat；title('shading flat')

  subplot(1，3，3)；surf(X，Y，Z)；shading interp；title('shading interp')

在指令窗中执行 **exm6_22.m** 文件，结果如图 6.26 所示。

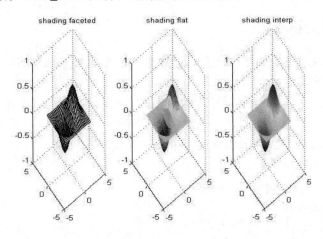

图 6.26　三种浓淡着色效果图

4. 照明和材质处理

MATLAB 提供了实现灯光设置、照明模式和反射光处理的指令。用户使用这些指令，可以使图形表现得更加真实。这些指令以及功能主要有：

(1) light('color'，option1，'style'，option2，'position'，option3)：实现灯光设置：option1 可采用 RGB 三元组或相应的色彩字符，如[0，1，0]或'g'都代表绿色；option2 有两个取值：'infinite'和'local'，前者代表无穷远光，后者代表近光。option3 总是直角坐标下的三元组显示。对远光，它代表光线穿过该点射向原点；对于近光，它表示光源所在位置。这三个输入变量对中的任何一对都可以缺省。如果都缺省，MATLAB 采用的默认设置为：白光、无穷远、穿过[1，0，1]射向坐标原点。

(2) lighting options：设置照明模式。该指令只有在 light()指令执行后才起作用。options 可以有 4 种取值：

① flat：入射光均匀洒落在图像对象的每个面上，主要与 facted 配用。它也是 MATLAB 的缺省设置。

② gouraund：先对顶点颜色插补，再对顶点勾画的面色进行插补，用于曲面表现。

③ phon：对顶点处法线插值，再计算各像素的反光；表现效果最好，但费时较多。

④ none：关闭所有光源。

(3) material options：预定义反射模式。options 可以有 3 种取值：

① shiny：使得对象更加明亮。

② dull：使得对象比较黯淡。

③ metal：使得对象带金属光泽。该模式也为 MATLAB 的默认模式。

5. 观察点控制

改变观察点位置可以获得较好的三维视觉效果。MATLAB 实现观察点控制指令为

view()，调用格式为

　　　view([az，el])和 view([vx，vy，vz])

前者通过方位角 az 和俯视角 el 来设置观察点位置，它们的单位为度。后者通过直角坐标设置观察点位置。

6.4.4　图形的镂空和裁切

图形的镂空可以通过给图形中镂空部分数据赋值为非数(NaN)，即可显示镂空。如果将该位置赋值为 0，则实现裁切。

【例 6-23】　图形的镂空和裁切：绘制函数 $z = \sin x \sin y$，并对该图分别实现镂空和裁切。

编写文件名为 exm6_23 的脚本文件：

```
clear，clf，
x=linspace(-2，2，20);
[X，Y]=meshgrid(x);
Z=sin(X).*cos(Y);
Z1=Z；Z2=Z；                      %绘制镂空图
Z1(12：16，3：5)=NaN;              %实现镂空
subplot(1，2，1)，surf(X，Y，Z1)
title('镂空图')                    %绘制裁切图
ii=find(abs(X)>1.5|abs(Y)>1.5);
Z2(ii)=0;                         %实现裁切
subplot(1，2，2)，surf(X，Y，Z2)，title('裁切图')
colormap(copper)                  %着色
light('position'，[0，-15，1]);   %光照位置
lighting phong，material([0.8，0.8，0.5，10，0.5])
```

在指令窗中执行 exm6_23.m 文件，结果如果 6.27 所示。

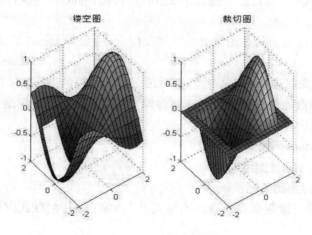

图 6.27　三维图形的裁切与镂空图

6.4.5   图像与动画

1. 图像的读写

与数据文字读写不同，MATLAB 中图像文件的读写是通过指令 imread()和 imwrite() 来实现的，调用格式如下：

[X，cmap]=imread(filename，FMT)：获取文件格式为 FMT 的图像文件 filename 数据阵 X 和伴随色图 cmap。

imwrite(X，cmap，filename，FMT)：将图像数据的存放矩阵 X 和伴随色图 cmap 写入格式为 FMT 的图像文件 filename 中。

image(X)：显示数据存放矩阵 X 的图像。

【例 6-24】   图像文件的读取和图像的显示。

  clear，clf，[X，cmap]=imread('autumn.tif')；

  %将图像文件读入工作空间变量 X 中。如果文件不在当前目录或者搜索路径上，则必须输入文件路径

  image(X)；   colormap(cmap)；   %显示数据存放矩阵 X 的图像

  imwrite(X，'tt.jpg'，'Quality'，100)；   %数据存放矩阵 X 保存为图像 tt.jpg

  image(imread('tt.jpg'))   %读取 jpg 格式图像并显示

  axis image off %隐去坐标

执行结果如图 6.28 所示。

图 6.28   图像文件的读取和图像的显示效果图

2. 播放动画

MATLAB 中能进行简单的动画处理，提供的动画处理指令为 getframe，调用格式为

  M(i)=getframe

截取当前画面信息，产生的数据向量依次存放于画面构架数组 M 中。M 有两个域，分别是 cdata 和 colormap。

movie(M，n)

以每秒 n 帧的速度播放由矩阵 M 的列向量所组成的画面。

【例 6-25】 MATLAB 动画演示实例。

编写文件名为 exm6_25 的脚本文件：

```
clear，clf
[X，Y，Z]=sphere(40);
h=surf(X，Y，Z);                  %创建图像句柄
colormap(jet)
shading interp
light，lighting flat
light('position'，[−1，−1，−2]，'color'，'r')
light('position'，[−1，.5，1]，'style'，'local'，'color'，'g')
axis off
for i=1：10
    rotate(h，[0，0，1]，30);    %图像绕 z 轴旋转，转速 30 度/秒
    mmm(i)=getframe;            %获取图像数据
end
movie(mmm，8，10)%以每秒 10 帧速度播放 8 次
```

用户只需在指令窗中执行该文件，即可得到旋转的球体。

6.4.6 三维简易绘图指令

(1) ezplot3 ('x'，'y'，'z'，[tmin，tmax])：绘制区间范围[tmin，tmax]内 x = x(t)，y = y(t) 和 z = z(t)的三维曲线，其中参数[tmin，tmax]为 t 的取值，t 缺省时默认取 $[0, 2\pi]$ 。

【例 6-26】 三维简易绘图指令 ezplot3()应用实例：绘制三维曲线 $\begin{cases} x(t) = \sin t \\ y(t) = \cos t \\ z(t) = \sin t \cos t \end{cases}$，

其中 $t \in [0, 2\pi]$ 。

在指令窗中执行指令：

```
>> ezplot3('sin(t)'，'cos(t)'，'sin(t)*cos(t)')
```

执行如果 6.29 所示。

(2) ezmesh('f'，[xmin，xmax，ymin，ymax])：绘制符号表达式 f 表示的，且 x，y 在范围[xmin，xmax，ymin，ymax]内的网格图，范围缺省时为 $[-2\pi, 2\pi]$ 。

(3) ezmesh('x'，'y'，'z'，[smin，smax，tmin，tmax])：绘制在[smin，smax，tmin，tmax] 范围内 x=x(s，t)，y=y(s，t)和 z=z(s，t)的网格图，范围缺省时默认取值为 $s, t \in [-2\pi, 2\pi]$ 。

(4) 简易网面图的绘图指令为 ezsurf()，调用格式与简易网格图相同。

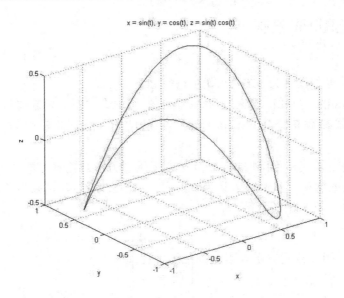

图 6.29　简易绘图指令绘制三维曲线效果图

【例 6-27】　　三维简易绘图指令 ezmesh() 应用实例：$z = (x^2 - 2x)e^{-x^2 - y^2}$。

编写文件名为 exm6_27 的脚本文件：

```
ezsurf('(x^2-2*x)*exp(-x^2-y^2)', [-2, 2, -2, 2])%-2≤x≤2, -2≤y≤2
view(-30, 20), shading interp, colormap(colorcube)
light(['positon', [0, 0, -10], 'style', 'local'])
light(['positon', [-1, -0.5, 2], 'style', 'local'])
material([.5, .5, .5, 10, .3])
```

在指令窗中运行该文件，结果如图 6.30 所示。

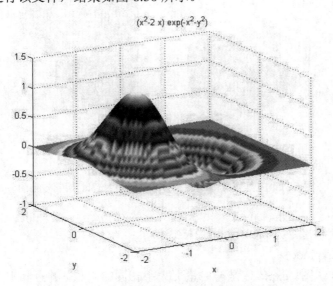

图 6.30　简易绘图指令绘制三维曲面效果图

6.4.7　特殊三维图形的绘制

1．三维直方图

三维直方图的绘制指令为 bar3()，调用格式如下：

bar3(y，z，width，模式)：绘制 m×n 矩阵 z 的三维直方图。要求向量 y 必须单调增加或单调减少。模式参数有分离式(detached)、分组式(grouped)和累加式(stacked)，默认为 grouped。

bar3(z，width，模式)：绘制 m×n 矩阵 z 的三维直方图。向量 y 默认为 1：m。其中参数 width 指定竖条的宽度，省略时默认为 0.8，如果宽度大于 1，则条与条之间将重叠。

bar3h()：绘制三维水平条形图。

【例 6-28】　用三维直方图表现矩阵 $\begin{pmatrix} 2 & 9 & 4 \\ 5 & 6 & 7 \\ 1 & 3 & 8 \end{pmatrix}$。

编写文件名为 exm6_28 的脚本文件：

```
Z=[2 9 4；5 6 7；1 3 8]；
subplot(1，2，1)，bar3(Z，1) ，xlabel('x')，ylabel('y')，zlabel('z')'
title('垂直直方图')
subplot(1，2，2)，bar3h(Z')，xlabel('x')，ylabel('y')，zlabel('x') ，
title('水平直方图')
```

执行结果如图 6.31 所示。

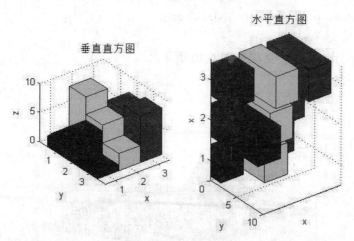

图 6.31　三维直方图绘图指令 bar3()和 bar3h()绘制效果图

2．三维饼图

三维饼图的绘制指令为 pie3()，调用格式如下：

pie3(x，explode)

绘制向量 x 的三维饼图。explode 是与向量 x 大小相同的向量，并且其中不为零的元素所对应的相应部分从饼图中独立出来。

【**例 6-29**】　用三维饼图表现向量(1，6，3，5，2.1)。

编写文件名为 exm6_29 的脚本文件：

```
clear
y=[1，6，3，5，2.1]；
explode=[0 0 1 0 1]；
subplot(1，2，1)，pie(y，explode)，legend('a', 'b', 'c', 'd', 'e')
subplot(1，2，2)，pie3(y，[0 0 1 0 0])
```

执行结果如图 6.32 所示。

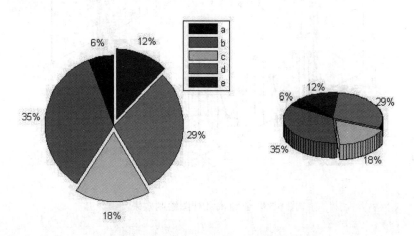

图 6.32　三维饼图绘图指令 pie3()绘制效果图

3. 离散杆图

绘制离散杆图指令为 stem3()，调用格式如下：

```
stem3 (X，Y，Z，'filled')
```

绘制在指定的坐标点(X，Y)处对应的 Z 的离散杆图。其中参数'filled'表示顶端填充标志，缺省时为绘制顶端空心杆图。

【**例 6-30**】　用三维离散杆图绘制参数方程组 $\begin{cases} x = \sin t \\ y = \cos t \\ z = \left| \sin(6t) \right| \end{cases}$。

编写文件名为 exm6_30 的脚本文件：

```
clear
t=linspace(0，2*pi，72)；
x=sin(t)；
y=cos(t)；
z=abs(sin(6*t))；
stem3(x，y，z，'filled'，'r')
hold on
plot3(x，y，z，'r-')
```

　　　　hold off

　　　　view(−48，62)　　　　　%方位角、俯视角数据对显示用户当前的观察位置

执行结果如图 6.33 所示。

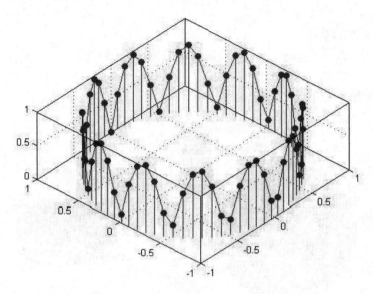

图 6.33　三维离散杆图绘制效果

6.5　句　柄　图　形

句柄图形(Handle Graphics)是一种面向对象的绘图系统，用户借助于该系统可以直接创建线、文字、网线和面。与指令 plot()、mesh()等绘图指令绘制的图形不同，利用句柄图形指令绘图时直接操作基本绘图要素，用户可以绘制出更精细、更生动、更有个性的图形。

6.5.1　句柄图形体系

1. 图形对象和句柄

在 MATLAB 中，数据可视化和界面制作的基本绘图要素称为句柄图形对象。它是一组紧密相关、形成唯一整体的子对象的集合，并且子对象可以被单独地操作。

在创建每一个图形对象时，MATLAB 为该对象分配一个独特的"身份"，称为句柄。句柄是存取图形对象的唯一规范标识符，不同对象的句柄不可能重复。

计算机屏幕作为根对象由系统自动建立，其句柄值为 0；图形窗口对象的句柄值为正整数，用来标识图形窗的序号；其他图形对像的句柄均为双精度浮点数。

2. 句柄图形的结构

在句柄图形体系中，各图形对象"地位"并不平等：

(1) 最高层的图形对象是根屏幕，它是其他图形对象的"父"对象。图对象是根对象的直接"子"对象。一般一个根屏幕可以有数量不限的独立图形窗。

(2) 图形窗有三个不同类型的"子"对象：轴、界面控件和界面菜单。

(3) 轴有不同类型的"子"对象，包括线条、文本、曲面、图像对象、光照等。

6.5.2 图形对象的操作

1．创建和关闭图形窗口

建立新的图形窗口的指令为 figure()，调试格式如下：

　　　h=figure('PropertyName1'，propertyvalue1，'PropertyName2'，propertyvalue2，…)

建立图形窗口并设置指定属性的属性值，将图形窗句柄值赋给变量 h。其中属性名、属性值(即 PropertyName，propertyvalue)构成属性二元对。如果调用该指令时没有输入变量，则 MATLAB 将按默认的属性值建立图形窗口。

常用的属性有：菜单条(menubar)属性，名称(name)属性，编号(numbertitle)属性，大小(size)属性，位置(position)属性，单位(units)属性，颜色(color)属性，指针(pointer)属性，键盘键按下响应(keypressfcn)，鼠标键按下响应(windowbuttondownfcn)等。

要关闭图形窗口，使用指令 close()，调用格式如下：

close(h)：关闭句柄值为 h 的图形窗口。

close all：关闭所有的图形窗口。

【例 6-31】 建立一个图形窗口，句柄值赋给变量 h。该图形窗口有菜单条，名称为"the example of Handle Graphics"，窗口的左下角在屏幕的(100，100)位置，宽度和高度分别为 350、300 像素，背景颜色为洋红色，鼠标键按下响应事件为在该图形窗口绘制出三维曲线。

编写文件名为 exm6_31 的脚本文件：

　　　x=linspace(−2*pi，2*pi，200)；y=sin(x)；z=cos(x)；

　　　h=figure('name'，'The first example of Handle Graphics'，'color'，[1 0 1]，'position'，[100，100，

350，300]，'units'，'pixel'，...

　　　　'windowbuttondownfcn'，'plot3(x，y，z)')；

在指令窗中执行，所得结果如图 6.34 所示。

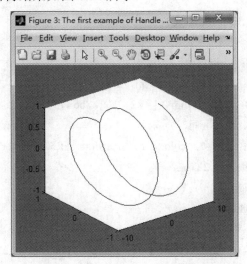

图 6.34　创建图形窗口绘制三维曲线

在指令窗中运行 close(h)，即可关闭该图形窗。

2．坐标轴对象

建立坐标轴对象使用指令 axes()，调用格式如下：

　　　a=axes('PropertyName1'，propertyvalue1，'PropertyName2'，propertyvalue2，....)

用指定的属性在当前图形窗口创建坐标轴，并将其句柄值赋给句柄变量 a。如果调用该指令时没有输入变量，则 MATLAB 将按默认的属性值在当前图形窗口创建坐标轴。

常用的创建坐标轴属性有：坐标轴封闭(Box)属性，网格线型类型(gridlinestyle)属性，位置(position)属性，单位(units)属性，标题(title)属性等。

3．曲线对象

建立曲线对象使用指令 line()，调用格式如下：

　　　L=line(x，y，z，'PropertyName1'，propertyvalue1，'PropertyName2'，propertyvalue2，....)

绘制曲线，并将句柄值赋给句柄变量 L，其中 x，y 的含义与高层绘图指令 plot()一样。

常用的创建曲线属性有：颜色(color)属性，线型(Linestyle)属性，线宽(linewidth)属性，点型(marker)属性，点型大小(markersize)属性等。如果调用该指令时没有属性输入变量，则 MATLAB 将按默认的属性值绘制曲线。

4．文字对象

建立文字对象的指令是 text()，调用格式如下：

　　　t=text(x，y，z'说明文字'，'PropertyName1'，，propertyvalue1，'PropertyName2'，，propertyvalue2，.....)

在指定位置和以指定的属性值添加文字说明，并保存句柄值为 t。说明文字中除使用标准的 ASCII 字符外，还可以使用 latex 格式的控制字符。

文字对象的常用属性有颜色(color)属性，字符串(string)属性，注释(interpreter)属性，字体大小(fontsize)属性和旋转(rotation)属性等。

【**例 6-32**】　　利用曲线对象绘制区间[-2*pi，2*pi]的正弦曲线，并设置坐标轴和文字对象。

编写文件名为 exm6_32 的脚本文件：

```
clear，close all
x=-2*pi：.1：2*pi；y=sin(x)；
axes('gridLinestyle'，'-.'，'xlim'，[-2*pi，2*pi]，'xtick'，[-6，-2，0，5]，...
    'ytick'，[-1，0，0.5]，'YLim'，[-1.2，1.2]，'box'，'on')；
%设置轴网格线型、绘图区间、分隔线
h=line(x，y，'linestyle'，'-.'，'color'，'r'，'linewidth'，1.5，'marker'，'d')；
%设置红色曲线，线宽为 2 像素
xlabel('\Theta \rightarrow')
ylabel('sin\Theta \rightarrow')
title('绘制句柄图形实例 (-\pi \leq \Theta \leq \pi)')
text(-3*pi/2，sin(-3*pi/2)，'\leftarrow sin(-3\pi/2)'，'FontSize'，12)
grid
```

在指令窗中运行该文件，结果如图 6.35 所示。

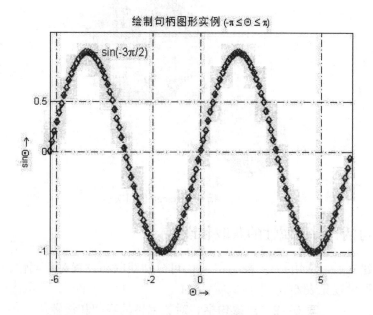

图 6.35　绘制句柄图形实例

5．曲面对象

建立曲面对象使用指令 surface()，其调用格式如下：

　　　s=surface(x， y， z， 'PropertyName1'，， propertyvalue1， 'PropertyName2'，，propertyvale2，.....)

建立句柄值为 s 的曲面对象。其中对 x，y，z 的含义与曲面绘制函数 mesh 和 surf 等一样。曲面对象的常用属性有边缘颜色(edgecolor)属性，表面颜色属性(facecolor)，线型(linestyle)属性，线宽(linewidth)属性，点型(marker)属性，点型大小(markersize)属性等。

【例 6-33】　指令 surface()使用实例。

编写文件名为 exm6_33 的脚本文件：

```
clear， close all，
t=linspace(0， 1， 20)； r=2.5-cos(2*pi*t)； [x， y， z]=cylinder(r， 40)；
axes('view'， [-37.5， 30]， 'position'， [0.25 0.30 .75 .75]， 'visible'， 'off')；
%产生右边的轴框图，并隐去坐标，设置视角
h1=surface(x， y， z， 'FaceColor'， 'interp'， 'EdgeColor'， [.8 .8 .8]， 'meshstyle'， 'row')；
axes('view'， [37.5， 30]， 'position'， [0.05 0.05 .5 .5]， 'visible'， 'off')；
%产生左边的轴框图，并隐去坐标，改变视角
h2=surface(x， y， z， 'FaceColor'， 'w'， 'EdgeColor'， 'flat'， 'facelighting'， 'none'， 'edgelighting'， 'flat')；
```

在指令窗中运行该文件，结果如图 6.36 所示。

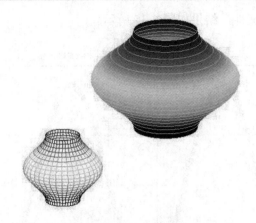

图 6.36　指令 surface()使用实例

6.5.3　对象句柄、对象属性的获取和设置

句柄图形建立后，应用指令 get()和 set()可分别获取和设置对象属性。对象句柄、对象属性的获取和设置见表 6-12。

表 6-12　对象句柄、对象属性的获取和设置

调用格式	功　　能
Hf=gcf	获取当前图形窗口的句柄值，赋给变量 Hf
Ha=gca	获取当前图形对象的当前坐标轴的句柄值，赋给变量 Ha
Hx=gco	获取当前对象的句柄值，赋给变量 Hx
Hx=gco(Hf_fig)	获取句柄值为 Hf 的图形中当前对象的句柄值，赋给变量 Hx
get(H)	获取 H 句柄对象所有属性的当前值
get(H，'PropertyName')	获取句柄对象 H 的属性名为 PropertyName 的当前值
set(H)	显示 H 句柄对象所有可设置属性名和全部供选属性值
set(H，'PropertyName')	显示 H 句柄对象指定属性名 PropertyName 的全部供选属性值
set(H，'PropertyName'，PropertyValue)	用字符串或数值设置 H 句柄对象指定属性名 PropertyName 的属性值 PropertyValue
set(H，'PropertyStructure')	用构架数组设置 H 句柄对象指定属性的属性值

【例 6-34】　指令 get()和 set()的应用实例：绘制二阶振荡系统的振荡曲线并添加轴外标注。

编写文件名为 exm6_34 的脚本文件：

```
clear，d=[0，0.2 1.5]'；w0=1；w=sqrt(w0^2-d.^2)；
t=linspace(0，26，100)；x=exp(-d*t).*cos(w*t)；          %创建绘图数据点
clf reset，h=axes('Position'，[0 0 1 1]，'visible'，'off')；
str{1}='\fontname{黑体}二阶振荡系统振荡方程：'；
str{2}='x(t)=Ae^{-\deltat}cos(\omegat+\phi)'；
str{3}='''；str{4}='其中：\omega^2=\omega_0^2-\delta^2'；
```

str{5}='A=\omega_0=1，\delta=[0 0.2 1.5]';

str{6}='\omega^2>\delta^2 为欠阻尼振荡系统';

str{7}='\omega^2<\delta^2 为过阻尼振荡系统';

str{8}='\omega^2=\delta^2 为临界阻尼振荡系统';

%使 h 句柄轴对象成为当前轴，在其上注释多行文字

set(gcf，'currentaxes'，h)；

text(.05，.80，str，'fontsize'，10)

Ha1=axes('Position'，[.05 .15 .40 .40])；　　　　　　　　%设置坐标轴的位置

H1=plot(t，x(1，:))；set(H1，'LineWidth'，2)；　　　　%绘制图形并设置线宽像素

set(get(Ha1，'xlabel')，'string'，'\bf \itt')；　　　　　%标识轴名

title('\fontname{黑体}临界阻尼振荡曲线')；　grid　　　　%添加标题

set(Ha1，'xlim'，[0 26]，'ylim'，[−1 1])；　　　　　　%设置绘图区间

Ha2=axes('Position'，[.50 .59 .40 .35])；　　　　　　　　%设置坐标轴的位置

H2=plot(t，x(2，:))；set(H2，'LineWidth'，2，'Color'，'r'，'LineStyle'，'--')；

set(get(Ha2，'xlabel')，'string'，'\bf \itt')；

title('\fontname{黑体}欠阻尼振荡曲线')；grid；

set(Ha2，'xlim'，[0 26]，'ylim'，[−1 1])；

Ha3=axes('Position'，[.50 .10 .40 .35])；　　　　H3=plot(t，x(3，:))；

set(H3，'LineWidth'，2，'Color'，[2/3 0 1]，'LineStyle'，'--')；

set(get(Ha3，'xlabel')，'string'，'\bf \itt')；

set(Ha3，'xlim'，[0 26]，'ylim'，[−1 1])；

title('\fontname{黑体}过阻尼振荡曲线')；grid；

指令窗中运行该文件，结果如图 6.37 所示。

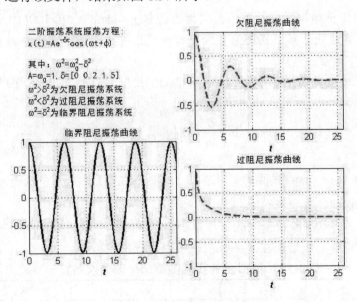

图 6.37　get()和 set()应用示例

习　　题

6.1　绘制函数：

$$y(t) = 2 - e^{-1.5t} \sin t ， \text{其中 } t \in [0, 8]$$

要求在横轴上标注"时间"，在纵轴上标注"振幅"。图形的标题为"指数衰减振荡曲线"。

6.2　在同一个图形窗内画出 4 幅函数表示的图形：

(1)　$y = \sin t$

(2)　$\sin\left(2t + \dfrac{\pi}{2}\right)$

(3)　$y = 1 + \ln t$

(4)　$y = e^{\sin t}$

6.3　在同一个图形窗内画出 2 幅参数方程表示的图形，并用标题标出序号：

(1)　$\begin{cases} x = t^4 \\ y = 3t \end{cases}$

(2)　$\begin{cases} x = \ln(1 + k^2) \\ y = k - \arctan k \end{cases}$

6.4　绘制函数的曲线，并标注曲线的极限值所在的位置。

(1)　$\displaystyle\lim_{x \to 1}\left(\dfrac{1}{x-1} - \dfrac{4}{x^3-1}\right)$

(2)　$\displaystyle\lim_{x \to 0}(1 + 3x)^{\frac{1}{x}}$

6.5　已知椭圆的长轴、短轴分别为 $a = 4, b = 2$，用"红五星点划线"绘制椭圆 $\begin{cases} x = a\cos t \\ y = b\sin t \end{cases}$。

6.6　在同一幅图中绘制三幅子图，前两幅为函数 $y = \ln t$，$t \in [0,100]$ 的 x 半对数坐标曲线、y 半对数坐标曲线，第三幅图为直角坐标曲线。要求：两幅在上一幅在下，并给图形添加适当的修饰。

6.7　绘制下列极坐标图形，并利用指令 pol2cart() 绘制对应的直角坐标图形，观察结果：
(1)　$r = 3(1 - \cos\theta)$　　　　(2)　$r = 2(1 + \sin\theta)$　　　　(3)　$r = 2(1 + \cos\theta)$

(4)　$\cos(4\theta)$　　　　(5)　$r = \ln\left(\dfrac{\theta}{3\pi} + 0.1\right)$

6.8　绘制函数 $y = e^{-\frac{t}{2}}\cos t$ 的曲线，并在图上用"小红圈"标出第一次是 $y = 0.5$ 的那点位置，并在该点旁标明该点坐标值。

6.9　对表 6-13 所给实验数据，先采用最小二乘线性拟合绘制拟合直线 $y = kx + b$，然后将原始数据点和拟合直线绘制在同一个图形窗中进行比较。

表 6-13　被拟合的实验数据(n：测量次数)

n	1	2	3	4	5	6	7	8	9	10
x_n	1.2	1.3	1.4	1.5	1.6	1.7	1.8	1.9	2.0	2.1
y_n	123	130	141	155	168	170	184	190	206	211

6.10　绘制三维曲线：$\begin{cases} x(t) = \mathrm{e}^{-0.2t}\cos 3t \\ y(t) = \mathrm{e}^{-0.2t}\cos 3t \\ z = t \end{cases}$

6.11　在 $x, y \in [-\pi, \pi]$ 区域内绘制函数 $z = \sin(\pi\sqrt{x^2 + y^2})$ 的三维网线图，并适当修饰该图。

6.12　在 $x, y \in [-3, 3]$ 区域内，绘制函数 $z = 4x\mathrm{e}^{-x^2 - y^2}$ 的带等高线的三维网面图，并做适当修饰。

6.13　在 $x, y \in [-1.5\pi, 1.5\pi]$ 区域内，分别绘制函数 $z = \dfrac{\cos x \sin y}{x}$ 的镂空图和裁切图。要求：将 $z < -0.1$ 部分镂空，将 $z > 0.5$ 部分裁切，并将两图放在同一个窗口的两个子窗口中。

6.14　表 6-13 为甲、乙、丙三个城市某年季度国民生产总值(单位：亿元)。试绘制这三个城市该年季度生产总值的累计直方图。

表 6-14　某年各城市的季度生产总值

城市	第一季度	第二季度	第三季度	第四季度
甲	240	300	270	360
乙	270	330	360	300
丙	120	210	270	285

6.15　利用图形窗的默认设置绘制曲线 $y = \alpha \sin 2\alpha, \alpha \in [-1.5\pi, 1.5\pi]$，然后通过图形句柄改变曲线的颜色、线型和线宽，给曲线添加文字标注 $y = \alpha \sin 2\alpha$，并将图形窗的背景设置为橘黄色。

第 7 章　Simulink 交互式仿真集成环境

　　Simulink 是 MATLAB 中的一个重要组件，它是 simulation 和 link 的缩写，是一个进行动态系统建模、仿真和综合分析的集成软件包。它支持连续、离散以及两者混合的线性和非线性系统的仿真；支持具有单任务、多任务的离散事件系统。

　　在 Simulink 软件环境下，用户可以在屏幕上调用现成的模块，并将它们适当地连接起来构成系统的模型，即所谓的可视化建模。运用 Simulink 创建的模型外表为方块图形，且采用分层结构，既适宜自上而下的设计流程(概念、功能、系统、子系统直至器件)，又适宜自下而上的设计，具有方便、灵活的特点。在该环境中，用户可以在仿真过程中改变感兴趣的参数，实时地观察系统行为的变化。Simulink 环境使用户摆脱了枯燥的数学推导和繁琐的编程，甚得科研工作者的青睐。

　　本章的主要内容有：

➢ Simulink 中的常用模块；

➢ 创建、保存和调用 Simulink 仿真模型；

➢ MATLAB 中 Simulink 的仿真配置；

➢ 子系统的概念及其封装子系统。

7.1　Simulink 的启动和模型库

　　如果用户在安装 MATLAB 的过程中选择了 Simulink 组件，则在 MATLAB 安装完成后，Simulink 也安装完毕。用户必须注意，Simulink 不能独立运行，只能在 MATLAB 环境中运行。

7.1.1　Simulink 的启动与退出

　　在 MATLAB 的命令窗口输入语句 simulink 并执行：

　　　　>> simulink

即可启动 Simulink。Simulink 启动后会显示如图 7.1 所示的 Simulink 模块库浏览器(Simulink Library　Browser)窗口。窗口的左边是以树状列表形式列出的各类 Simulink 模块库名称，双击对应模块库的"+"号可以展开子模块库。窗口右边有三个切换窗口：一个是对应用户选中左侧模块库中的模块图标和名称；一个是通过搜索模块名称得到的搜索结果；还有一个是使用频率最高的模块列表。

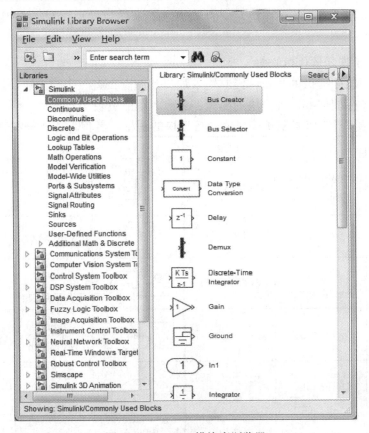

图 7.1　Simulink 模块库浏览器

启动 Simulink 时，也可以通过单击 MATLAB 主窗口工具栏上的图标  来实现，如图 7.2 所示。

Simulink 按钮

图 7.2　Simulink 按钮

关闭 Simulink 模块库以及所有模型窗口，即可退出 Simulink。

7.1.2　Simulink 常用模块

Simulink 模块库有 16 个子模块库，通常使用较多的是信号源子模块库(Sources)、连续系统子模块库(Continuous)、离散系统子模块库(Discrete)、数学运算子模块库(Math Operations)、提取信号子模块库(Sinks)以及用户自定义子模块库(User-Defined Functions)等。每个子模块库提供了不同功能的模块。下面分别介绍各个常用子模块库及其模块，包括模块的图标、名称及功能。其中模块左侧的"＞"为信号流进端口，右侧的"▷"为信号流出端口。

1. 信号源子模块库(Sources)

信号源子模块库提供的模块都没有输入端口，而至少有一个输出端口。信号源子模块库中提供了很多标准信号，各模块的图标、名称、功能见表 7-1。

表 7-1　信号源子模块库中各模块的图标、名称、功能一览表

图标	名称	功能	图标	名称	功能
	Band-Limited White Noise	限带白噪声		Chirp Signal	啁啾信号
	Clock	时钟信号		Constant	直流信号
	Counter Free-Running	循环计算器		Counter Limited	有限循环计数器
12:34	Digital Clock	数字时钟信号	simin	From Workspace	来源于工作空间的信号
untitled.mat	From File	来自于文件的信号	1	In1	创建输入端口
	Ground	接地信号		Ramp	斜坡信号
	Pulse Generator	脉冲发生器		Repeating Sequence	重复触发序列
	Random Number	随机信号		Repeating Sequence Staur	重复阶梯序列
	Reperting Sequence Interpol…	重复插值序列		Signal Generator	信号发生器
Group 1 Signal 1	Signal Builder	信号生成器		Step	阶跃信号
	Sine Wave	正弦信号		Uniform Random Number	均匀随机信号

2. 连续系统子模块库(Continuous)

连续系统子模块库提供了诸多关于连续系统运算的模块，包括微分运算、积分运算等，其图标、名称和功能见表 7-2。

表 7-2　连续系统子模块库中各模块的图标、名称、功能一览表

图标	名称	功能	图标	名称	功能
du/dt	Derivative	一阶微分		Transport Delay	传输延时
$\frac{1}{s}$	Integrator	定积分或不定积分	To	Variable Time Delay	可变延时传输
x'=Ax+Bu y=Cx+Du	State-Space	状态空间模型	Ti	Variable Transport Delay	可变传输延时
$\frac{1}{s+1}$	Transfer Fcn	传递函数	$\frac{(s-1)}{s(s+1)}$	Zero-Pole	零-极点

3．离散系统子模块库(Discrete)

离散系统子模块库提供了诸多关于离散系统运算的模块，包括滤波器、差分运算等，其图标、名称和功能见表 7-3 所示。

表 7-3　离散系统子模块库中各模块的图标、名称、功能一览表

图标	名称	功能	图标	名称	功能
$\frac{z-1}{z}$	Difference	差值	$\frac{1}{z}$	Unit Delay	单位延迟器
$\frac{K(z-1)}{Ts\,z}$	Discrete Derivative	离散差分		Zero-Order Hold	零阶保持器
$\frac{1}{1+0.5z^{-1}}$	Discrete Filter	离散滤波器		First-Order Hold	一阶保持器
$\frac{0.5+0.5z^{-1}}{1}$	Discrete FIR Filter	离散 FIR 滤波器	$\frac{K\,Ts}{z-1}$	Discrete-Time Integrator	离散时间积分器
y(n)=Cx(n)+Du(n) x(n+1)=Ax(n)+Bu(n)	Discrete State-Space	离散状态空间系统		Memory	存储单元

4．数学运算子模块库(Math)

数学运算子模块库提供了诸多关于数学运算的模块，其中主要运算模块的图标、名称和功能见表 7-4 所示。

表 7-4　数学运算子模块库中主要运算模块的图标、名称、功能一览表

图标	名称	功能	图标	名称	功能
|u|	Abs	求复数模或求绝对值	e^u	Math Function	数学运算函数
+ +	Add	加法	min	Minmax	求最大/最小
|u| ∠u	Complex to Magnitude-Angle	求复数的模和幅角	U(:)	Reshape	元素重新排列
Re Im	Complex to Real-Imag	求复数的实部和虚部	floor	Rounding Floor	圆周取整函数
1/√u	Reciprocal Sqrt	求平方根的倒数		Sign	符号函数
sin	Trigonometric Function	三角函数	∑	Sum of Elements	元素求和
1	Slider Gain	连续可调增益	P(u) O(P) = 5	Polynomial	多项式运算
	Vector Concatenate	向量串接	*	Dot Product	点乘

5．提取信号子模块库(Sinks)

提取信号子模块库中提供的模块用来输出系统仿真的结果。它只有输入端口，用以接收模型传递过来的信号。提取信号子模块库各模块的图标、名称和功能见表 7-5 所示。

表 7-5　提取信号子模块库中各模块的图标、名称、功能一览表

图标	名称	功能	图标	名称	功能
Display	Display	实时数据显示		Floating Scope	悬浮状态示波器
1	Out1	创建输出端口		Scope	示波器
STOP	Stop Simulation	输入非 0 时停止仿真		Terminator	终端
untitled.mat	To File	输出到文件	simout	To Workspace	输出到工作空间
	XYGraph	显示 X-Y 关系图			

6．用户自定义的函数子模块库(User-Defined Functions)

用户如果自己编写函数文件来实现某一功能，可以使用用户自定义的函数子模块库中的模块。用户自定义函数子模块库中的各模块图标、名称和功能见表 7-6 所示。

表 7-6　用户自定义的函数子模块库中各模块的图标、名称、功能一览表

图标	名称	功能	图标	名称	功能
f(u)	Fcn	表达式形式	Interpreted MATLAB Fcn	Interpreted MATLAB Function	函数计算形式
matlabfile	Level-2 MATLAB S-Function	level-2　S 函数形式	u　y fcn	MATLAB Function	函数文件形式
system	S-Function	S 函数形式	system	S-Function Builder	调用 S 函数形式

【说明】　用户如果想了解更多关于该模块的信息，可以使用该模块的帮助信息，具体操作见图 7.3。用鼠标右击需要查询的模块图标，在下拉菜单中选择帮助选项，MATLAB 将会提供该模块的帮助信息。

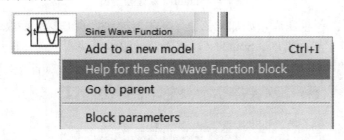

图 7.3　获取模块帮助信息

7.2　模型文件的创建和保存

Simulink 模块库提供了功能齐全的模块，用户可以通过这些模块来创建模型文件，并进行仿真和系统分析。

下面通过一个实例来介绍如何在 Simulink 环境下建模和仿真。

【例 7-1】　创建 $f(t) = \sin t - \cos t$ 模型并分析结果。

(1) 进入 Simulink 环境。

在 MATLAB 指令窗内执行 "Simulink" 或者单击 MATLAB 主窗口工具栏上的图标，打开 Simulink 模块库浏览器窗口(如图 7.1 所示)，单击该窗口工具条上的新建图标按钮，打开一个未命名(untitled)的空白模型窗，如图 7.4 所示。

Simulink 模型编辑窗口由菜单、工具栏、模型框图窗口和状态栏组成。菜单包括 "File"、"Edit" 等 Windows 常用菜单和 "Simulation"、"Analysis" 等特有的菜单，里面提供了模型建立和仿真的几乎全部功能。工具栏是模型建立和仿真过程中常用功能的命令按钮，包括 "新建"、"存储"、"打印"、"运行" 等常用命令；模型框图编辑窗口是模型编辑区，系统框图的搭建在这里进行；状态栏是仿真过程中的工作状态显示。

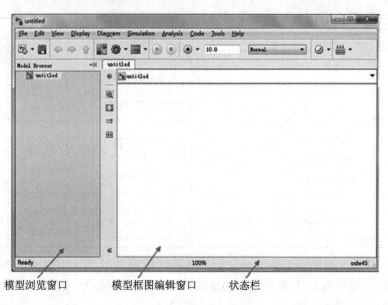

模型浏览窗口　　　　模型框图编辑窗口　　　状态栏

图 7.4　Simulink 新建模型窗

(2) 进入信号源子模块库，添加正弦信号发生器模块，查看默认参数或重新设置参数。

鼠标单击图 7.1 界面上的"Sources"，进入信号源子模块库，选择正弦信号图标 ，鼠标右击，选择"Add to …"选项，将该框图添加到模型窗中，如图 7.5 所示。

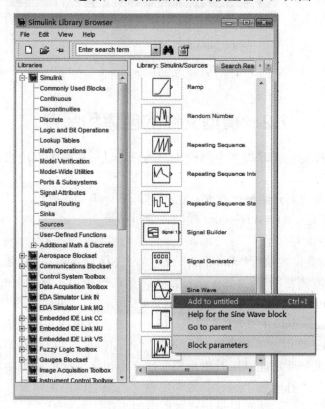

图 7.5　信号源子模块库

或者，按住鼠标左键不动，将正弦信号发生器框图直接拖到模型窗中，效果相同。

双击模型窗中的正弦信号发生器模块，打开关于该模块参数设置的对话框，如图 7.6 所示。该窗口包含正弦信号发生器模块的输出信号与各参数之间的运算关系说明，用户可以修改输出正弦波的振幅、频率、初相位等参数，点击"OK"按钮后生效。本例需要用到两个该模块，正弦波选择默认参数，余弦波发生器需要将正弦信号模块相位(Phase)参数设置为 pi/2。双击模块下方的名称，可以对模块进行重命名。选中模块，鼠标右击，可展开模块编辑菜单，用户可以根据需要对模块进行编辑。

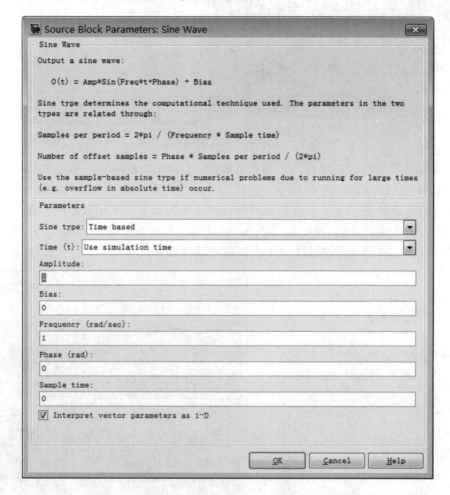

图 7.6　正弦信号发生器的 Simulink 仿真参数设置界面

(3) 进入输出子模块库，选择输出方式。

鼠标单击图 7.1 界面上的"Sinks"子模块库，选择示波器(Scope)图标，将其添加到模型窗中。

双击示波器图标，打开示波器窗口。示波器窗口有一个工具条，其上各按钮从左到右的功能分别为：打印，示波器参数，同时放大 x、y 坐标轴，放大 x 轴，放大 y 轴，自动缩放，保存坐标轴设置，恢复坐标轴设置，浮动示波器，释放坐标轴选项，信号选择器。单击图标，打开示波器参数设置窗口，如图 7.7 所示。

参数设置按钮

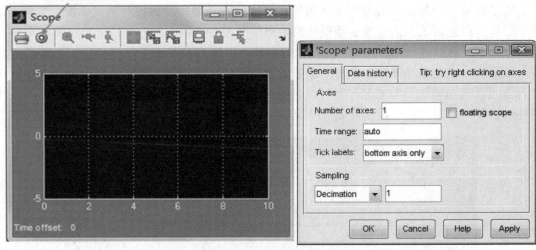

图 7.7　示波器及其参数设置对话窗

　　示波器的参数设置对话框有两个切换选项卡：General 选项卡，常用的为坐标轴数目 (Number of axes)；Data history 选项卡，常用的是保存到工作空间(Save data to workspace)。

　　在坐标轴数目处输入 2，示波器窗口将自动变换为双显示屏示波器的界面。此时，示波器模块图标输入端口分隔为两个，即 ![], 可实现双踪示波的功能，如图 7.8 所示。通过该设置用户可以同时显示多个波形。本例只使用默认设置。

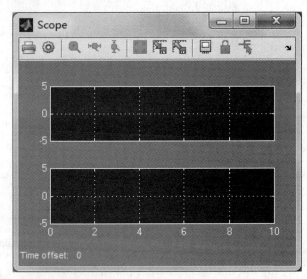

图 7.8　双显示示波器的参数设置

　　(4) 进入数学运算子模块库，选取叠加函数模块。

　　鼠标单击图 7.1 界面上的"Math Operations"，选择"Add"的图标 ![], 并将其添加到模型窗中。鼠标双击该模块，将其设置成"+−"形式，如图 7.9 所示。

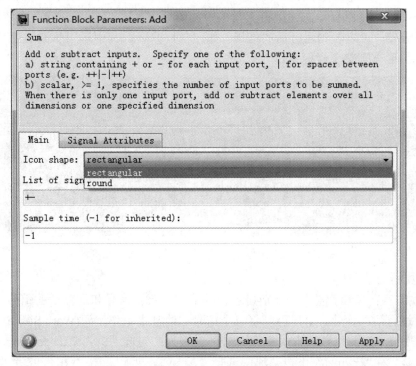

图 7.9　Add 模块参数的设置

如果用户选择将图标(Icon Shape)设置为圆形，其外观和功能等同于模块。

(5) 搭建模型，完成仿真。

在未命名的模型窗中，用鼠标画线，将各个模块连接成一个完整的模型。具体连线操作为：先将光标指向一个模块的输出端，待光标变为十字符后，按下鼠标左键并拖动，直到另一模块的输入端。如果需要将连接线分支，则需将光标指向信号线的分支点上，按鼠标右键，待光标变为十字符后，拖动鼠标直到另一模块的输入端即可。连接线的箭头指向为信号流动方向。模型见图 7.10。

开始仿真按钮

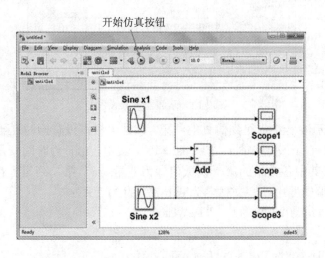

图 7.10　信号叠加的 Simulink 模型

搭建好模型后，鼠标单击模型窗工具条中的图标"▶"，启动 Simulink 系统进行仿真。鼠标双击示波器，可以看到运行后的结果，如图 7.11 所示。其中运用示波器工具条中的⬛按钮，可使图形充满整个坐标系。

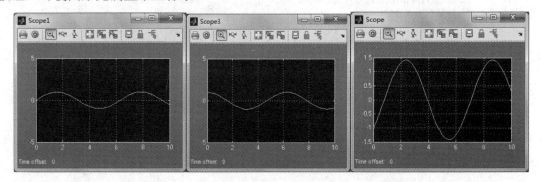

图 7.11　输入信号 x1 和 x2 以及输出信号 x 波形图

(6) 仿真结果的分析。

本例选择三个单踪示波器，分别显示正弦信号、余弦信号和运算后的信号。为了更好地比对信号运算后的变化，用户可以将三个信号送给基本工作空间(Work Space)，变量名称分别为 x1，x2，x，并以数值形式保存。具体设置为：勾选"Save data to workspace"，变量名改为 x1，在"Format"下拉菜单中选择"Array"，然后点击"OK"或者"Apply"完成设置。图 7.12 所示为正弦信号 x1 的设置。信号 x2、x 的设置方法同上。

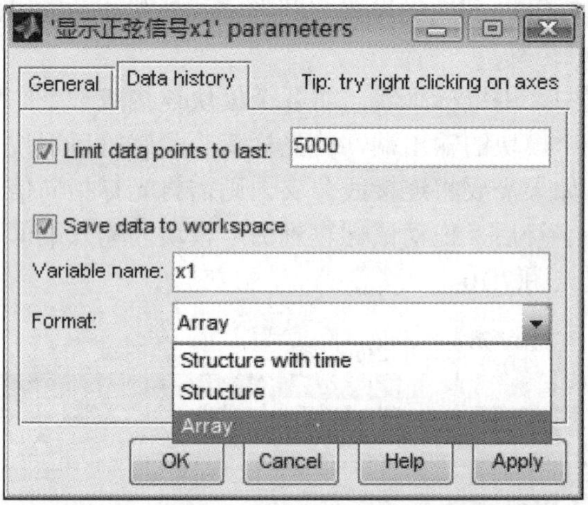

图 7.12　示波器参数设置

启动仿真后，示波器立刻得到仿真的结果，该结果根据设置同时送给 MATLAB 基本工作空间。工作空间有四个变量 tout、x1、x2 和 x。其中，tout 为时间变量默认名；x1、x2、x 均为 51×2 数组，其中各数组的第一列数值即为变量 tout，第二列为各自输出信号的振幅。

在 MATLAB 编辑器中编写文件名为 exm7_1 的 M 文件：

```
plot(x1(:, 1), x1(:, 2), 'r: ', 'LineWidth', 3 )
hold on
plot(x2(:, 1), x2(:, 2), 'k-.', 'LineWidth', 3)
plot(x(:, 1), x(:, 2), 'b', 'LineWidth', 3)
```

　　　　hold off

　　　　legend('输入正弦信号'，'输入余弦信号'，'输出信号'，3)

　　　　xlabel('时间')，ylabel('振幅')

在指令窗中执行文件 exm7_1.m，结果如图 7.13 所示。

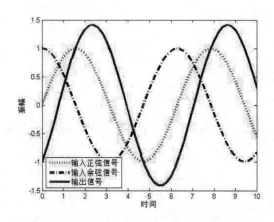

图 7.13　仿真结果的 M 文件绘图

　　由图可知，两个信号运算后产生的信号振荡频率与原信号相同，但振幅和初相位都发生了变化。

　　创建完善的模型可以存盘。保存模型的方法和保存 M 文件的方法类似，模型文件的扩展名为.mdl。点击模型文件编辑器的保存图标▉，将该模型文件命名为 exm1。

　　若要打开该文件，可以通过以下 3 种方法实现：

　　(1) 在 MATLAB 指令窗中输入模型文件名。注意：不要带扩展名，但该文件一定要在当前目录或 MATLAB 的搜索路径上，否则必须注明路径目录。

　　(2) 点击模块库浏览器或某一模型窗中的菜单 File→Open，选中该模型文件打开。

　　(3) 点击模块库浏览器或某一模型窗中的图标▧，打开该模型文件。

7.3　仿真的配置

　　Simulink 模型实际上是一个计算机程序，它定义了描写被仿真系统的一组微分方程或差分方程。当对模型窗中的模型进行仿真时，Simulink 系统就开始用一种数值解算方法求解方程。用户在对模型进行仿真时，如果不做特别设置(如例 7-1)，Simulink 总以默认的参数进行数值解算。如果用户不采用系统默认的仿真设置，就必须对各种仿真参数进行配置(Configuration)，其中包括：仿真步长的选择，仿真起始时刻和终止时刻的设定，数值积分算法的选择以及各种仿真容差的选择等。

　　在模型窗口(图 7.4)的主菜单 Simulink 下拉子菜单中单击仿真参数配置选项(Configuration Parameters)，将弹出仿真参数配置对话窗，如图 7.14 所示。

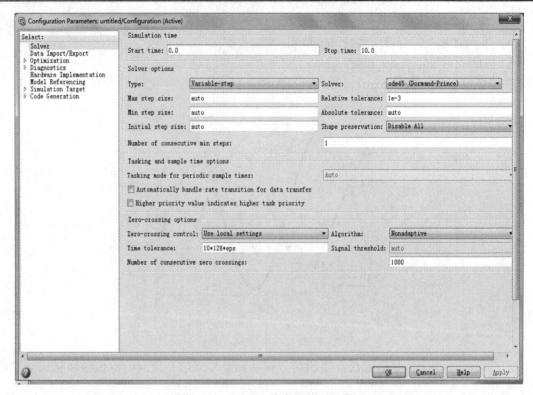

图 7.14　Simulink 仿真参数配置窗口

在该窗口中有若干个选项，对于一般用户而言，比较常用的选项为仿真时间(Simulink time)和解算器选项(Solver Options)。下面就这两个选项阐述参数值的内涵。

7.3.1　仿真时间选项

参数配置窗口中的时间选项提供了起始时刻(Start time)和终止时刻(Stop time)的参数设置，默认时分别为 0 和 10，表示仿真时长为 10 秒。如果解算器设置的计算步长为 0.01，则计算机需要执行 1000 步结束。如果将计算步长设置得长一些，比如 0.1，则相应地计算机执行次数就减少，即 100 步即可完成。因此，这里的时间概念和计算机真实地执行时间是有差别的。相同的时间设置，如果计算步长设置得越长，则实际的执行时间就越短。

7.3.2　解算器选项

在解算器选项解算类型(Tyep)中，有变步长(Variable-step)和定步长(Fixed-step)两种。对于变步长选项，在算法(Solver)选项中列出了多种变步长解算方法，对于连续系统，默认的算法 ode45 即为最佳算法，建议其对应的最大步长(Max step size)、最小步长(Min step size)和初始步长(Initial step size)使用默认(auto)值，如图 7.15(a)所示。对于离散系统，Simulink 一般默认选择定步长算法，如图 7.15(b)所示，其中默认算法 ode4 即为最佳算法。如果用户希望选择其他的算法，或者使用需要的步长，则通过鼠标在算法的下拉菜单中选择，在"Fixed-step size"中填入数据，点击"OK"或者"Apply"即可完成解算参数的设置。

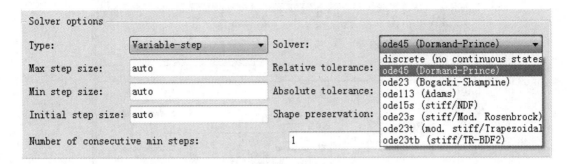

(a) 变步长选项

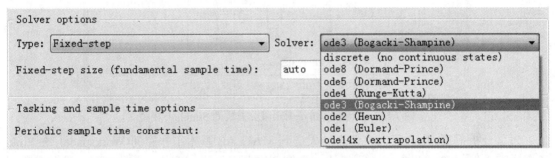

(a) 定步长选项

图 7.15　Simulink 解算器选项

【例 7-2】　求解范德波(Van de Pol)微分方程 $\dfrac{d^2x}{dt^2} - \mu(1-x^2)\dfrac{dx}{dt} + x = 0$ 在初始条件

$x(0)=1, \dfrac{dx}{dt}\bigg|_{t=0} = 0$ 下，在 $t \in [0,15]$ 范围内的数值解，并绘制解的曲线和相轨迹。(参数 $\mu = 0.5$)

选择状态变量，令 $y_1 = x$, $y_2 = \dfrac{dx}{dt}$，则原方程演变为非线性状态方程组：

$$\begin{cases} \dfrac{dy_1}{dt} = y_2 \\ \dfrac{dy_2}{dt} = \mu(1-y_1^2)y_2 - y_1 \end{cases}$$

初始条件为

$$\begin{cases} y_1(0) = 1 \\ y_2(0) = 0 \end{cases}$$

分析：信号 y_1 为模型的输出。第一个方程可以看做是将变量 y_2 作为积分器的输入信号，则积分器的输出信号为 y_1。第二个方程可以将 y_2 看做是另外一个积分器的输出信号，该积分器的输入信号为 $\mu(1-y_1^2)y_2 - y_1$。利用 Simulink 提供的模块搭建一个名为 exm2.mdl 的模型，如图 7.16 所示。

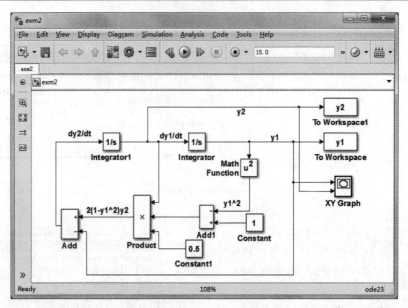

图 7.16 范德波(Van de Pol)微分方程的 Simulink 模型

为了分析需要,用户可以将仿真结果送到 MATLAB 基本工作空间(Workspace):在 Sinks 子模块库中选择 To Workspace 子模块。本例调用两个这样的模块,并分别对模块的参数进行设置,将仿真产生的结果保存变量名为 y1 和 y2,保存格式为数值数组。在 Sinks 模块库中选择 XY Graph 模块,该模块有两个输入端口,并以第一个输入端口为 X 轴坐标,第二个输入端口为 Y 轴坐标。

在仿真配置选项里,将图 7.17 中的 Stop time 设置为 15;在解算器选项中选择变步长的 ode23 算法。启动仿真,仿真结束后在 MATLAB 工作空间产生了变量 tout、y1、y2。在 MATLAB 指令窗中输入指令并执行:

>> plot(tout,y1,'r-.',tout,y2,'LineWidth',3)

>> legend('x(t)','dx(t)/dt',2)

>> grid on

结果如图 7.17 所示。

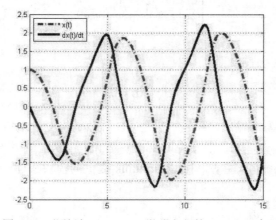

图 7.17 范德波(Van de Pol)微分方程的 Simulink 实现

XY Graph 模块显示方程的相轨迹如图 7.18 所示。

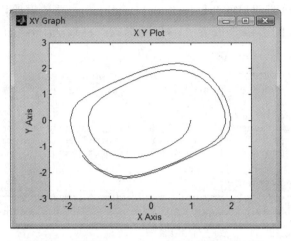

图 7.18　范德波(Van de Pol)微分方程的相轨迹

【说明】

◆ 在 Simulink 模型中，运用鼠标就可以对模块进行选定、复制、移动、删除和缩放。在模块上单击鼠标，即可选定该模块，此时模块的四角处会出现小黑块编辑框。选中模块后，右击鼠标可以引出对该模块的操作菜单，其中包括模块对应的字体以及模块的翻转等操作，如图 7.19 所示。

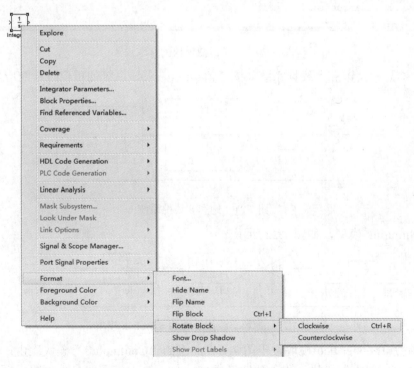

图 7.19　关于模块操作的子菜单

◆ 在模块编辑窗的任意位置双击鼠标，在光标位置会出现矩形文本输入框，可以添加文本注释(label)。利用鼠标可以将注释框拖到模型窗的任何位置。

◆ 对于数学函数(Math Function)模块，必须将函数设置为平方(Square)计算，如图 7.20 所示。另外，两个积分模块里的初始值(Initial condition)也要依据题目条件来设置。将加法(Add)模块设置成正确的"＋－"或者"－＋"的形式；将乘法(Product)模块设置为三个输入端口。

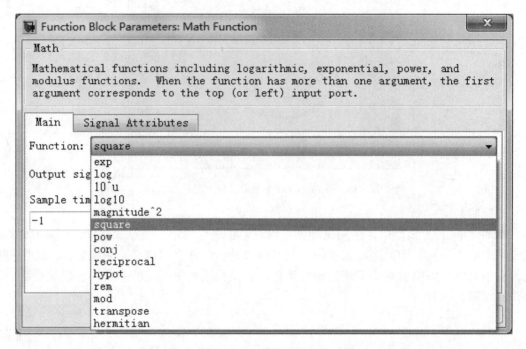

图 7.20　数学函数模块的参数设置

【例 7-3】　　某饱和非线性系统如图 7.21 所示，求该系统的单位阶跃响应。

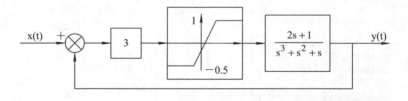

图 7.21　饱和非线性系统

创建 Simulink 模型，如图 7.22 所示。

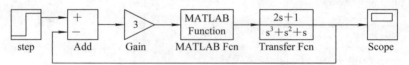

图 7.22　饱和非线性系统的 Simulink 模型

传递函数(Transfer Fcn)模块位于图 7.1 界面上的"Continuous"模块库内，将该模块添加到模型窗中，双击该模块，进入传递函数(Transfer Fcn)模块的参数设置界面。输入设计中的参数值，如图 7.23 所示。

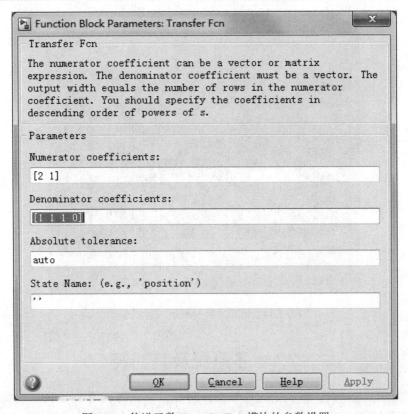

图 7.23 传递函数(Transfer Fcn)模块的参数设置

在图 7.1 界面上的 User-Defined Functions 模块库中选择 MATLAB Fcn 模块，并在该模块的 MATLAB function 栏目中输入 sat。

编写函数名为 sat 的函数文件：

```
function yo=sat(yi)
%SAT Function for exm4.mdl
% yi  来自于增益模块的输入变量
% yo  送给传递函数模块的输出变量
if   yi>=1
    yo=sqrt(yi);
elseif yi<=-0.5
    yo=yi.^2;
else
    yo=yi;
end
end
```

启动仿真，示波器显示仿真结果如图 7.24 所示。

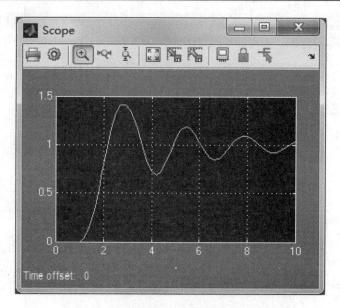

图 7.24　饱和非线性系统的阶跃响应

7.4　子系统及其封装

对于简单的动态系统，涉及的元件较少，功能简单，可以用 Simulink 系统建模仿真。但对于大型复杂系统，由于涉及的模块比较多，直接由基本模块构成的 Simulink 模型会非常庞大和复杂，模型中的信号流向也不容易辨认，给模型的检测和调试都带来了麻烦。因此，针对庞大的模型，用户可以将各个独立功能部分封装成子系统(Subsystem)模块，这样整个系统的结构和层次变得清晰明了，而且由于各独立功能子模块进行了封装，可移植性也大大加强。

7.4.1　子系统的创建

正如函数文件中的子函数，Simulink 模型中也存在子系统。创建子系统的方法有两种：

(1) 在已经建立好的模型中创建子系统。

如果要在已有的 Simulink 模型中创建子系统，必须先打开该模型，并选择需要组合成子系统的所有模块。单击鼠标右键产生模块操作子菜单，选择"Creat Subsystem"，则被选中的模块就会被一个名为"Subsystem"的模块取代。输入、输出端口名分别默认为"In1"和"Out1"。用户可以根据自己的需要修改子系统名称和输入、输出端口名称。

【例 7-4】　(续例 7-3)创建子系统示例。

将上例 Simulink 模型"MATLAB Fcn"模块替换为"Commonly Used Blocks"模块库中的"saturation"模块，将文件命名为 exm4 并保存。在"exm4.mdl"窗口中，用鼠标拖出虚线框，框住需要加入子系统的模块。然后右击鼠标，在打开的菜单选项里选择"Creat Subsystem"，如图 7.25(a)所示。图 7.25(b)中的模块名默认为"Subsystem"，用户可以修改模块名称。

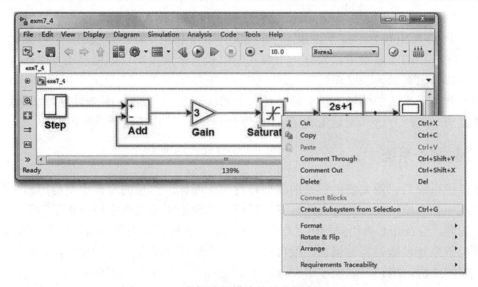

(a) 鼠标选择模块并导出指令

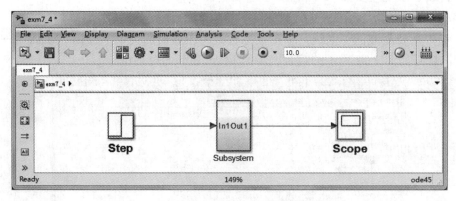

(b) 产生子系统后的模型窗

图 7.25　创建子系统演示

用户双击子系统，可以进入子系统内部进行查看或编辑，如图 7.26 所示。子系统内部的模块"In1"和"Out1"为系统根据子系统和外部系统的信息流向自动添加。

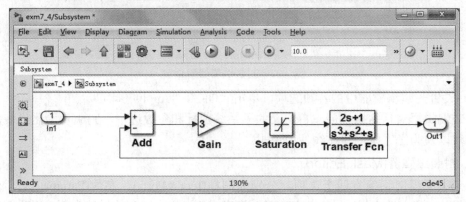

图 7.26　子系统模型窗

(2) 在仿真模型中使用 Subsystem 模块建立空白子系统。

选择 Parts & Subsystems 子模块库中的 Subsystem 模块，双击该模块，可以编辑子系统的模型。在空白的子系统中，只有一个输入端口和一个输出端口。用户还可以在该模块中添加输入和输出端口。

以上创建子系统的两种方法实际上是一个相反的过程：方法一是先建立好子系统模型，然后创建子系统；方法二则是先创建一个空白子系统，然后搭建子系统模型。

7.4.2　封装子系统

创建子系统后，原来纷乱复杂的模型窗得到了简化，信息的流向也变得简洁，但在设置子系统中各个模块的参数时必须打开子系统，因而给子系统的应用带来了不便。为了解决这个问题，Simulink 为用户提供了封装技术。利用该技术，用户不需要进入子系统内部，只要利用子系统参数设置对话窗，就可以对系统内部模块的参数进行设置，从而隐藏了子系统内部的结构。用户可以像使用 Simulink 内部模块一样来使用封装后的子系统。

1．封装子系统的步骤

封装子系统的步骤为：

(1) 选中需要封装的子系统，单击鼠标右键，在弹出的菜单中选择"Mask"→"Creat Mask..."，打开如图 7.27 所示的封装编辑器(Mask Editor)对话窗。

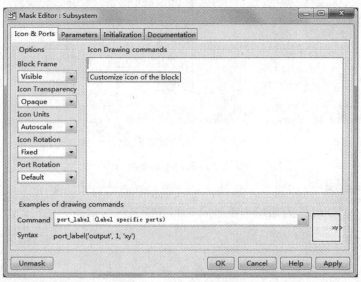

图 7.27　封装编辑器对话窗

(2) 设置封装编辑器中的各项选项，单击"OK"、"Apply"即可。

封装编辑器对话窗用于创建自定义的子系统图标和参数选项，完成初始化封装后的子系统参数以及为子系统创建在线使用说明。

2．封装编辑器(Mask Editor)

封装编辑器对话窗有四个选项，分别为图标(Icon&Ports)、参数(Paramaters)、初始化(Initialization)和文档(Documentation)。下面将以对例 7-4 模型窗的封装为例，逐项介绍它们的功能以及用法。

1) 图标(Icon&Ports)选项及其设置

封装编辑器对话窗中的图标(Icon)选项如图 7.28 所示，它主要用于设置子系统封装的图标，还包括创建描述文本、数学模型等。

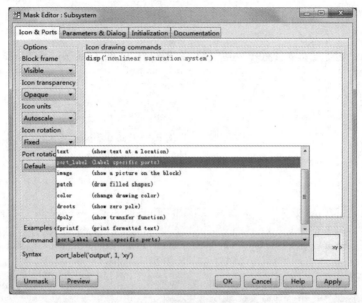

图 7.28   图标选项设置窗口

在"Drawing commands"文本窗口中，用户可以使用子系统图标命令来设置个性化子系统图标。

在"Examples of drawing commands"的下拉菜单中给出了 Drawing commands 的用法以及语法举例，其中 Command 选项列出了创建封装子系统图标的各种绘制指令，Syntax 选项则给出了对应指令的语法示例，在对应的右边则出现该指令产生的图标。

表 7-7 为 Drawing commands 所有指令及其功能描述。

表 7-7   Drawing commands 选项中的指令及其功能表

指令名称	功 能 描 述
port_label()	在封装模块的输入\输出端口旁绘制图标
disp()	在封装模块中央显示文字和变量
plot()	在封装模块表面绘制曲线
image()	在封装模块表面显示图片
sprintf()	在封装模块表面显示可变的 text 文本
dpoly()	在封装模块表面显示传递函数，默认为字符串形式
text()	在封装模块表面指定位置处显示 text 文本
droots()	在封装模块表面显示零极点
patch()	在封装模块表面显示数据点块
color()	改变封装模块表面色彩
fprintf()	打印封装模块表面显示的 text 文本

2) 参数(Parameters)选项及其设置

参数(Parameters)选项用来封装子系统模型中的变量名称以及相应的提示，MATLAB 7.X 和 8.X 在这个界面调整较大。图 7.29 分别给出了两种界面。

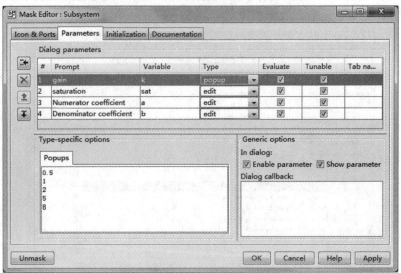

(a) MATLAB7.X (R2011a)版本

(b) MATLAB8.X (R2013b)版本

图 7.29　参数(Parameters)选项

在 MTLAB7.X 版本中，控制区(Controls)参数(Parameters)选项左边的四个图标 Add、Delete、Move up、Move down 分别表示添加变量、删除已经添加的变量、将选中的变量向上移动一格和将选中的变量向下移动一格。在子选项 Dialog parameters 中列出了五个选项卡，提示(Prompt)，用于输入封装子系统中设置变量的含义；变量(Variable)，用于输入变量名；类型(Type)，用于设置变量的类型，其中"Edit"提供了两个选项卡：复选框

(Checkbox)和弹出式菜单(Popups)、解算(Evaluate)和可调节(Tunable)。已选择参数选项
(Options for selected parameter)用于对选中的参数进行设置，其中包括针对 Popups 选项的输
入下拉菜单变量值和针对 Checkbox 选项的输入回调函数。

　　MATLAB8.X 版本中，控制区(Controls)参数(Parameters)选项从左到右分别为 Edit、
Checkbox、Popup、Radio Button 等设置变量类型的快捷标识；右边专门开辟了一个属性编
辑窗口，用户在此可以输入变量名，创建变量类型，输入变量值。

　　3) 初始化(Initialization)选项及其设置

　　初始化选项如图 7.30 所示。初始化指令(Initialization commands)用于输入合法的执行指
令，用于设置子系统模块的初始化信息，包括变量的初始值设定、参数的相关运算含义等。

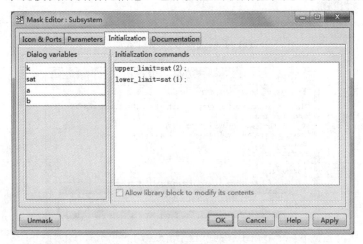

图 7.30　初始化(Initialization)选项

　　4) 文档(Documentation)选项及其设置

　　文档选项用于设置子系统封装类型(Mask type)、封装描述(Mask description)以及对应的
Help 文档，如图 7.31 所示。

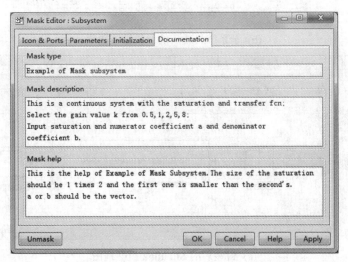

图 7.31　文档(Documentation)选项

上述相应选项填写完成后点击"OK"，即可完成子系统的封装，效果如图 7.32 所示。

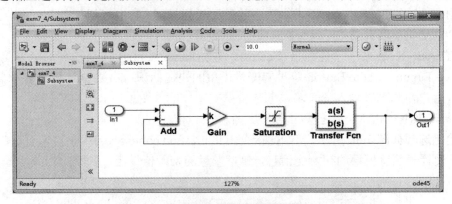

(a) 子系统参数选项设置后

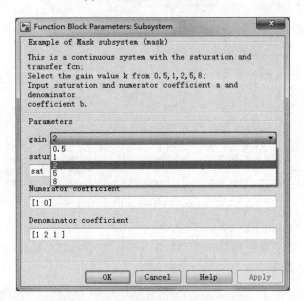

(b) 子系统封装后的参数设置选项

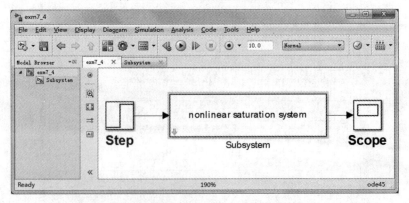

(c) 封装后的 Simulink 模型框图

图 7.32　子系统封装后的效果图

对于增益为 2，饱和区间为[−1，2]，传递函数为 $H(s) = \dfrac{s}{s^2 + 2s + 1}$ 的二阶系统，其单位阶跃响应曲线如图 7.33 所示。

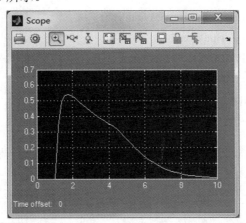

图 7.33　饱和区间为[−1，2]时的单位阶跃响应曲线

7.5　在 MATLAB 指令窗中运行 Simulink 模型

Simulink 模型不仅在 Simulink 模型窗中可以运行，MATLAB 还提供了指令 sim()可以保证 Simulink 模型可以在 MATLAB 指令窗中执行或者在 M 文件中执行。sim()指令常用的格式为：

　　　　sim('mdlname')

运行文件名为 mdlname 的模型文件。

调用函数 sim()时，Simulink 模型名称后不带扩展名，即忽略.mdl。MATLAB 默认该文件为模型文件，但该文件必须位于当前目录或者在 MATLAB 搜索路径上。

在指令窗中执行模型文件，可以将模型文件相关模块对应的变量从基本工作空间赋值，并将模型仿真的结果送给基本工作空间，方便与 M 文件结合使用，丰富了仿真分析的内容。

【例 7-5】　(续例 7-4)指令 sim()运用实例。

将子系统参数 saturation 设置为[−2，1]，在指令窗中输入指令并执行：

　　　　>> sim('exm7_4')

打开示波器，得到仿真结果，如图 7.34 所示。

将子系统模块参数 saturation 的输入值设置为 sat，将示波器的仿真结果以数值变量形式赋值给 yo。

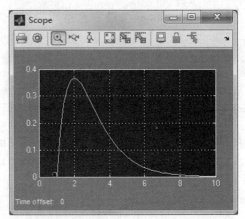

图 7.34　饱和区间为[−2，1]时的单位阶跃响应曲线

编写文件名为 exm7_5 的脚本文件：

　　clear，clf，

　　sat=[-1，2]；sim('exm4')；

　　plot(yo(:，1)，yo(:，2)，'r-.'，'LineWidth'，3)

　　hold on，sat=[-2，1]；sim('exm4')；

　　plot(yo(:，1)，yo(:，2)，'k: '，'LineWidth'，3)

　　xlabel('t')，ylabel('y')，hold off，grid

　　legend('饱和区间为[-1，2]'，'饱和区间为[-2，1]')

运行 exm7_5.m 后，得到如图 7.35 所示的两条阶跃响应曲线。

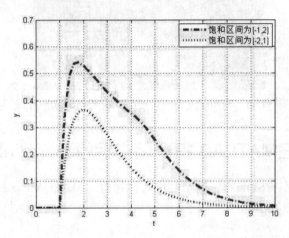

图 7.35　不同饱和区间的单位阶跃响应曲线

将图 7.35 和图 7.33、图 7.34 相比，可知仿真结果相同。

习　　题

7.1　Simulink 模型通常包括哪些部分？

7.2　建立一个简单模型，用信号发生器产生一个幅度为 2.5 V、频率为 0.5 Hz 的正弦波，并叠加一个的啁啾信号作为噪声，将带有噪声的信号显示在示波器上并送给工作空间。

7.3　建立一个模拟系统仿真模型，要求将摄氏温度转换为华氏温度。(提示：$T = \dfrac{9}{5}t + 32$，T——华氏温度，t——摄氏温度)

7.4　运用仿真模型计算 $s = 1 + 2 + \ldots + n$，其中 $n = 100\,000\,000$。

7.5　运用仿真模型计算 $s = 1^2 + 2^2 + \ldots + n^2$，其中 $n = 100\,000\,000$。

7.6　已知描述系统的微分方程为 $\begin{cases} \dfrac{\mathrm{d}y_1}{\mathrm{d}t} = y_1(1 - y_2^2) - y_2 \\ \dfrac{\mathrm{d}y_2}{\mathrm{d}t} = y_1 \end{cases}$，且 $y_1(0) = 0.1$，$y_2(0) = 0.35$。

请构建系统的仿真模型，且：

(1) 用示波器观察 y_1、y_2 的波形。

(2) 用 XY Graph 模块观察由 y_1、y_2 构成的相轨迹。

(3) 把仿真结果送到工作空间，并用 plot()指令绘制相轨迹。

7.7　已知系统的模型为 $\begin{cases} \dfrac{\mathrm{d}x_1}{\mathrm{d}t} = x_2 + pu \\ \dfrac{\mathrm{d}x_2}{\mathrm{d}t} = -x_1 - 2x_2 - pu \end{cases}$，且 $x_1(0) = 0$，$x_2(0) = 0$。当 $p = 1, 2, 8$ 时，

对以下几种情况进行仿真，并比较不同输入幅值下的系统输出响应。

(1) $u(t) = 1$；　(2) $u(t) = t$；　(3) $u(t) = \sin t$；

(4) $u(t) = 1 + \sin t$；　(5) $u(t) = 1 + t + \sin t$。

7.8　封装一个子系统，计算方程为 $y(t) = be^{-at}\sin(\omega t)$，其中 t 为输入，y 为输出。要求通过对话框输入参数 a、b、ω 的值。

第 8 章　MATLAB 的典型应用

本章的主要内容有:
➢ MATLAB 在数据处理、光、电磁场和波动中的典型应用;
➢ MATLAB 在序列运算、滤波器结构转换及其设计中的典型应用;
➢ MATLAB 在自动控制系统中的典型应用;
➢ MATLAB 在通信原理中的典型应用。

8.1　MATLAB 在大学物理教学过程中的应用

创建物理模型、进行科学计算是大学物理教学中经常遇到的问题,并且在大学物理学中占有非常重要的地位,而 MATLAB 在这方面具有独特的优势。因此,利用 MATLAB 这一先进的科学计算语言来辅助大学物理学的教学工作必将大大提高教学效率。让大学物理学专业及相关专业的学生在低年级阶段就初步掌握这门科学计算语言,并在整个专业课学习过程中不断反复使用是完全必要和可行的。

本章将给出 MATLAB 在物理实验数据处理、静电场和稳恒磁场、振动与波、光学方面的应用实例。

8.1.1　实验数据处理的 MATLAB 实现

在物理实验中,实验数据的处理方法至关重要,而数据处理手段制约着处理方法的应用。在手工处理数据的条件下,通常只能使用列表法、作图法、最小二乘法和逐差法等,不仅效率低,容易造成人为误差,而且主要只针对线性关系有效。应用 MATLAB 可以轻松、快捷、高效地处理数据,对实验数据的非线性处理也是易如反掌。

【例 8-1】　某同学在做平抛运动时测得一组实验数据如下(x:水平方向位移;y:竖直方向位移):

x(cm)	0.03	0.06	0.09	0.12	0.15
y(cm)	−0.004	−0.013	−0.039	−0.072	−0.13

试分析实验结果并提出改进措施。

建模:物体做平抛运动的轨迹为二次曲线,因此,对数据拟合时选择二阶多项式拟合调用指令 polyfit()。用户可以根据拟合方程绘制拟合曲线,并和理想曲线做对比,直观分析实验结果并得出相应的改进措施。

编写文件名为 exm8_1 的脚本文件:

```
%平抛实验数据处理
clear
```

```
x=[0.03 0.06 0.09 0.12 0.15];
y=[-0.004 -0.013 -0.039 -0.072 -0.13];                %给出原始实验数据
S=std(y，1)                                            %计算数据的标准方差
plot(x，y，'r*'，'MarkerSize'，8)                      %绘制出数据点
hold on，
p=polyfit(x，y，2);                                    %计算二次拟合多项式系数
px=poly2str(p，'x')                                    %显示拟合多项式
X=0：0.005：0.15;
Y=polyval(p，X)；%
plot(X，Y，'LineWidth'，1.5)                           %绘制拟合多项式曲线
v0=1；g=9.8；
Y1=-g*X.^2/(2*v0^2);
plot(X，Y1，'k--'，'LineWidth'，1.5)                   %绘制理想平抛运动曲线
title('平抛运动实验数据二次拟合曲线和理想曲线图')     %给图添加标题
xlabel('水平位移')，ylabel('竖直下落位移')
legend('原始数据'，'二次多项式拟合曲线'，'理想曲线')   %添加图注
grid on %绘制网格坐标
hold off
```

在指令窗中运行该文件，结果为：

```
S =
      0.0458
px =
      -8.3333 x^2 + 0.46333 x - 0.0108
```

运行的图形见图 8.1。

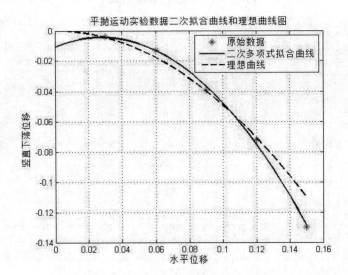

图 8.1　平抛运动实验数据处理实例

由图 8.1 可知，该同学所做实验为斜上抛运动，并非平抛运动，实验中没有将轨道调节水平。

MATLAB 为用户设计了一个拟合曲线工具，调用该工具，用户可以很方便地对实验数据进行最小二乘拟合。用户只需在指令窗中输入实验数据，并根据工具界面上的菜单项进行操作即可。该界面不仅能够绘制多种高次函数的拟合曲线，而且能够绘出对应的残差曲线，并给出实验数据的置信区间和标准方差等主要误差分析数据。

【例 8-2】　　(续例 8-1)MATLAB 曲线拟合工具窗口使用实例。

在指令窗中运行 cftool，即可调出曲线拟合工具窗口。MATLAB7.X 和 MATLAB8.X 在窗口显示上有很大区别，如图 8.2 所示。

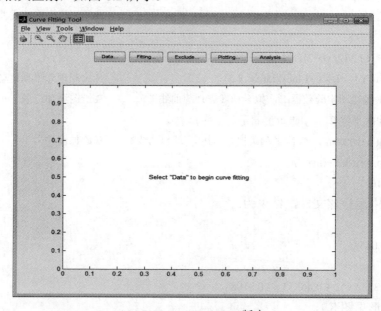

(a) MATLAB7.X (2011a)版本

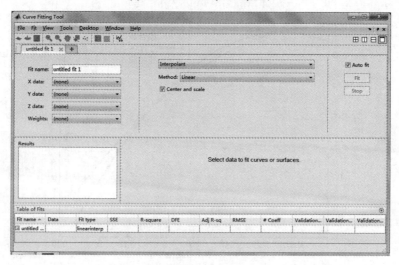

(b) MATLAB8.X (2013b)版本

图 8.2　曲线拟合工具窗口

对于 MATLAB7.X (2011a)版本，拟合工具窗口有 5 个按钮：导入数据按钮(Data)、拟合设置按钮(Fitting)、剔除设置的数据点按钮(Exclude)、绘图曲线按钮(Plotting)和分析按钮(Analysis)。为了更直观观察原始数据在不同测量值的残差，可以点击图 8.2 的菜单View→Residuals→LinePlot，则拟合工具窗口被分割成两个子窗口，位于下面的子窗口用来绘制各个数据点的残差(Residuals)，如图 8.3 所示。

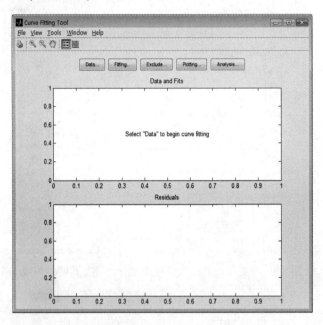

图 8.3　被分割后的拟合曲线工具窗口

用户通过菜单还可以设置拟合曲线的置信区间。MATLAB 默认的置信区间为 95%。

点击导入数据按钮，弹出"导入数据"对话框，将原始数据从工作空间中导入，如图8.4 所示。

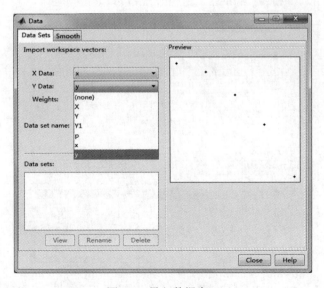

图 8.4　导入数据窗口

点击拟合按钮(Fitting)，在弹出的对话框中设置拟合方法，此处选择二次多项式拟合，点击"Apply"后，拟合工具窗口即绘制出拟合曲线和残差曲线，如图 8.5 所示。同时，在该对话框中出现运算结果，包括所设置置信范围内的拟合多项式系数等，如图 8.6 所示。

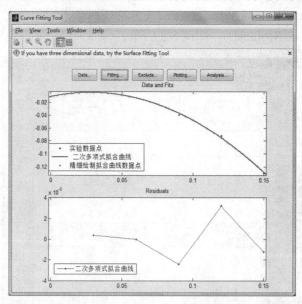

图 8.5 平抛运动的二次多项式拟合曲线及其残差曲线

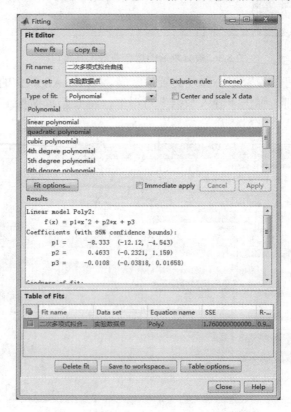

图 8.6 曲线拟合方法的设置及其拟合结果

　　由拟合曲线得到的结论同上例，利用图形界面提供了更多关于数据的精细处理，效果很好。

　　MATLAB8.X 版本将图形显示和数据处理结果综合在一个界面上，该例数据运行结果如图 8.7 所示。

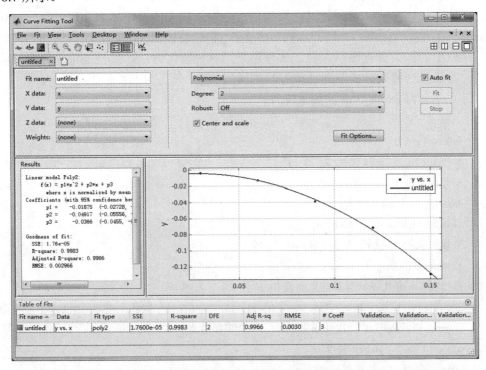

图 8.7　MATALB 8.X 版本的数据运行结果

　　本例使用的是二次多项式拟合，MATLAB 在 ctfool 工具窗口的拟合方式(Type of fit)中提供了很多拟合形式供用户选择，具体拟合形式见表 8-1。

表 8-1　拟合方式及其拟合方程形式一览表

拟 合 类 型	拟合方程形式
惯用方程拟合(Custom Equations)	y=a*f(x)+c，其中 a，c 为拟合系数
指数方程拟合(Exponential)	a*exp(b*x)，其中 a，b 为拟合系数
傅里叶方程拟合(Fourier)	a0+a1*cos(x*w)+b1*sin(x*w)，其中 a0，a1，b1，w 为拟合系数
高斯方程拟合(Gaussian)	a1*exp(-((x-b1)/c1)^2)，其中 a0，a1，c1 为拟合系数
插值多项式拟合(Interpolant)	线性插值拟合，最近点插值拟合，立方样条插值拟合，逼近拟合
多项式拟合(Polynomial)	线性拟合，二次多项式拟合，三次、四次……九次多项式拟合
乘方拟合(Power)	a*x^b+c，其中 a，b，c 为拟合系数
最佳拟合(Rational)	用户根据需要选择最佳方式拟合
光滑样条拟合(Smoothing Spline)	用户采用默认方式或者自己设置拟合参数
正弦函数叠加拟合 (Sum of Sin Functions)	a1*sin(b1*x+c1)，其中 a0，a1，c1 为拟合系数
韦伯拟合(Wiebull)	a*b*x^(b-1)*exp(-a*x^b)，其中 a，b 为拟合系数

　　【例 8-3】　　12 小时内，每小时测量一次室外的温度，温度依次为 5，8，9，15，25，29，31，30，22，25，27，24。试估算在 3.5，6.5，7.1，11.7 小时的温度值。

　　建模：12 小时内测量温度结果认为是准确有效，此时计算这 12 小时内任意非测量时间点上的温度便是一个插值问题，且为一维插值。一维插值可通过调用指令 interp1() 来实现。在插值方法选择上，用户通过在给插值指令输入相应的字符串来实现，具体有线性插值(linear)、立方插值(cubic)、最近点插值(nearest)和样条插值(spline)。用户选择不同的插值方法，计算出的结果会有微小差异。本程序采用两种插值方法：线性插值和样条插值。用户可以通过插值结果来分析不同插值方法的插值效果。

　　编写文件名为 exm8_3.m 的脚本文件：

```
clear
hours=1：12;
t=[5 8 9 15 25 29 31 30 22 25 27 24];
%记录连续 12 小时的温度
hour1=[3.5 6.5 7.1 11.7];
t1=interp1(hours，t，hour1);
%以默认的线性插值方法计算插值点的值
t2=interp1(hours，t，hour1，'spline');
%以样条插值方法计算插值点的值
plot(hours，t，'o'，hour1，t1，'r+'，hour1，t2，'*')%在同一幅图上绘制原始数据和插值数据
legend('原始数据点'，'线性插值点'，'三次样条插值点'，4)
xlabel('时间')，ylabel('温度')，
title('不同插值方法插值实例')
```

在指令窗中运行该文件，结果如图 8.8 所示。

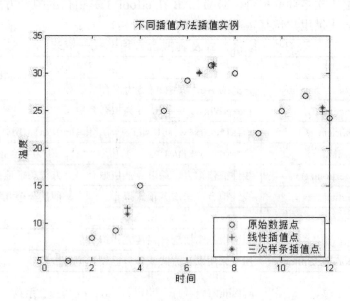

图 8.8　不同插值方法估值实例

　　由图 8.8 可见，两种插值方法计算出的结果不同，这是由于插值是一个估算的过程，因而采用不同的估算方法得到的结果也不一样。样条插值比线性插值精确度要高。

8.1.2　静电场和稳恒磁场的 MATLAB 实现

　　【例 8-4】　带电粒子在均匀电磁场中运动轨迹的 MATLAB 实现。

　　建模：带电量为 q，质量为 m 的粒子在电场强度为 E，磁感应强度为 B 的电磁场中运动，该粒子受到的电磁力 $F = q(\vec{E} + \vec{v} \times \vec{B})$，即

$$\begin{bmatrix} F_i \\ F_j \\ F_k \end{bmatrix} = q\left[\begin{bmatrix} E_i \\ E_j \\ E_k \end{bmatrix} + \begin{vmatrix} \vec{i} & \vec{j} & \vec{k} \\ v_i & v_j & v_k \\ B_i & B_j & B_k \end{vmatrix} \right]$$

其中 $\vec{i}$、$\vec{j}$、$\vec{k}$ 分别为 x、y、z 方向的单位矢量。设电场强度沿 y 方向，即 $E_i = E_k = 0$；磁感应强度沿 z 方向，即 $B_i = B_j = 0$，则可以写出其对应的微分方程：

$$\frac{d^2 x}{dt^2} = \frac{qB}{m} \frac{dv_j}{dt}$$

$$\frac{d^2 y}{dt^2} = \frac{q}{m} E - \frac{qB}{m} \frac{dv_i}{dt}$$

$$\frac{d^2 z}{dt^2} = 0$$

令 $y(1) = x$; $y(2) = \dfrac{dx}{dt}$; $y(3) = y$; $y(4) = \dfrac{dy}{dt}$; $y(5) = z$; $y(6) = \dfrac{dz}{dt}$，则上述微分方程可改写为：

$$\frac{dy(1)}{dt} = y(2); \quad \frac{dy(2)}{dt} = \frac{qB}{m} y(4)$$

$$\frac{dy(3)}{dt} = y(4); \quad \frac{dy(4)}{dt} = \frac{q}{m} E - \frac{qB}{m} y(2)$$

$$\frac{dy(5)}{dt} = y(6); \quad \frac{dy(6)}{dt} = 0$$

编写文件名为 dzlfun 的函数文件：

```
function ydot=dzlfun(t，y)

%DZLFUN   Solving the charge's  trace in the electromagnetic field

%  输入时间宽度以及状态方程的初始条件

%电荷带电量、质量、磁感应强度以及电场强度被设置为全局变量

global Q M B E

ydot=[y(2)；Q*B*y(4)/M；

    y(4)；Q*E/M-Q*B*y(2)/M；

    y(6)；  0];

end
```

编写文件名为 exm8_4.m 的脚本文件：

```
clear，clc，clf
global Q M B E%设置为全局变量的变量名建议大写
Q=1.6e-3；M=.002；B=1；E=2；
tspan=[0：.1：20]；y0=[0，.01，0，4，0，.01]；
[t，y]=ode45('dzlfun'，tspan，y0)；
plot3(y(：，1)，y(：，3)，y(：，5)，'r-*'，'linewidth'，3)
grid on
xlabel('x')，ylabel('y')，zlabel('z')；
```

在指令窗中运行该脚本文件，得到如图 8.9 所示的结果。

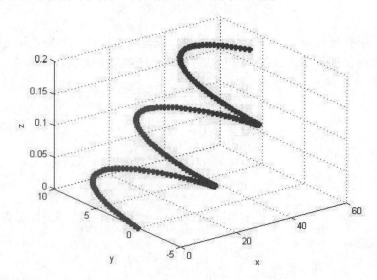

图 8.9　带电粒子在电磁场中的运动轨迹

用户可以通过修改初始条件来获得各种情况下粒子的运动轨迹。

【例 8-5】　已知电场中电势的表达式为 $V(x, y) = \ln(x^2 + y^2)$，试画出电场中等位线的分布和电场强度方向。

建模：如果空间电场中电势分布为 $V(x, y, z)$，则空间电场强度为

$$\vec{E} = -\nabla V = \frac{\partial V}{\partial x}\vec{i} + \frac{\partial V}{\partial y}\vec{j} + \frac{\partial V}{\partial z}\vec{k}$$

其中：$\vec{i}$、$\vec{j}$、$\vec{k}$ 分别为 x、y、z 方向的单位矢量。MATLAB 中数值计算梯度的指令为 gradient()。由于该指令是依靠数值微分来实现的，因此，选取空间数据点的时候应该尽量密集，才能获得较高的显示准确度。利用指令 quiver() 绘制电场中各点的场强，其中箭头指向为该点的场强方向，箭头长短反映该点场强的大小。

编写文件名为 exm8_5.m 的脚本文件：

```
clear
x=linspace(-5，5，20)；                %选取绘图区域
[x，y]=meshgrid(x)；                   %创建网格坐标，此时 x、y 的范围相同
```

```
V=log(x.^2+y.^2);                          %计算各网格点处的电势
[Ex, Ey]=gradient(-V);                     %计算各点的电场
subplot(1, 2, 1), meshc(x, y, V)           %绘制带等高线的三维网线图
xlabel('x'), ylabel('y'), zlabel('V'),     %添加坐标轴名称
subplot(1, 2, 2), [C, h, CF]=contourf(x,y,V,4,'k: ');   %用黑色虚线绘制 4 条填色等高线
clabel(C, h);                              %沿线给出标识数据
hold on
quiver(x, y, Ex, Ey)                       %绘制电场强度的方向
xlabel('x'), ylabel('y')
axis fill
hold off
```

在指令窗中运行该文件，得到如图 8.10 所示的结果。

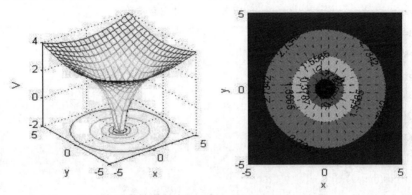

图 8.10　空间电场中电势(左图)及其等位线和电场分布(右图)

图 8.10 电势为 $V(x, y) = \ln(x^2 + y^2)$ 的三维电势图(左图)和带等位线的电场图(右图)。在电场图中，箭头越密集的地方场强越大，相应位置的箭头也越长。

【例 8-6】　绘制任意匝数通电螺线管周围产生的磁感应强度截面分布图。

建模：载流导体产生磁场的基本规律为：任一电流元 $Id\vec{l}$ 在空间任一点 P 处产生的磁感应强度 $d\vec{B}$ 为

$$d\vec{B} = \frac{\mu_0}{4\pi} \frac{Id\vec{l} \times \vec{r}}{r^3}$$

其中，$\vec{r}$ 为电流元到 P 点的矢径，$d\vec{l}$ 为导线元的长度矢量。P 点的总磁场可沿载流导体全长积分产生的磁场求得。

若将 $d\vec{B}$ 视为一小段电流元 $d\vec{l}$ 在 $\vec{r}$ 处产生的磁场，则上式可以改写为

$$\vec{B} = \frac{\mu_0}{4\pi} \frac{I}{r^3} \begin{bmatrix} \vec{i} & \vec{j} & \vec{k} \\ l_x & l_y & l_z \\ r_x & r_y & r_z \end{bmatrix} = B_x\vec{i} + B_y\vec{j} + B_z\vec{k}$$

要求 n 小段电流在 $\vec{r}$ 处产生的磁感应强度，则有

$$\sum_{i=1}^{n} \vec{B} = \sum_{i=1}^{n} \frac{\mu_0}{4\pi} \frac{I}{r^3} \begin{bmatrix} \vec{i} & \vec{j} & \vec{k} \\ l_{xi} & l_{yi} & l_{zi} \\ r_{xi} & r_{yi} & r_{zi} \end{bmatrix} = \sum_{i=1}^{n} B_{xi}\vec{i} + B_{yi}\vec{j} + B_{zi}\vec{k}$$

以上表达式可以用来计算空间任意形状的通电导线周围的磁场。表达式中的 l_{xi}、l_{yi}、l_{zi} 分别表示电流元在直角坐标系中沿坐标轴的分量。编程时将每匝线圈微分为 20 段，计算每段线圈代表的电流元在中心轴线上的磁场强度；再利用叠加原理计算多匝线圈产生的磁场。

编写文件名为 exm8_6 的脚本文件：

```
 clear，clc，clf
n=input('请输入螺旋管的匝数 n=?');
i0=10.0；rh=2.5；                        %设置螺旋管中的电流和半径
mu0=4*pi*1e-7；
c0=mu0/(4*pi);                          %归并常数
ngrid=30；                              %确定网格线数
x=linspace(-6，6，ngrid)；y=x；          %确定观察点的范围
cx(1：ngrid，1：ngrid)=zeros；
cy(1：ngrid，1：ngrid)=zeros；          %预定义变量
Nh=20；                                 %每匝线圈分段数
theta0=linspace(0，2*pi，Nh+1)；        %单匝线圈圆周角分段
theta1=theta0(1：Nh)；
y1=rh*cos(theta1)；
z1=rh*sin(theta1)；                     %线圈各段矢量的起点坐标
theta2=theta0(2：Nh+1)；
y2=rh*cos(theta2)；
z2=rh*sin(theta2)；                     %线圈各段矢量的终点坐标
dlx=0；dly=y2-y1；dlz=z2-z1；           %计算线圈各段矢量中点的坐标分量
if n<=0
    error('输入匝数有误，请重新输入匝数 n')
elseif n==1
    xc=0；
else
xc=linspace(-2，2，n)；
end
yc=(y2+y1)/2；zc=(z2+z1)/2；            %计算线圈各段矢量 dl 的 3 个分量
for k=1：n；
    for i=1：ngrid
    for j=1：ngrid
        rx=x(j)-xc(k)；ry=y(i)-yc；rz=0-zc；   %计算矢径的 3 个长度分量
        r3=sqrt(rx.^2+ry.^2+rz.^2).^3；       %计算矢径长度
```

```
            dlxr_x=dly.*rz-dlz.*ry；
            dlxr_y=dlz.*rx-dlx.*rz；                    %计算叉乘的 x，y 分量，z 分量为 0
            bx(i，j)=sum(c0*i0*dlxr_x./r3)；
            by(i，j)=sum(c0*i0*dlxr_y./r3)；            %叠加线圈各段产生的磁场
        end
    end
    cx(1：ngrid，1：ngrid)=cx(1：ngrid，1：ngrid)+bx(1：ngrid，1：ngrid)；
    cy(1：ngrid，1：ngrid)=cy(1：ngrid，1：ngrid)+by(1：ngrid，1：ngrid)；
    end
    quiver(x，y，cx，cy)；                               %用箭头描绘矢量场
    title('一定通电电流下 n 匝线圈周围的磁场分布')
    axis equal
    hold on
    plot(xc，rh，'r*')
    plot(xc，-rh，'r*')                                 %用红色*代表线圈与截面的交点
    hold off
```

在指令窗中运行该文件：

　　>> exm8_6

请输入螺旋管的匝数 n=?3，执行结果如图 8.11 所示。图中的"*"号表示线圈与截面的交点。

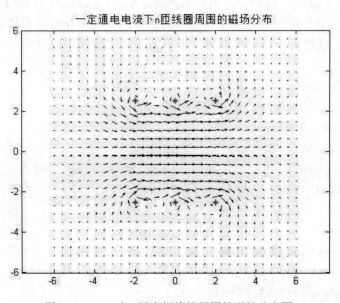

图 8.11　n=3 时，通电螺线管周围的磁场分布图

当用户输入 n=1 时，可以得到单匝线圈的磁场分布图，如图 8.12 所示该图等效于均匀带电圆环周围的磁场分布。

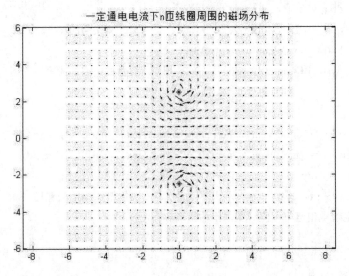

图 8.12　单匝线圈周围磁场分布图

用户在指令窗中输入任意值 n，即可方便快捷地绘制出任意匝数通电螺线管周围的磁场分布。当匝数很多时，磁场分布等效于条形磁铁周围的磁场分布。

8.1.3　振动与波的 MATLAB 实现

【例 8-7】　李萨如图形的 MATLAB 实现。

建模：一个沿 X 轴和 Y 轴的分运动都为简谐运动，其表达式分别为：$x = A_1 \cos(\omega_1 t + \varphi_1)$，$y = A_2 \cos(\omega_2 t + \varphi_2)$。如果二者的频率有简单的整数比，则相互垂直的简谐运动合成的运动将有封闭稳定的运动轨迹，这种图形称为李萨如图。该题采用嵌套循环结构考察李萨如图形的特点。

编写文件名为 exm8_7 的脚本文件：

```
beta=pi/5；%x 方向简谐运动质点的初相位为 pi/5
w1=1；A1=1；A2=0.5；
t=linspace(1，50，200)；
x=A1*cos(w1*t+beta)；                    %x 方向简谐运动表达式
w2=[2 3 4/5 1/2 1/3 5/4]；
for j=0：0.5：7
    for i=1：6
        y=A2*cos(w2(i)*t+(beta+j)*pi/4)；    %y 方向简谐运动表达式
        subplot(2，3，i)
        plot(x，y)%绘制李萨如图
        pause(.05)
        title(['\omega_2：\omega_1=', num2str(w2(i))])；
    end
end
```

在指令窗中运行该文件，可以实现动画效果。图 8.13 为某时刻的李萨如图。

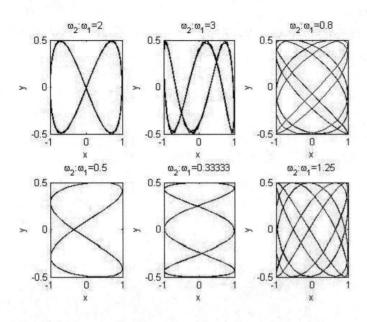

图 8.13　李萨如图的 MATLAB 实现实例

由图可见，Y 轴方向和 X 轴方向的简谐运动频率之比恒等于李萨如图在 X 轴和 Y 轴的切点个数之比，改变它们的初相位可以实现图形的转动。

【**例 8-8**】　横波传输以及两列横波相干叠加形成驻波的 MATLAB 实现。

建模：沿 x 轴正向传输的横波，在传输过程中介质各质点在平衡位置做简谐振动，描述该机械波的方程为

$$y = A\sin\left(2\pi\left(\frac{t}{T} - \frac{x}{\lambda}\right) + \varphi_0\right)$$

其中：A—振幅，λ—波长，T—周期，φ_0—初相位。

设时间从 0 开始，到 10 结束。考察区间为[0, 4]，令 $\lambda = 2$，$T = 2$，此时在考察区间上恰好可以观察到两个完整的波形。为简便起见，取初相位为 0，振幅 A=0.5。

编写文件名为 exm8_8_1.m 的脚本文件：

```
clear, clf,
t=linspace(0, 10, 100);        %时间
x=linspace(0, 4, 50);          %位置
for i=1: 100
    x1=x(x<=t(i));             %挑出位置坐标小于等于 t(i)的质点，将其位置坐标赋给变量 x1
    y1=0.5*sin(pi*(t(i)-x1));  %计算这些位置上质点在 t(i)时刻的位移，赋给变量 y1
    x2=x(x>t(i));              %挑出位置坐标大于 t(i)的质点，将其位置坐标赋给变量 x2
    y2=zeros(1, length(x2));   %计算这些质点在 t(i)时刻的位移，赋给变量 y2
    y=[y1 y2];                 %汇总所有质点位移
```

```
        stem(x，y，'b：'，'fill')              %绘制质点振动的杆图
        hold on
        plot(x(8),y(8),'r.','MarkerSize',28)   %演示介质中某质点只在平衡位置振动，并不随波逐流
        axis([0 4 -0.6 0.6])                  %设置坐标轴范围
        hold off
        pause(0.01)                           %设置屏幕刷新时刻
    end
    xlabel('x')，ylabel('y(x)')
```

在指令窗中执行该程序，某时刻的波形如图 8.14 所示。

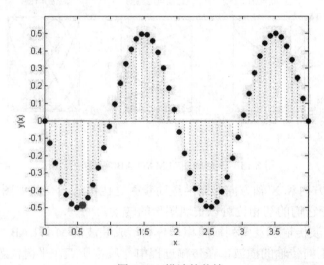

图 8.14　横波的传输

建模：描述两反向传播的同频机械波方程，x 轴负方向和正方向传播的波方程分别为：

$$y_1 = A\sin\left(2\pi\left(\frac{t}{T} + \frac{x}{\lambda}\right)\right) \qquad y_2 = A\sin\left(2\pi\left(\frac{t}{T} - \frac{x}{\lambda}\right)\right)$$

设两波源间距为 4，利用机械波叠加原理编写其合成波形。

编写文件名为 exm8_8_2.m 的脚本文件：

```
    %演示横波驻波的形成
clear，clf，
t=linspace(0，5，100)；              %时间
x=linspace(0，4，60)；               %位置
for i=1：100
    %演示由右向左传播的横波
    x1=x(x>=(4-t(i)))；
    y11=0.5*sin(pi*(t(i)+x1))；
    x2=x(x<(4-t(i)))；
    y12=zeros(1，length(x2))；
```

```
y1=[y12 y11];
%演示由左向右传播的横波
x3=x(x<=t(i));
y21=0.5*sin(pi*(t(i)-x3));
x4=x(x>t(i));
y22=zeros(1,length(x4));
y2=[y21 y22];
y3=y1+y2;                                    %叠加后的横波
y=[y1;y2;y3];                    %将 t(i)时刻的两列横波以及合成波放在数组 y 的各行
for j=1:3
    subplot(3,1,j),stem(x,y(j,:),'b:')        %绘制每行向量的杆图
    hold on
plot(x(8),y(j,8),'r.','MarkerSize',28)
hold off
    axis([0 4 -1 1])
    grid on
end
pause(0.01)
end
```

某时刻演示结果如图 8.15 所示。

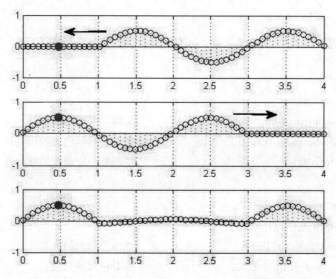

图 8.15　某时刻介质中驻波的形成过程(箭头为单列行波的传播方向)

8.1.4　光学的 MATLAB 实现

【例 8-9】　单色光和准单色光杨氏双缝干涉的 MATLAB 实现。

建模：杨氏双缝干涉实验是利用分波阵面法获得相干光束的典型例子，如图 8.16 所示。

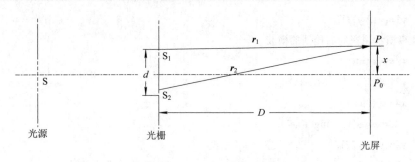

图 8.16　杨氏双缝干涉示意图

单色光通过两个狭缝 S_1、S_2 射向屏幕，相当于位置不同的两个同频率同相位光源向屏幕照射的叠加，由于到达屏幕各点的距离(光程)不同引起相位差，叠加的结果形成干涉现象。

相位差为：$\varphi = 2\pi \dfrac{r_2 - r_1}{\lambda}$。其中 $r_1 = \sqrt{D^2 + \left(x - \dfrac{d}{2}\right)^2}$，$r_1 = \sqrt{D^2 + \left(x + \dfrac{d}{2}\right)^2}$。

P 点的光强为：$I_P = 4I_0 \cos^2\left(\dfrac{\varphi}{2}\right)$。其中，$I_0$ 为中心 P_0 处的光强。

对于准单色光而言，其波长不是常数。设单色光的光谱宽度为中心波长的 10%，并且在该区域均匀分布，近似取 19 根谱线。计算光强时，取这些谱线光强叠加后的平均值即可。对单色光，以红光为编程对象；准单色光选择准红光。

编写文件名为 exm8_9.m 的脚本文件如下：

```
%单色光和准单色光的杨氏双缝干涉程序
clear all
lam=500e-9；                              %红光的中心波长
a=2e-3；D=1；
ym=5*lam*D/a；
xs=ym；
n=101；ys=linspace(-ym，ym，n)；           %设定观察范围
N1=19；dL=linspace(-0.1，0.1，N1)；        %设定准单色光的谱宽
lam1=lam*(1+dL')；                        %带有一定谱宽的准单色光波长
for i=1：n
    r1=sqrt((ys(i)-a/2).^2+D^2)；
    r2=sqrt((ys(i)+a/2).^2+D^2)；
     phi=2*pi*(r2-r1)/lam；               %单色光的相位差
    B(i，：)=4*cos(phi/2).^2；             %单色光的光强
    phi1=2*pi*(r2-r1)./lam1；             %准单色光的相位差
    B1(i，：)=sum(4*cos(phi1/2).^2)/N1；   %准单色光的光强
end
N=25；                                    %确定用的灰度等级
Br=(B/4.0)*N；Br1=(B1/4.0)*N；            %使最大光强 4.0 对应于最大灰度图(白色)
```

subplot(1，2，1)，image(xs，ys，Br)；　　　　　　　%画干涉条纹

colormap(gray(N))；

title('单色光')

subplot(1，2，2)

image(xs，ys，Br1)；

colormap(gray(N))；

title('准单色光的双缝衍射图样')

在指令窗中执行该文件，执行结果如图 8.17 所示。

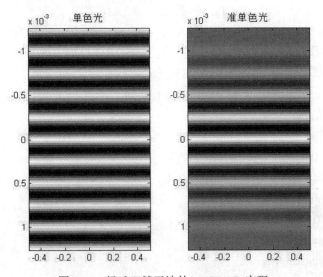

图 8.17　杨氏双缝干涉的 MATLAB 实现

由图可见，光的非单色性将使光的干涉现象减弱。对于较宽光谱的光通过杨氏双缝，将观察不到干涉现象。

【例 8-10】　白光夫琅禾费衍射的 MATLAB 实现。

建模：单缝夫琅禾费衍射实验示意图如图 8.18 所示，设透镜焦距 $f = 600$ mm。单缝 $\theta = \arctan\left(\dfrac{x}{f}\right)$，圆孔 $\theta = \arctan\left(\dfrac{r}{f}\right)$，$x$、$r$ 分别为衍射光屏上 P 点到中心 P_0 的距离。对于单色光，单缝和圆孔夫琅禾费衍射光强表达式分别为：

$$I(x) = I_0\left[\sin c\left(\frac{\pi a \sin\theta}{\lambda}\right)\right]^2;\ I(r) = I_0\left[\frac{J_1\left(\dfrac{2\pi R \sin\theta}{\lambda}\right)}{\dfrac{\pi R \sin\theta}{\lambda}}\right]^2$$

其中：I_0 为中心 P_0 处的光强；a 为单缝缝宽；R 为圆孔半径；λ 为单色光的波长；J_1 为一阶贝塞尔函数；$\sin c(\alpha) = \dfrac{\sin\alpha}{\alpha}$。

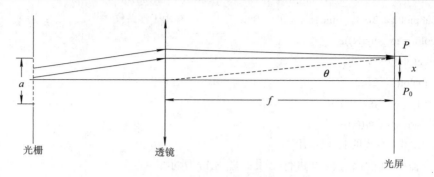

图 8.18　单缝夫琅禾费衍射示意图

根据颜色匹配理论，白光可以分解为红、绿、蓝三基色。白光的衍射可以看做是三基色的非相干叠加，用 MATLAB 把这三种颜色的衍射图样存储在 $m×n×3$ 的数组中，绘图时调用指令 imshow() 即可实现白光的衍射图显示。

单缝夫琅禾费衍射的脚本文件 exm8_10_1.m 如下：

```
%白光单缝衍射
clear
f=600；a=0.03；%缝宽取 0.03mm
wlr=700e-6；wlg=546.1e-6；wlb=435.8e-6；        %红、黄、绿光的中心波长
x=linspace(-50，50，400)；                        %设定观察范围
seta=atan(x/f)；
aphr=pi*a*sin(seta)/wlr；
aphg=pi*a*sin(seta)/wlg；
aphb=pi*a*sin(seta)/wlb；
Ir=(sinc(aphr/pi)).^2；
Ig=(sinc(aphg/pi)).^2；
Ib=(sinc(aphb/pi)).^2；
Iw=zeros(50，400，3)；
for i=1：50
    Iw(i,:,1)=Ir；Iw(i,:,2)=Ig；Iw(i,:,3)=Ib；
end
Iw=Iw*255；
imshow(Iw)
```

运行结果如图 8.19 所示。

图 8.19　白光单缝衍射的 MATLAB 实现

注意：MATLAB 中的函数文件 $\sin c(\alpha)=\dfrac{\sin(\pi\alpha)}{\pi\alpha}$，因此在编程时必须对公式做适当

调整。

白光圆孔夫琅禾费衍射的脚本文件 exm8_10_2.m 为：

```
%圆孔夫琅禾费衍射
clear
f=600；R=0.03；
wlr=700e-6；wlg=546.1e-6；wlb=435.8e-6；
x=linspace(-30，30，800)；
[X，Y]=meshgrid(x)；
seta=atan(sqrt(X.^2+Y.^2)/f)；
aphr=2*pi*R*sin(seta)/wlr；
aphg=2*pi*R*sin(seta)/wlg；
aphb=2*pi*R*sin(seta)/wlb；
Ir=(2*besselj(1，aphr)./aphr).^2；
Ig=(2*besselj(1，aphg)./aphg).^2；
Ib=(2*besselj(1，aphb)./aphb).^2；
Iw=zeros(800，800，3)；
Iw(:,:,1)=Ir；　Iw(:,:,2)=Ig；　Iw(:,:,3)=Ib；
I0=255；
Iw=Iw*I0；
imshow(Iw)
```

运行的结果如图 8.20 所示。

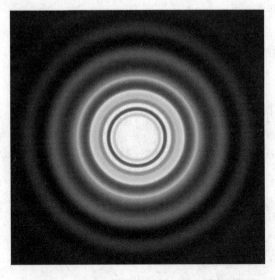

图 8.20　白光圆孔衍射的 MATLAB 实现

图 8.19 和图 8.20 表明，衍射场的中央为三基色第一极大非相干叠加，为白色。由内到外依次为黄、紫红、青等，与实验结果相吻合。

8.2　MATLAB 在数字信号处理中的应用

"数字信号处理"课程是电子信息类专业的一门重要课程。该课程涉及范围广泛，包括微积分、概率统计、信号与系统、控制论等。学生在学习该课程中通常感觉概念抽象，对其中的基本理论和分析方法难以理解。随着 MATLAB 的出现和完善，尤其是 MATLAB 信号处理工具箱(Singnal Processing Toolbox)的推出，使得 MATLAB 用以解决数字信号处理问题变得既省时又省力。由于具有计算快速准确和使用方便的特点，目前，MATLAB 已经成为数字信号处理应用中分析和设计的主要工具。

8.2.1　信号的运算

1．序列的移位与周期延拓

序列的移位即 $y(n) = x(n-m)$，周期延拓为 $y(n) = x((n))_N$，其中 N 表示延拓周期。序列周期延拓的 MATLAB 实现语句为

$$y = x(\text{mod}(n, N) + 1)$$

产生序列 $x(n)$ 的周期延拓，延拓周期为 N。

【例 8-11】　序列移位与周期延拓的 MATLAB 实现。

编写文件名为 exm8_11 的脚本文件：

```
%序列移位和周期延拓
clear，clc
M=24；N=6；m=4；
n=0：M-1；
x2=[(n>=0)&(n<M)];
x1=0.7.^n;                      %生成指数序列
x=x1.*x2;                       %生成待移位序列 x(n)
xm=zeros(1，M);
for k=m+1：m+N
    xm(k)=x(k-m);              %产生移位序列 x(n-4)
end
xc=x(mod(n，N)+1);             %产生 x(n)的 6 点周期延拓
xcm=x(mod(n-m，N)+1);          %产生 x(n-3)的 6 点周期延拓
subplot(4，1，1)，stem(n，x，'.')；ylabel('x(n)')；
subplot(4，1，2)，stem(n，xm，'.')；ylabel('x(n-4)')；
subplot(4，1，3)，stem(n，xc，'.')；ylabel('x((n))_6')；
subplot(4，1，4)，stem(n，xcm，'.')；ylabel('x((n-4))_6')；
```

在指令窗中执行 exm8_11，结果如图 8.21 所示。

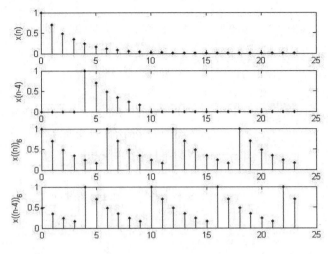

图 8.21　序列移位与周期延拓

2. 序列的翻褶、累加与卷积

序列翻褶的 MATLAB 实现函数为 y=fliplr(x)，将行向量 x(n)中的元素左右翻转。

序列累加的 MATLAB 实现函数为 y=cumsum(x)，将行向量 x(n)中的元素逐个相加。

序列卷积的 MATLAB 实现函数为 y=conv(x1，x2)，即计算

$$y = x_1(n) * x_2(n) = \sum_m x_1(m)x_2(n-m)$$

8.2.2　离散傅里叶变换(DFT)及快速傅里叶变换(FFT)

长度为 N 的有限长序列傅里叶变换(DFT)和反傅里叶变换(IDFT)分别定义为：

$$\text{DFT}: X(k) = \text{DFT}[x(n)] = \sum_{n=0}^{N-1} x(n)W_N^{nk} R_N(k)$$

$$\text{IDFT}: x(n) = \text{IDFT}[X(k)] = \frac{1}{N}\sum_{k=0}^{N-1} X(k)W_N^{-nk} R_N(n)$$

其中：n，k=0，1，2，…，N–1。根据定义计算离散傅里叶变换的方法，编程简单，但占用大量的内存，运算速度较慢。MATLAB 信号处理工具箱提供了实现快速傅里叶正变换(FFT)的函数 fft()和反变换函数 ifft()，其调用格式为：

　　　　XK=fft(xn，N)；xn=ifft(XK，N)

分别计算 xn 的傅里叶变换、XK 的反傅里叶变换，其中 xn、XK 分别对应时域序列和频率序列。

FFT 是时域和频域变换的基本运算。通过计算信号序列的 FFT 可以直接分析它的数字频谱。对于数字滤波器的输出响应需要进行卷积运算，它可以通过先进行 FFT 运算，然后将信号频谱与系统频响相乘再进行 IFFT 变换即可。

注意：为了有效调用该函数，必须保证序列长度 N 为 2 的幂。

【例 8-12】　验证时域卷积定理：序列时域的卷积等于其频域乘积的反傅里叶变换。

编写文件名为 exm8_12 的脚本文件：

```
clear
a=ones(1，13)；a([1，2，3])=0；          %产生序列 a，注意起始时刻为 0
b=ones(1，10)；b([1，2])=0；
c=conv(a，b)；                           %计算两序列的卷积
M=32；
af=fft(a，M)；bf=fft(b，M)；            %分别计算序列的 32 点傅里叶变换
cf=af.*bf；                             %计算两序列傅里叶变换的乘积
cc=ifft(cf)；                           %计算反傅里叶变换
nn=0：M-1；
c(M)=0；                                %将 c 补零，使之与变量 cc 等长
stem(nn，c)，
hold on
stem(nn，abs(cc)，'r.')
legend('时域卷积'，'频域乘积的反变换')
xlabel('nn')，ylabel('c 和 cc')，axis([0，31，0，9])，grid，
hold off
```

在指令窗中执行 exm8_12，结果如图 8.22 所示。

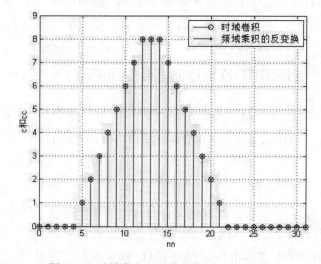

图 8.22　时域卷积定理验证的 MATLAB 图示

【例 8-13】　对矩形序列 $x(n) = R_4(n)$ 进行频谱分析，并绘制出其幅频特性曲线。
编写文件名为 exm8_13 的脚本文件：

```
 x=[1 1 1 1 0 0 0 0]；
n=0：15；
ii=0：7；
subplot(311)，stem(ii，x，'.')
axis([0 7 0 1])，xlabel('n')，ylabel('x(n)')
title('矩形序列')
```

```
Xk1=fft(x，8)；
subplot(312)，stem(ii，abs(Xk1)，'.')
xlabel('k')，ylabel('X(k)')
title('8 点傅里叶变换的频谱图')
Xk2=fft(x，64)；
ii=0：63；
subplot(313)，stem(ii，abs(Xk2)，'.')
axis([0 63 0 4])，xlabel('k')，ylabel('X(k)')
title('64 点傅里叶变换的频谱图')
```

在指令窗中执行 exm8_13，结果如图 8.23 所示。

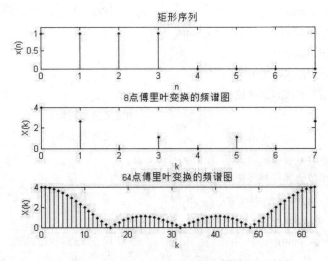

图 8.23　序列 $R_4(n)$ 的频谱分析结果图

【例 8-14】　　离散傅里叶变换(DFT)对非周期连续时间信号逼近的 MATLAB 实现。
编写文件名为 exm8_14 的脚本文件：

```
%频谱分析求解，以信号 x(t)=exp(-t)为例
clear，clc
%连续非周期信号傅里叶变换(CTFT)的 MATLAB 程序
L=4;                               %定义信号波形显示时间长度
fs=4；T=1/fs;                       %定义采样频率和采样周期
t_num=linspace(0，L，100);
xt_num=exp(-t_num);                %计算信号在各时点的数值
subplot(3，2，1)，plot(t_num，xt_num)
xlabel('t(s)')，ylabel('x(t)')
grid，title('(a)信号时域波形')
%计算连续信号幅度谱的理论值
syms t W                           %定义时间和角频率符号对象
xt=exp(-t)*heaviside(t);           %连续信号的解析式
```

```
XW=fourier(xt，t，W);                        %计算信号的傅里叶变换
%在 0 两边取若干归一化频点
w1=linspace(-0.5，1.5，200);
XW_num=subs(XW，W，w1*2*pi*fs);              %利用置换函数求各频点频谱值
mag1=abs(XW_num);
subplot(3，2，2)，plot(w1，mag1)
xlabel('频率(2*pi*fs)rad/s')，ylabel('幅度')
grid，title('(b)连续信号幅频理论值')，
%离散信号傅里叶变换(DTFT)的 MATLAB 程序
N=L*fs+1; n_num=0：N-1;
xn_num=exp(-n_num*T);                        %对连续信号进行 N 点采样
subplot(3，2，3)，stem(n_num，xn_num，'b.')
xlabel('n')，ylabel('x(n)')
grid，title('(c)理想采样图形')
%计算离散信号幅度谱的理论值
syms n z w                                   %定义符号对象
xn=exp(-n*T);                                %定义离散信号
Xz=ztrans(xn，n，z);
%利用复合函数计算序列傅里叶变换的解析解
Z=exp(j*w); Hejw=compose(Xz，Z，z，w);
Hejw_num=subs(Hejw，w，w1*2*pi);
mag2=abs(Hejw_num);                          %计算各频点频谱的幅度
subplot(3，2，4)，plot(w1，mag2*T);
xlabel('频率(2*pi)rad')，ylabel('幅度')
grid，title('(d)离散信号幅频理论值')，
%序列加窗及绘制频谱幅值的 MATLAB 程序
M=8; win=(window(@rectwin，M))';             %定义窗点和窗型，本例选择矩形窗
xwn=xn_num.*[win，zeros(1，N-M)];            %给离散信号加窗
subplot(3，2，5)，stem(n_num，xwn，'b.')
xlabel('n')，ylabel('xw(n)')
grid，title('(e)加窗序列图形')
%利用符号运算和数值运算计算加窗序列的频谱幅值
%先去加窗序列的 Z 变换，注意表达式长度限制问题
Xwz=0;
for n=0：(M-1)
    Xwz=Xwz+xwn(n+1)*z^(-n);
end
%利用复合函数计算加窗序列傅里叶变换的解析解
Zw=exp(j*w); HejwM=compose(Xwz，Zw，z，w);
```

```
HejwM_num=subs(HejwM, w, w1*2*pi);          %求频谱数值解
mag3=abs(HejwM_num);                        %计算各频点频谱的幅度
subplot(3, 2, 6), plot(w1, mag3*T);         %绘制频谱幅度曲线
xlabel('频率(2*pi)rad'), ylabel('幅度')
grid, title('(f)离散信号幅频理论值'),
%序列傅里叶变换(DFT)计算离散谱幅值的 MATLAB 程序
Ndft=16; Xk=fft(xwn, Ndft);                 %定义 DFT 点数，并调用基 2 的快速傅里叶变换函数
Xk0=fftshift(Xk)*T;                         %将 DFT 值 0 对称和幅值加权处理
if mod(Ndft, 2)==0
    N1=Ndft;
else
    N1=Ndft-1;
end
k=[0：(Ndft-1)]-N1/2;
wk=k/Ndft;                                  %0 对称取值并归一化
hold on
stem(wk, abs(Xk0), 'r.')                    %绘制 DFT 图形
legend('幅频', 'DFT', 0)                     %添加图例
xlabel('归一化频率'), ylabel('幅度')
grid, title('(f)加窗序列幅谱及其 DFT 幅值'),
plot(w1, mag1, 'k：')                        %与连续信号幅频的理论值比较
```

在指令窗中执行 exm8_14，结果如图 8.24 所示。

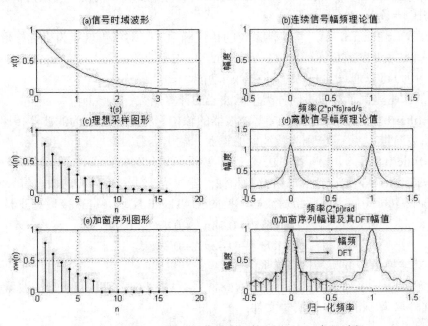

图 8.24　DFT 对连续时间信号逼近的 MATLAB 实现过程

图 8.24(e)是理想采样序列加矩形窗得到的序列，对应的幅度谱线如图 8.24(f)中实线所示。该谱线与图 8.24(d)相比有明显的波动现象，这是加窗截断的结果。窗口长度越短，截断效应会越明显。对加窗序列进行 DFT 运算，只要 DFT 点数大于等于窗口长度，算出的 DFT 值就是对加窗序列的连续频谱在一个周期内进行的等间隔采样的采样值。在图 8.24(f)中表现为 DFT 幅值在加窗序列连续幅谱的谱线上，是连续频谱曲线上的有限个数据点，及所谓的栅栏效应。图 8.24(f)中用虚线给出了连续信号的幅谱理论值，与 DFT 的幅值对比，存在一定的误差，但只要采样频率足够高，窗口长度足够长，FFT 点数足够多，得到的 DFT 值就越逼近实际频谱。

8.2.3　数字滤波器的结构

数字滤波器的功能就是把输入序列通过一定的运算变换成输出序列。若将这种运算运用 MATLAB 语言编成程序，即可实现软件滤波。同一种滤波器可以有不同的运算结构，不同的运算结构所需要的存储单元及乘法次数也不一样。前者影响复杂性，后者影响运算速度。MATLAB 提供了一系列转换函数以实现线性系统类型和滤波器结构之间的转换。

(1) [z，p，k]=tf2zpk(b，a)：将离散系统的传递函数"二对组"转换为零极点增益"三

对组"。其中 b，a 分别为传递函数 $H(z) = \dfrac{b_1 + b_2 z^{-1} + b_3 z^{-2} + ... + b_{n-1} z^{-n} + b_n z^{-n-1}}{a_1 + a_2 z^{-1} + a_3 z^{-2} + ... + a_{m-1} z^{-m} + a_m z^{-m-1}}$ 的分子系

数向量和分母系数向量。z，p，k 分别表示 $H(z) = \dfrac{Z(z)}{P(z)} = k \dfrac{(z - z_1)(z - z_2)...(z - z_m)}{(z - p_1)(z - p_2)...(z - p_n)}$ 中的零

点向量、极点向量和增益。

(2) [A，B，C，D]=tf2ss(b，a)：将线性系统的传递函数"二对组"转换为状态方程"四对组"，其中 $\dot{x} = Ax + Bu$，$y = Cx + Du$。

(3) [k，v]=tf2latc(b，a)：将线性系统的传递函数"二对组"转换为格点梯形结构，其中 k，v 分别为格点参数和梯形参数。另外 MATLAB 还提供了 zp2tf()，zp2ss()，sos2ss()等转换函数，用户可以通过 help 来了解它们的功能。

MATLAB 还提供了对应不同种类型滤波器的计算函数：

(1) y=filter(b，a，X)：计算直接型滤波器的输出。其中，b，a 为滤波器传递函数的分子、分母系数向量；X、y 分别为滤波器的输入、输出信号。

(2) z=filtic(b，a，y，x)：把过去的 x、y 数据初始化为初始条件。

(3) y=sosfilt(sos，x)：计算二阶分割型滤波器对应于输入信号 x 的输出信号 y。

【例 8-15】　不同类型数字滤波器转换的 MATLAB 实现。有直接型滤波器：

$$H(z) = \frac{1 - 0.6z^{-1} - 0.78z^{-2} + 0.4z^{-3} + 0.99z^{-4}}{1 + 1.7z^{-1} - 0.42z^{-2} + 0.34z^{-3} - 1.2z^{-4}}$$

(1) 将其转换为级联型和格型梯形结构。

(2) 设输入信号序列为 X={2，0.5，3，8，1，1.2，4.6}，计算直接型滤波器的输出。

编写文件名为 exm8_15 的脚本文件：

```
clear，clc
```

```
a=[1 1.7 -0.42 0.34 -1.2];
b=[1 -0.6 -0.78 0.4 0.99];
disp('级联型系数')
[sos，g]=tf2sos(b，a)              %计算级联型结构系数
disp('格型系数')
[K，C]=tf2latc(b，a)              %计算格型梯形结构系数
disp('零极点型')
[Z，P，K]=tf2zp(b，a)              %计算零极点型结构系数
X=[2 .5 3 8 1 1.2 4.6];
disp('直接型滤波器的输出')
y=filter(b，a，X)                  %计算直接型滤波器输出
```

在指令窗中运行 exm8_15.m，结果如下：

级联型系数

sos =

1.0000	−2.0168	1.3367	1.0000	1.3221	−1.6479
1.0000	1.4168	0.7407	1.0000	0.3779	0.7282

g =

　　1

格型系数

K =

　　−0.1261

　　0.8427

　　−5.4091

　　−1.2000

C =

　　0.7660

　　0.2443

　　−6.5109

　　−1.2830

　　0.9900

零极点型

Z =

　　1.0084 + 0.5655i

　　1.0084 − 0.5655i

　　−0.7084 + 0.4887i

　　−0.7084 - 0.4887i

P =

　　−2.1049

　　−0.1890 + 0.8322i

$$-0.1890 - 0.8322i$$

$$0.7829$$

$$K =$$

$$1$$

直接型滤波器的输出：

$$y =$$

$$2.0000 \quad -4.1000 \quad 8.9500 \quad -11.0070 \quad 22.3049 \quad -54.4493 \quad 125.6842$$

由计算结果可知，级联型结构的传递函数表达式为：

$$H(z) = \frac{(1 - 2.0168z^{-1} + 1.3367z^{-2})(1 + 1.3221z^{-1} - 1.6479z^{-2})}{(1 + 2.4168z^{-1} + 0.7407z^{-2})(1 + 0.3779z^{-1} + 0.7282z^{-2})}$$

零极点型结构的传递函数表达式为：

$$H(z) = \frac{(z - 1.0084 - 0.5655i)(z - 1.0084 + 0.5655i)(z + 0.7084 - 0.4887i)(z + 0.7084 + 0.4887i)}{(z + 2.1049)(z - 0.7829)(z + 0.1890 - 0.8332i)(z + 0.1890 + 0.8332i)}$$

8.2.4 IIR 数字滤波器的设计

在 MATLAB 中，设计 IIR 滤波器的方法有两种：一是先将给定的数字滤波器性能指标，按某一变换规则转换成相应的模拟滤波器性能指标，设计出模拟滤波器，然后通过冲击响应不变法或双线性变换法转换成数字滤波器；另一种是直接调用相关函数文件设计出相应性能的数字滤波器。

常见的 IIR 滤波器有巴特沃斯(Butterworth)滤波器、切贝雪夫(Chebyshev)I 型滤波器和切贝雪夫(Chebyshev) Ⅱ 型滤波器等。用 MATLAB 函数设计数字巴特沃斯滤波器的指令有：

[B，A]=butter(N，wc，'ftype'，'s')：计算 N 阶巴特沃斯模拟滤波器系统函数的分子和分母多项式系数向量 B 和 A，参数 ftype 用来指定设计滤波器的类型，分别为 high(高通)、low(低通)和 stop(带阻)，缺省时为设计低通滤波器。

[N，wc]=buttord(wp，ws，Rp，Rs，'s')：求模拟滤波器的最小阶数 N 和 3 dB 截止频率。其中 wp，ws 分别为滤波器的通带边界和阻带边界相对于奈奎斯特(Nyquist)频率的归一化频率；Rp，Rs 为通带最大衰减和阻带最小衰减(dB)。

H=freqs(B，A，w)：计算模拟滤波器在频率向量 w 各点上的频率响应，存放于向量 H 中。

[Bz，Az]=impinvar(B，A，Fs)：运用冲击响应不变法将模拟滤波器的系统函数 $H_a(s)$ 转换为数字滤波器的系统函数 $H(z)$，其中 B、A、B_x、A_x 分别为模拟滤波器和数字滤波器的分子和分母多项式的系数向量；Fs 为抽样频率。

[Bz，Az]=bilinear(B，A，Fs)：运用双线性变换法将模拟滤波器的系统函数 $H_a(s)$ 转换为数字滤波器的系统函数 $H(z)$。各符号与函数 impinvar()中含义相同。

H=freqz(B，A，w)：计算数字滤波器在频率向量 w 各点上的频率响应，存放于向量 H 中。

【说明】 以上指令在调用时，如果去掉输入变量's'，则计算相关数字滤波器的参量值。

【例 8-16】 冲击响应不变法和双线性变换法的 MATLAB 实现实例：设采样频率为 5 kHz，分别用脉冲响应不变法和双线性变换法设计一个 3 阶巴特沃斯低通滤波器，其 3 dB

边界频率为 1000 Hz。

编写文件名为 exm8_16 的脚本文件：

```
clear，clc
[B，A]=butter(3，2*pi*1000，'s');          %计算模拟滤波器的系统函数
[Bz1，Az1]=impinvar(B，A，5000);           %采用冲击响应不变法
[h1，w]=freqz(Bz1，Az1);                   %数字滤波器的频响
[Bz2，Az2]=bilinear(B，A，4000);           %采用双线性变换法
[h2，w]=freqz(Bz2，Az2);
f=w/pi*2000；
plot(f，abs(h1)，'-.'，f，abs(h2)，'-'); grid
xlabel('频率/Hz')，ylabel('幅值/dB')
legend('冲击响应不变法'，'双线性变换法'，1)
```

在指令窗中运行 exm8_16.m，结果如图 8.25 所示。

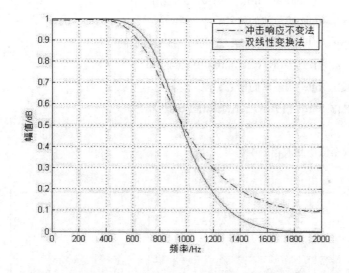

图 8.25　冲激响应不变法和双线性变换法得到的滤波器频响特性

【例 8-17】　设计一个巴特沃斯低通滤波器，性能指标如下：通带截止频率为 6 kHz，通带最大衰减 R_p = 3 dB；阻带截止频率为 12 kHz，阻带最小衰减 R_s = 25 dB。若输入信号为混频信号，低频信号 f = 5 kHz，高频信号 f = 20 kHz，抽样间隔 T = 0.025 μs，则所设计的滤波器能够滤掉高频信号。

编写文件名为 exm8_17 的脚本文件：

```
clear，clc
Fl=5000；Fh=20000;                        %输入混频信号的频率
Fs=2*Fh;                                  %确定 Nquest 频率
%设计巴特沃斯低通数字滤波器
Wp=6000/(Fs/2)；Ws=12000/(Fs/2);          %计算归一化截止频率
[N，Wn]=buttord(Wp，Ws，3，25);            %确定最低阶数字巴特沃斯滤波器阶数
```

```
[b，a]=butter(N，Wn)；                    %计算巴特沃斯滤波器的系统函数
[H，w]=freqz(b，a，Fh，Fs)；              %计算频响特性
Hr=abs(H)；Hphase=unwrap(angle(H))；     %求频响，解卷绕
figure(1)
subplot(1，2，1)，plot(w，Hr)，grid on
sprintf('%d 阶巴特沃斯低通数字滤波器频响特性'，N)
ylabel('幅频响应')，xlabel('归一化频率')
subplot(1，2，2)，plot(w，Hphase)，grid on
ylabel('相频响应')，xlabel('归一化频率')
figure(2)
n=0：69；                                %设定抽样点
In=cos(2*pi*Fl*n/Fs)+cos(2*pi*Fh*n/Fs)；  %输入信号
subplot(1，2，1)；plot(n，In)，axis([0，69，-2，2])
ylabel('幅度')，title('滤波前的信号')
Out=filter(b，a，In)；                    %滤波后的信号
subplot(1，2，2)，plot(n，Out)，axis([0 69 -2 2])
ylabel('幅度')，title('滤波后的信号')
```

在指令窗中运行 exm8_17.m，结果如图 8.26 所示。

```
ans =
```

3 阶巴特沃斯低通滤波器频响特性

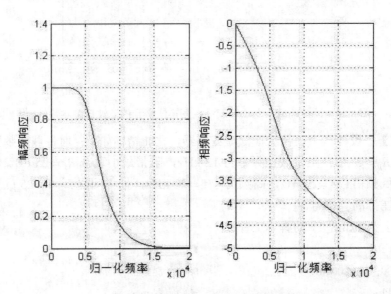

(a) 巴特沃斯低通数字滤波器的频响特性

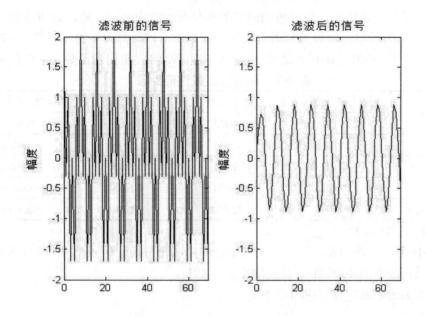

(b) 巴特沃斯低通数字滤波器的滤波过程

图 8.26　巴特沃斯低通数字滤波器设计及其应用

8.2.5　FIR 数字滤波器的设计

MATLAB 中，常用的设计 FIR 滤波器的方法有窗函数法、最优化设计法、切比雪夫逼近法和约束最小二乘法等。具体调用指令及其参数设置见表 8-2。

表 8-2　FIR 滤波器设计指令及其参数设置一览表

设计方法	指令及调用格式	参 数 设 置
窗函数法	b=fir1(n, Wn, 'ftype', Window)	n 为阶数；Wn 为相对 Nquest 频率的归一化截止频率；ftype 为设置滤波器类型，默认为低通；Window 表示缺省时为加汉明窗
	b=fir2(n, f, m, Window)	n 为阶数；f、m 为期望幅频响应的频率向量和幅值向量；加窗的阶数为 n+1 阶；缺省时为加汉明窗
最优化设计法	b=firls(n, f, a) b=firlpm(n, f, a)	两者仅算法不同。f 为频率点向量；n 为指定频率点幅度响应；w 为权系数
	[n, fo, ao, w]=firpmord(f, a, dev)	fo 为归一化边界频率；ao 为频带内幅值；w 为权向量
约束最小二乘法	b=fircls(n, f, a, up, lo)	up、lo 为每个频带上边界和下边界频率；f、a 为期望幅频特性的频率向量和幅值向量
	b=fircls1(n, wo, dp, ds)	wo 为截止频率；dp 为通带离幅值 1 的最大偏差；ds 为阻带离幅值 0 的最大偏差

　　窗函数法是从时域出发，将理想滤波器的单位脉冲响应截取一段，即所谓的"加权"，或者"加窗"。一般希望窗函数的频谱主瓣尽可能地窄，以获得较陡的过渡带，同时能量又要尽量集中在主瓣，以减小峰肩和波纹，进而增加阻带衰减。常用窗函数及其性能见表 8-3。

表 8-3　常用窗函数性能比较

窗类型	最小阻带衰减	主瓣宽度	精确过渡带宽	MATLAB 加窗指令
矩形窗	21 dB	$4\pi/M$	$1.8\pi/M$	boxcar()
三角窗	25 dB	$8\pi/M$	$6.1\pi/M$	bartlett()
汉宁窗	44 dB	$8\pi/M$	$6.2\pi/M$	hanning()
哈明窗	53 dB	$8\pi/M$	$6.6\pi/M$	hanmming()
布莱克曼窗	74 dB	$12\pi/M$	$11\pi/M$	blackman()

注：M 为滤波器的阶数。

　　【例 8-18】　用矩形窗、三角窗、汉宁窗和哈明窗分别设计一个 40 阶低通数字滤波器。信号的采样频率为 1000 Hz，截止频率为 100Hz。

　　编写文件名为 exm8_18 的脚本文件：

```
clear
n=1：41；
hd=sin(0.2*pi*(n-21))./(pi*(n-21))；
hd(21)=0.2；
w=[boxcar(41)，triang(41)，hanning(41)，hamming(41)]；
for k=1：4
h=hd.*rot90(w(：，k))；
[mag，rad]=freqz(h)；
subplot(2，2，k)
plot(rad，20*log10(abs(mag)))
switch k
    case 1
        title('矩形窗')
        case 2
        title('三角窗')
        case 3
        title('汉宁窗')
    otherwise
        title('哈明窗')
end
grid on
end
```

　　在指令窗中运行 exm8_18.m，结果如图 8.27 所示。

　　利用窗函数法设计线性相位 FIR 滤波器时，可以直接调用函数 fir1()和 fir2()，其调用格式见表 8-2。

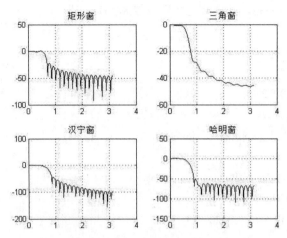

图 8.27　不同窗函数设计低通数字滤波器幅频特性比较

【例 8-19】　利用窗函数法设计一个具有指定幅谱响应的多频带 FIR 滤波器，并与理想滤波器的幅频特性结果进行比较。

编写文件名为 exm8_19 的脚本文件：

```
clear
f=[0 0.2 0.2 0.4 0.4 0.6 0.6 1];          %归一化频率数组必须递增
m=[1 1 0 0 1 1 0 0];                       %相应通带频率处为 1，阻带频率处为 0
b=fir2(40，f，m，hanning(41));             %加汉宁窗
[H，W]=freqz(b，1，256);                   %计算设计的数字滤波器频响
plot(f，m，'-.'，W/pi，abs(H))
xlabel('归一化频率')，ylabel('幅值')
legend('期望的幅频响应'，'实际的幅频响应')
```

在指令窗中运行 exm8_19.m，结果如图 8.28 所示。

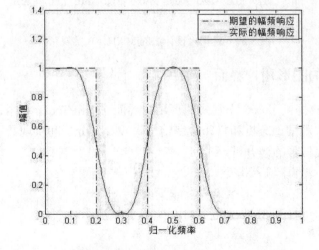

图 8.28　函数 fir2() 设计的多带滤波器幅频特性

【**例 8-20**】 采用最优化设计法设计一个最小阶次的低通 FIR 数字滤波器，其性能指标如下：通带为 0～1500 Hz，阻带截止频率为 2000 Hz，通带波动为 1%，阻带波动为 10%，采样频率为 9000 Hz。

编写文件名为 exm8_20 的脚本文件：

```
clear
fs=9000；f=[1500 2000]；
a=[1 0]；dev=[.01 .1]；
[n，fo，ao，w]=firpmord(f，a，dev，fs)；
b=firpm(n，fo，ao，w)；
[H，W]=freqz(b，1，1024，fs)；
plot(W，20*log10(abs(H)))
xlabel('频率/Hz')，ylabel('幅值/dB')
grid
```

在指令窗中运行 exm8_20.m，结果如图 8.29 所示。

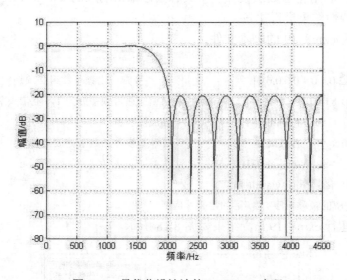

图 8.29 最优化设计法的 MATLAB 实现

8.2.6 信号处理的图形用户界面

MATLAB 为用户提供了一个交互式图形用户界面——SPTool。利用该界面用户只需操控鼠标即可以载入、观察、分析和打印数字信号，设计、分析和实现数字滤波器。用户还可以通过该界面进行信号的谱分析。

在 MATLAB 指令窗中输入指令

```
>> sptool
```

按回车键后，即可打开 SPTool 主窗口，如图 8.30 所示。

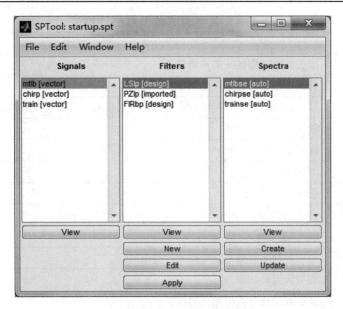

图 8.30　SPTool 主窗口

用户也可以从 MATLAB 的 APPS 页面中选择 Signal Analysis 打开该主界面。

SPTool 主窗口有三个列表：信号浏览框(Signals)、滤波器观察和设置框(Filters)、谱观察框(Specra)。

1. 信号浏览框

该框内列出已加载到 SPTool 中的信号。选中任意一个信号，并点击下面对应按钮"View"，即可打开信号浏览器显示该信号，如图 8.31 所示。

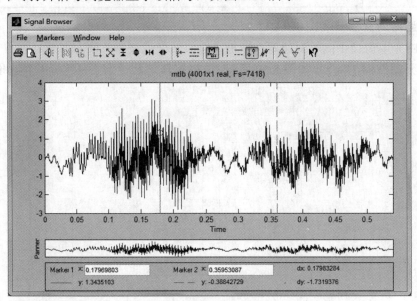

图 8.31　信号"mtlb"的浏览器显示波形

信号浏览器窗口的工具栏主要按钮控件的图例以及功能见表 8-4 所示。

表 8-4　信号浏览器工具栏功能表

图　例	功　　能
◁	播放红线选中区间的声音信号
ℝ	为选中的信号设定一个列索引向量
9↑ℎ	显示目前运行信号是实数信号还是复数信号
⌐⁺	放大选中区域
⤡	恢复显示整条曲线
⤓	沿 Y 方向缩小
⬧	沿 Y 方向放大
▶◀	沿 X 方向缩小
◀▶	沿 X 方向放大
↗←	显示目前运行信号图形点的轨迹形式
⚏	线型设置
M	开启或禁止对数据图线的标识
∣∣	垂直标尺
⚊	水平标尺
φ	用点的轨迹进行垂直标尺
≢	用点的轨迹和斜率进行垂直标尺
A	显示 波峰
V	显示波谷
▶?	帮助

2．滤波器浏览框

在 SPTool 主窗口中间为滤波器浏览框，选择一个滤波器，单击下面对应的"View"按钮，即可打开滤波器浏览器，如图 8.32 所示。该浏览器工具栏上主要图标及其功能见表 8-5。

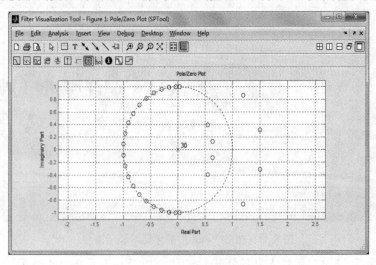

图 8.32　滤波器 LSlp 浏览器窗口的零极点显示

表 8-5　滤波器浏览器窗口的工具栏主要按钮控件的图例以及功能

图例	功　　能
	幅谱响应曲线
	相频响应曲线
	幅谱响应和相频响应双纵坐标曲线
	群延迟响应曲线
	相位延迟响应曲线
	冲击响应序列
	单位阶跃响应序列
	零极点图
	滤波器参数
	查看滤波器信息
	幅谱响应估测
	噪声功率谱

　　通过滤波器浏览器窗口，用户可以进一步放大图形，查看滤波器的信号细节，修改参数等操作。

3．频谱浏览器

　　用户选中 Spectra 列表中的一个示例信号，单击下面对应的"View"按钮，即可打开该信号的频谱浏览器，如图 8.33 所示。

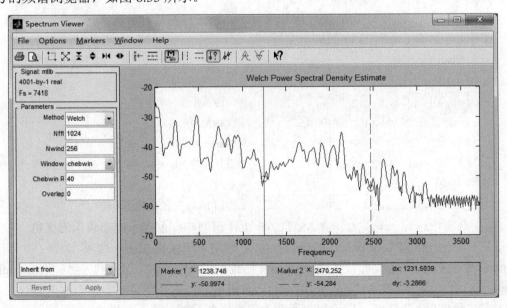

图 8.33　信号 mtlbse 的频谱浏览器窗口

　　用户可以通过该窗口的 Method 下拉菜单选择计算信号功率谱的不同算法。对于 Welch 算法，对应的 Window 下拉菜单里提供了多种加窗方法供用户选择。

　　用户如果想自己加载信号，可以通过 SPTool 主窗口中的 File 菜单，选择 Import 选项，即可打开如图 8.34 所示的载入数据窗口。

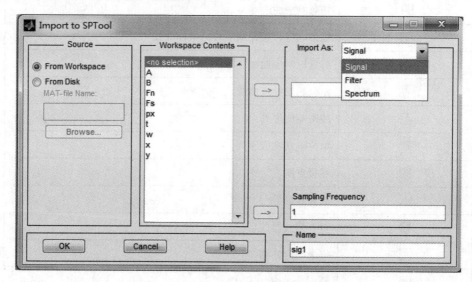

图 8.34　载入数据的 Import to SPTool 窗口

　　该窗口分三个区域，左侧的信源区(Source)供用户选择不同的信源渠道：选择来自工作空间(From Workspace)，则工作空间变量列表显示在中间 Workspace Contents 中，如图 8.34 所示；选择来自磁盘的数据文件，则文件内容显示在中间的 File Contents 中。右侧的 Import As 下拉菜单中有三个选项(如图 8.34 所示)，分别对应 SPTool 主窗口中的 3 个列表。用户通过该选项可以将选中的变量加入所选择的列表中。

　　【例 8-21】　利用 SPTool 进行信号载入、滤波及功率谱分析实例。

　　编写文件名为 exm8_21.m 的脚本文件：

```
    clear
    Fs=1000;                       %采样频率
    t=0：1/Fs：0.5；                %信号长度
    x=sin(2*pi*20*t)+cos(2*pi*400*t);   %混频信号
    Fn=Fs/2;                       %Nquest 频率
    [B，A]=butter(4，280/Fn);       %设计 4 阶 ButterWorth 滤波器，截止频率为 280Hz
    y=filter(B，A，x);              %滤波
    [px，w]=pburg(x，18，1024，Fs);  %利用 Burg 算法计算功率谱
```

　　在指令窗中运行 exm8_21，在 MATLAB 工作空间中即创建了需要载入的变量。

　　打开 Import to SPTool 窗口，在 Import As 下拉菜单中选择 Signal 选项，选择 Workspace Contents 中的 x，点击 → 标识按钮，将变量 x 加载到 data 中。将 Fs 加载到采用频谱(Sampling Frequency)中。信号名改为"sigx"，单击 OK 按钮后，在信号浏览框中即添加了 sigx 信号。单击对应的"View"按钮，即可观察所载入的数据信号的波形，如图 8.35 所示。

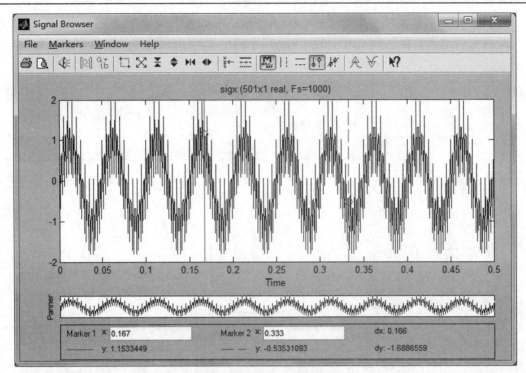

图 8.35　数据信号 sigx 的波形

　　在 Import As 下拉菜单中选择 Filter 选项,在 Form 的下拉菜单中选择 Transfer Function,分别将变量 B、A 载入到分子(numerator)和分母(denominator)框中,命名为 burgfilt,单击 OK 按钮,在 Filter 框中即添加了该滤波器。点击对应的"View",即可观察所载入的滤波器特性曲线,如图 8.36 所示。

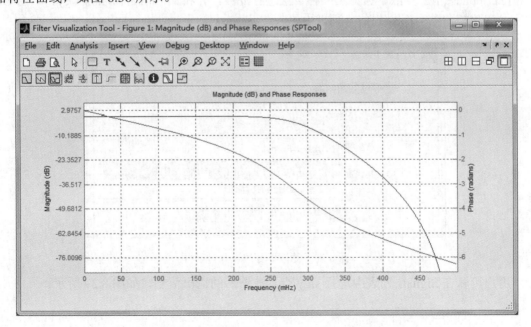

图 8.36　数字滤波器 burgfilt 的幅频特性曲线及相频特性曲线

将 px、w 分别载入功率谱选项的 PSD 和 Freq.Vector 框中，命名为 xspect，点击 OK 按钮，即载入功率谱数据，点击对应的"View"按钮，即可观察信号 x 的功率谱，如图 8.37 所示。

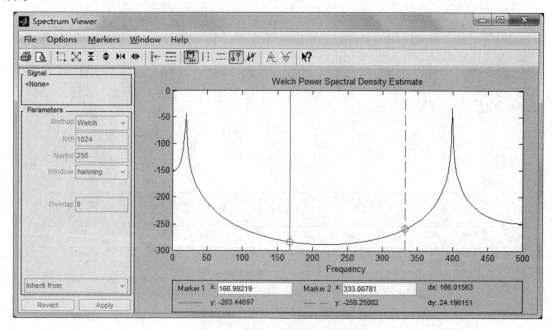

图 8.37　信号 sigx 的功率谱曲线

选中 Filter 框中的 burgfilt 滤波器，点击对应的 Apply 按钮，即出现如图 8.38 所示的对话框，运算法则(Algorithrr)下拉菜单中提供了两种算法：直接 II 型(Direct-Form II)算法和零相位(Zero phase)IIR 算法。选择第一种算法进行滤波，并将输出信号命名为 sigy，单击 OK 按钮，即将输出信号添加到信号列表中。

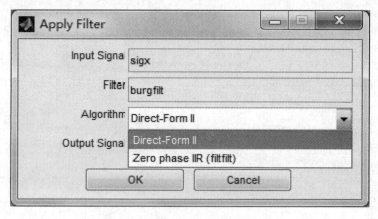

图 8.38　滤波器算法设置对话框

用户可以在 Signals 列表中选择 sigy 查看滤波后的输出信号，如图 8.39 所示。

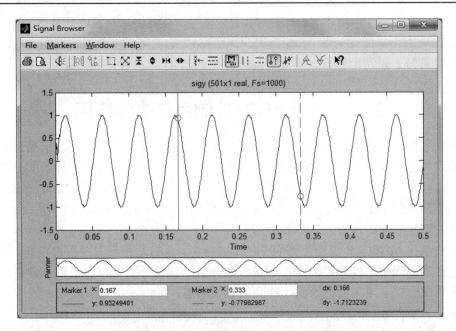

图 8.39　滤波器 burgfilt 对混频信号 sigx 滤波后的波形

用户还可以利用 Filter 框中的"New"、"Edit"按钮来设计滤波器。

【例 8-22】　利用 SPTool 设计一个理想低通滤波器，技术指标为：$\omega_p = 0.2\pi$，$R_p = 0.25\text{ dB}$；$\omega_s = 0.3\pi$；$R_s = 50\text{ dB}$，试用等波纹法设计一个 FIR 滤波器。

具体操作为：首先点击 Filter 框下侧的"New"按钮，打开滤波器分析和设计窗口；其次将相应技术指标的量值输入相关空白框内，如图 8.40 所示。

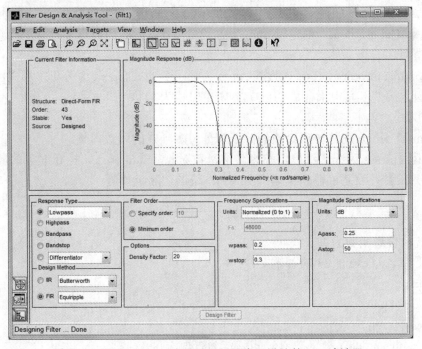

图 8.40　运用 SPTool 中滤波器设计窗口设计的 FIR 滤波器

设计参数输入完毕后单击"Design Filter"按钮，该滤波器就被添加到 SPTool 主窗口的"Filter"列表中。通过菜单"Edit"中的"Name"选项可以修改滤波器的名称。用户可以参照【例 8-21】来调用该滤波器实现滤波。

8.3　MATLAB 在控制系统中的应用

"控制系统"课程的特点是理论性强、数学含量大、计算繁琐，仅仅用概念和文字介绍这些数学模型，同学们对它的理解只能停留在表面。若要构建各种各样的实验模型，不仅投资大，且实验过程长，实验效果往往不尽人意。利用数值计算软件 MATLAB，用户只需输入几个简单的函数或指令即可，大大提高了数据处理和性能仿真的效率，使得同学们能够更好的理解概念的本质。

本节将给出 MATLAB 在控制系统中的数学模型，包括几种数学模型的创建、不同数学模型类型之间的连接与转换，以及控制系统的分析，包括时域分析、根轨迹分析、频域分析、离散系统分析。本章对应给出了相关的典型例题。

本章的主要内容：

➤ 线性时不变系统的数学模型；

➤ 线性控制系统的分析。

8.3.1　线性时不变系统的数学模型

MATLAB 控制系统工具箱提供了控制系统建模、分析和设计方面指令的集合。

1．模型的创建

MATLAB 对于线性时不变(LTI)系统提供了创建系统模型的函数指令，分别为：

(1) sys=tf(num，den)：创建以 num 为分子多项式、dem 为分母多项式的连续时间系统传递函数模型。

(2) sys=tf(num，den，Ts)：创建以 num 为分子多项式、dem 为分母多项式的离散时间系统传递函数模型，其中采样周期为 Ts，未定时值为−1。

【说明】：

◆ num 和 den 分别是传递函数的分子和分母多项式的系数向量。

◆ tf 返回值 sys 为一个对象，称为传递函数对象，num 和 den 是 tf 对象的属性。

【例 8-23】　设某单输入单输出(SISO)系统的传递函数为

$$G(s) = \frac{s}{s^2 + 2s - 9}$$

试建立系统的传递函数模型。

编写文件名为 exm8_23 的脚本文件：

```
clear
num=[1 0];
den=[1 2 9];
sys=tf(num，den)                %创建传递函数模型
```

在指令窗中运行 exm8_23.m，结果如下：

Transfer function：

```
        s
-------------
s^2 + 2 s + 9
```

【说明】　　用户如果要创建形如 G(s)的离散系统 $G(z) = \dfrac{z}{z^2 + 2z - 9}$ 的传递函数模型，

必须先确定抽样时间 Ts，然后调用指令 sys=tf(num，den，Ts)。

【例 8-24】　　设某多输入多输出(MIMO)系统的传递函数矩阵为

$$G(s) = \left[\frac{s+1}{s-2} \quad \frac{s-3}{s^2 + 4s + 10} \right]$$

试建立系统的传递函数模型。

编写文件名为 exm8_24 的脚本文件：

```
clear
num={[1 1]，[1 −3]}；den={[1 −2]，[1 4 10]}；
sys=tf(num，den)
```

在指令窗中运行 exm8_24.m，结果如下：

```
(输入通道 1 的输出传递函数)

s + 1
-----
s - 2


(输入通道 2 的输出传递函数)

    s - 3
--------------
s^2 + 4 s + 10
```

(3) sys=zpk(z，p，k)：创建以 z 为零点、p 为极点、k 为增益的连续时间系统传递函数模型。

(4) sys=zpk(z，p，k，Ts)：创建以 z 为零点、p 为极点、k 为增益的离散时间系统传递函数模型，其中采样周期为 Ts，未定时值为−1。

【说明】

◆ z、p、k 对于多输入多输出系统而言为元胞数组，其中 z{i，j}、p{i，j}、k{i，j}分别表示传递函数矩阵 G(s)的第 i 行、第 j 列传递函数的零点、极点、增益。

◆ zpk 函数的返回值 sys 是一个对象，称为 ZPK 对象，其中 z、p、k 为 ZPK 对象的属性。

◆ 若系统没有零点，则 z 为空数组。

【例 8-25】　　设某 LTI 系统为 SISO 系统，传递函数为

$$G(s) = \frac{(s-1)}{s^2(s^2 + 4)}$$

试建立系统的传递函数模型。

编写文件名为 exm8_25 的脚本文件：

```
clear
z=1；
p=[0 0 2j   -2j]；
k=1；
sys=zpk(z，p，k)            %创建零极点增益模型
```

执行结果如下：

```
Zero/pole/gain：

   (s-1)

-----------------

s^2 (s^2 + 4)
```

(5) sys=ss(A，B，C，D)：创建以状态方程的系数矩阵 A、输入矩阵 B、输出矩阵 C、传输矩阵 D 的连续时间状态空间模型。

(6) sys=ss(A，B，C，D，Ts)：创建以差分方程的系数矩阵 A、输入矩阵 B、输出矩阵 C、传输矩阵 D 的离散时间状态空间模型，其中采样周期为 Ts，未定时值为–1。

【说明】

◆ ss 指令的输入变量分别对应状态方程 $dx/dt=Ax+Bu, y=Cx+Du$，其中 x 为 n 维状态向量；u 为 m 维输入矩阵；y 为一维输出向量；A 为 n×n 系统状态阵，由系统参数决定；B 为 n×m 维系统输入阵；C 为 1×n 维输出阵；D 为 1×m 维直接传输阵。

◆ ss 指令的返回值 sys 是一个对象，称为 SS 对象，其中 A、B、C、D 为 SS 对象的属性。

【例 8-26】　已知某 LTI 系统的状态方程为

$$\begin{bmatrix} dx_1/dt \\ dx_2/dt \\ dx_3/dt \end{bmatrix} = \begin{bmatrix} 0 & 1 & 0 \\ 0 & -1 & -1 \\ 0 & 0 & -3 \end{bmatrix} \begin{bmatrix} x_1 \\ x_2 \\ x_3 \end{bmatrix} + \begin{bmatrix} 0 \\ 1 \\ 1 \end{bmatrix} u$$

$$y = \begin{bmatrix} 1 & 0 & 0 \end{bmatrix} \begin{bmatrix} x_1 \\ x_2 \\ x_3 \end{bmatrix}$$

试建立系统的状态空间模型。

编写文件名为 exm8_26 的脚本文件：

```
A=[0 1 0；0 -1 -1；0 0 -3]；
B=[0 1 1]'；
C=[1 0 0]；D=0；
sys=ss(A，B，C，D)          %创建系统的连续时间状态空间模型
```

执行结果如下：

```
a =

      x1    x2    x3
```

```
       x1   0    1    0
       x2   0   -1   -1
       x3   0    0   -3

b =
            u1
       x1   0
       x2   1
       x3   1

c =
            x1   x2   x3
       y1    1    0    0

d =
            u1
       y1    0
```

Continuous-time model.

2．系统模型的转换

MATLAB 对于不同形式的数学模型之间提供了相互转换的指令，调用格式及功能见表 8-6。

表 8-6　系统模型转换指令表

转换指令	功　能
sys=tf(ss_sys)；sys=tf(zpk_sys)	ss 或 zpk 模型转换为传递函数模型
sys=zpk(ss_sys)；sys=zpk(tf_sys)	ss 或 tf 模型转换为零极点增益模型
sys=ss(tf_sys)；sys=ss(zpk_sys)	tf 或 zpk 模型转换为状态空间模型
[A，B，C，D]=tf2ss(num，den)	传递函数模型转换为状态空间模型
[num，den]=ss2tf(A，B，C，D，iu)	状态空间模型转换为传递函数模型
[z，p，k]=tf2zp(num，den)	传递函数模型转换为零极点增益模型
[num，den]=zp2tf(z，p，k)	零极点增益模型转换为传递函数模型
[z，p，k]=ss2zp(A，B，C，D，i)	状态空间模型转换为零极点增益模型
[A，B，C，D]=zp2ss(z，p，k)	零极点增益模型转换为状态空间模型
[r，p，k]=residue(num，den)	传递函数模型转换为部分分式模型
[num，den]=residue(r，p，k)	部分分式模型转换为传递函数模型
sysd=c2d(sys，Ts，method)	连续系统转换为离散系统，
sysc=d2c(sysd，method)	离散系统转换为连续系统
sys1=d2d(sys，Ts)	不同采样时间的离散系统相互转换

【例 8-27】 已知系统 $\sum(A,B,C,D)$ 的系数矩阵分别为

$$A = \begin{bmatrix} 2 & 0 & 0 \\ 0 & 5 & 1 \\ 0 & 0 & 2 \end{bmatrix} \quad B = \begin{bmatrix} 1 \\ 0 \\ 1 \end{bmatrix} \quad C = \begin{bmatrix} 1 & 1 & 0 \end{bmatrix} \quad D = 0$$

求该系统相应的传递函数模型和零极点增益模型，并求出对应的零极点和增益。

编写文件名为 exm8_27 的脚本文件：

```
clear
A=[2 0 0；0 5 1；0 0 4];
B=[1 0 1]'；C=[1 1 0]；D=0；
[num，den]=ss2tf(A，B，C，D，1)
G=tf(num，den)
[z，p，k]=tf2zp(num，den)
```

执行结果如下：

```
num =
        0      1.0000    −8.0000    18.0000
den =
    1     −11      38      −40
```

```
Transfer function：
       s^2 − 8 s + 18
    -------------------------------
    s^3 − 11 s^2 + 38 s − 40
```

```
z =
    4.0000 + 1.4142i
    4.0000 − 1.4142i
p =
    5.0000
    4.0000
    2.0000
k =
    1
```

3. 系统的组合和连接

系统组合，就是将两个或多个子系统按照约定方式加以连接，形成的新的系统。这种连接组合方式主要有串联、并联、反馈等形式。MATLAB 提供了实现这类组合连接的相关指令。

（1）sys=series(sys1，sys2)：创建两个 SISO 系统串联形成的新系统传递函数模型，即 sys=sys1*sys2。两个 SISO 系统串联流程图如图 8.41 所示。

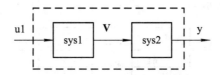

图 8.41　SISO 系统 sys1、sys2 串联产生的新系统 sys 流程图

（2）sys=series(sys1，sys2，output1，input2)：创建两个 MIMO 系统串联形成的新系统传递函数模型，其中 output1、iput2 分别表示 sys1 和 sys2 的输出、输入向量。两个 MIMO 系统串联流程图如图 8.42 所示。

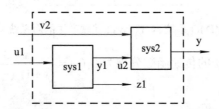

图 8.42　MIMO 系统 sys1、sys2 串联产生的新系统 sys 流程图

【例8-28】已知两系统的传递函数分别为 $G_1(s) = \dfrac{s^2 + 5s + 6}{2s^3 + 4s^2 - 5s + 1}$，$G_2(s) = \dfrac{s^2 + 4s + 10}{s^2 + 3s + 2}$，求串联后新系统的传递函数。

编写文件名为 exm8_28 的脚本文件：

```
clear
num1=[1 5 6]；den1=[2 4 -5 1]；
sys1=tf(num1，den1)；                %创建系统的传递函数模型
num2=[1 4 10]；den2=[1 3 2 1]；
sys2=tf(num2，den2)；
sys=series(sys1，sys2)              %创建串联新系统的传递函数模型
```

在指令窗中运行 exm8_28.m，结果如下：

```
Transfer function：
        s^4 + 9 s^3 + 36 s^2 + 74 s + 60
    ------------------------------------------------------
    2 s^6 + 10 s^5 + 11 s^4 - 4 s^3 - 3 s^2 - 3 s + 1
```

也可以将语句 sys=series(sys1，sys2) 改为 sys=sys1*sys2，结果相同。

（3）sys=parallel(sys1，sys2)：创建两个 SISO 系统并联形成的新系统传递函数模型，即 sys=sys1+sys2。两个 SISO 系统并联流程图如图 8.43 所示。

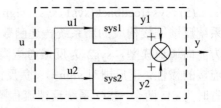

图 8.43　SISO 系统 sys1、sys2 并联产生的新系统 sys 流程图

（4）sys=parallel(sys1，sys2，in1，in2，out1，

out2)：创建两个 MIMO 系统并联形成的新系统传递函数模型，其中 in1、in2 为 sys1、sys2 并在一起的输入端编号；out1、out2 为 sys1、sys2 相加在一起的输出端编号。两个 MIMO 系统并联流程图如图 8.44 所示。

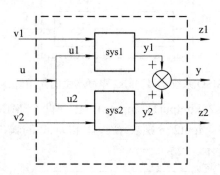

图 8.44　MIMO 系统 sys1、sys2 并联产生的新系统 sys 流程图

【例 8-29】　已知两系统的传递函数分别为 $G_1(s) = \dfrac{s+3}{(s+1)^2(s+2)}$，$G_2(s) = \dfrac{3s^2 + 2s + 10}{s^2 + 3s + 2}$，求并联后新系统的传递函数。

编写文件名为 exm8_29 的脚本文件：

```
clear
z1=-3；p1=[-1 -1 -2]；k1=1;
[num1，den1]=zp2tf(z1，p1，k1);
sys1=tf(num1，den1);
num2=[1 4 10]；den2=[1 3 2 1];
sys2=tf(num2，den2);
sys=parallel(sys1，sys2)
```

执行结果如下：

Transfer function：

$$\frac{s^5 + 9\,s^4 + 37\,s^3 + 73\,s^2 + 65\,s + 23}{s^6 + 7\,s^5 + 19\,s^4 + 26\,s^3 + 20\,s^2 + 9\,s + 2}$$

也可以将语句 sys=parallel(sys1，sys2) 改为 sys=sys1+sys2，结果相同。

(5) sys=feedback(sys1,sys2,sign)：创建两个 SISO 系统反馈连接构成的新系统传递函数模型，其中 sys1 为前向通道模型，sys2 为反馈通道模型。sign 为反馈连接的极性：正反馈时 sign=1；负反馈时 sign=−1；缺省时为−1。两个 SISO 系统反馈流程图如图 8.45 所示。

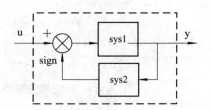

图 8.45　SISO 系统 sys1、sys2 反馈连接产生的新系统 sys 流程图

(6) sys=feedback(sys1,sys2,feedin,feedout,sign)：创建两个 MIMO 系统反馈连接形成的新系统传递函数模型，其中 sys1、sys2 分别对应前向通道模型和反馈通道模型。feedin 指定了 sys1 中接受反馈的输入端口号，feedout 指定了 sys1

中用于反馈的输出端口号，最终实现的反馈系统与 sys1 具有相同的输入、输出端。两个 MIMO 系统构成反馈的流程图如图 8.46 所示。

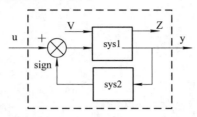

图 8.46　MIMO 系统 sys1、sys2 反馈连接产生的新系统 sys 流程图

【例 8-30】　　(续例 8-29)若系统构成 SISO 负反馈连接，信号流图如图 8.45 所示，求此系统的传递函数。

该例题只需将脚本文件 exm8_30 中的最后一句执行语句修改为 sys=feedback(sys1，sys2)，执行结果如下：

Transfer function：

$$s^4 + 6\,s^3 + 11\,s^2 + 7\,s + 3$$

$$s^6 + 7\,s^5 + 19\,s^4 + 27\,s^3 + 27\,s^2 + 31\,s + 32$$

【例 8-31】　　已知前向环节和反馈环节的状态空间表达式的系数阵分别为

$$A_1 = \begin{bmatrix} 1 & 0 \\ 1 & 1 \end{bmatrix}, \quad B_1 = \begin{bmatrix} 1 & 0 \\ 0 & 1 \end{bmatrix}, \quad C_1 = \begin{bmatrix} 1 & 3 \\ 2 & 0 \end{bmatrix}, \quad D_1 = \begin{bmatrix} 1 & 0 \\ 2 & 5 \end{bmatrix},$$

$$A_2 = \begin{bmatrix} -2 & 0 \\ 1 & 0 \end{bmatrix}, \quad B_2 = \begin{bmatrix} 1 \\ 0 \end{bmatrix}, \quad C_2 = \begin{bmatrix} 0 & 1 \end{bmatrix}, \quad D_2 = 0$$

试将前向环节的输入 1 和输出 2 与反馈环节构成负反馈系统。

编写文件名为 exm8_31 的脚本文件：

```
clear
A1=[1 0；1 1]；B1=[1 0；0 1]；C1=[1 3；2 0]；D1=[1 0；2 5]；
sys1=ss(A1，B1，C1，D1)；
A2=[-2 0；1 0]；B2=[1 0]'；C2=[0 1]；D2=0；
sys2=ss(A2，B2，C2，D2)；
feedin=1；feedout=2；sign=-1；
sys=feedback(sys1，sys2，feedin，feedout，sign)
```

在指令窗中运行 exm8_31.m，结果如下：

```
a =
          x1   x2   x3   x4
   x1     1    0    0   -1
   x2     1    1    0    0
   x3     2    0   -2   -2
```

```
        x4    0    0    1    0

b =
             u1   u2
      x1     1    0
      x2     0    1
      x3     2    5
      x4     0    0

c =
             x1   x2   x3   x4
      y1     1    3    0    −1
      y2     2    0    0    −2

d =
             u1   u2
      y1     1    0
      y2     2    5
```

Continuous-time model.

【例 8-32】　给定一个 5 输入 4 输出的前向状态空间子系统 sys1，sys2 为一个 3 输入 2 输出的状态空间反馈子系统，其中 sys1 的输出 1、3 和 4 连接到 sys2 的输入端，sys2 的输出端连接到 sys1 的输入端 4 和 2，求系统的传递函数。

采用的指令如下：

feedin=[4 2]；　feedout=[1 3 4]；

Gc=feedback(sys1，sys2，feedin，feedout，sign)

(7) sys=append(sys1，sys2，…，sysn)：进行系统的扩展，将子系统的所有输入作为系统的输入，所有输出作为系统的输出，且各子系统间没有信号连接。系统信号流图以及传递函数扩展示意图分别见图 8.47(a)和(b)。

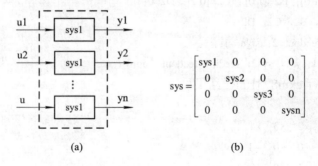

图 8.47　系统信号流图以及传递函数扩展示意图

(8) sysc=connect(sys，Q，inputs，outputs)：将多个子系统按照约定的连接方式构成一

个系统，其中 sys 是待连接的子系统经过 append 指令扩展后的系统；Q 矩阵描述了子系统的连接方式，其行向量为 sys 输入信号的连接方式，每个行向量的第一个元素为 sys 系统的输入端口号，其他元素为与该输入信号相连接的端口号；inputs 和 outputs 分别表示整个系统的输入输出信号分别是由 sys 系统的哪些输入端口号和输出端口号构成。

【例 8-33】　　已知系统的信号流图如图 8.48 所示，求整个系统的状态空间模型。

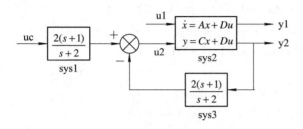

图 8.48　例 8-33 系统的信号流图

其中子系统 sys2 的状态空间模型数值为：

$$A=\begin{bmatrix} -9 & 17.5 \\ -1.69 & 3.2 \end{bmatrix},\quad B=\begin{bmatrix} -0.52 & 0.53 \\ -0.002 & -1.85 \end{bmatrix},\quad C=\begin{bmatrix} -3.29 & 2.5 \\ -12.9 & 12 \end{bmatrix},\quad D=\begin{bmatrix} -0.55 & -0.13 \\ -0.65 & 0.34 \end{bmatrix}$$

分析：将 sys1(1 入 1 出)、sys2(2 入 2 出)、sys3(1 入 1 出)用 append 扩展为系统 sys，则 sys 为 4 入 4 出，它们依次为 sys1、sys2、sys3 的输入和输出，其编号为 1、2、3、4，即对于整个系统 sys 而言，其 1 号输入为 sys1 的 1 号输入 uc；2 号、3 号输入分别为 sys2 的 1 号输入 u1 和 2 号输入 u2；4 号输入为 sys3 的 1 号输入；sys 的 1 号输出为 sys1 的 1 号输出；2 号、3 号输出分别为 sys2 的 1 号输出 y1 和 2 号输出 y2；4 号输出为 sys3 的 1 号输出。

由图 4.48 可知，sys 的 3 号输入 u2 由其 1 号输出和 4 号输出构成；sys 的 4 号输入由其 3 号输出构成，因此 Q=[3 1 −4；4 3 0]。

系统的输入由 sys 的 1 号输入 uc 和 2 号输入 u1 构成，因此 input=[1 2]；系统的输出由 sys 的 2 号输出 y1 和 3 号输出 y2 构成，因此 output=[2 3]。

编写文件名为 exm8_33 的脚本文件：

```
clear
A=[-9 17.5；−1.69 3.2]; B=[-0.52 0.53；−0.002 −1.85];
C=[-3.29 2.5；−12.9 12]; D=[-0.55 −0.13；−0.65 0.34];
sys1=tf(10，[1 5]);
sys2=ss(A，B，C，D);
sys3=zpk(−1，−2，2);
sys=append(sys1，sys2，sys3);
Q=[3 1 −4；4 3 0]; outputs=[2 3]; inputs=[1 2];
sysc=connect(sys，Q，inputs，outputs);       %创建流程图的整体状态空间模型
tfsysc=tf(sysc)                              %将状态空间模型转换为传递函数模型
```

在指令窗中运行 exm8_33.m，结果如下：

Transfer function from input 1 to output...

$$-0.7738 \ s^3 - 43.94 \ s^2 + 320.7 \ s + 811.1$$

#1:　---

$$s^4 - 22.17 \ s^3 + 112.2 \ s^2 + 1514 \ s + 1369$$

$$2.024 \ s^3 - 157.1 \ s^2 + 1042 \ s + 2729$$

#2:　---

$$s^4 - 22.17 \ s^3 + 112.2 \ s^2 + 1514 \ s + 1369$$

Transfer function from input 2 to output...

$$-0.6506 \ s^3 + 12.07 \ s^2 - 98.61 \ s - 112.9$$

#1:　--

$$s^3 - 27.17 \ s^2 + 248 \ s + 273.8$$

$$-0.3869 \ s^3 + 0.9607 \ s^2 - 3.191 \ s - 13.32$$

#2:　--

$$s^3 - 27.17 \ s^2 + 248 \ s + 273.8$$

(9) Dsys=c2d(sys，Ts，method)：将连续时间系统模型 sys 转换为离散时间系统模型，Ts 为采样周期，单位为秒。method 为指定的离散变换方法，主要有以下几种：

① 'zoh'：采用零阶保持器；

② 'foh'：采用一阶保持器；

③ 'tustin'：采用双线性变换法；

④ 'prewarp'：采用改进的双线性变换法；

⑤ 'matched'：采用零极点匹配法。

method 缺省时为采用零阶保持器。

【例 8-34】　已知控制系统的传递函数为 $G(s) = \dfrac{12(s+1)}{s(s^2+8)}$，采样周期为 0.2 s，试用双线性变换法将此系统离散化。

编写文件名为 exm8_34 的脚本文件：

```
clear
z=-1；p=[0 2i*sqrt(2) -2i*sqrt(2)]；k=12；
[num，den]=zp2tf(z，p，k)；
Gs=tf(num，den)；
Gz=c2d(Gs，0.2，'tusin')
```

执行结果如下：

Transfer function：

0.1222 z^3 + 0.1444 z^2 - 0.07778 z - 0.1

----

z^3 - 2.704 z^2 + 2.704 z - 1

Sampling time (seconds)：　0.2

8.3.2　线性控制系统的分析

控制系统的分析是系统设计的重要步骤之一，这是因为：在设计控制器前要分析系统的不可变部分，确定原系统在哪些方面的性能指标不满足设计要求，有针对性地去设计控制器；其次，控制器设计完成后要验证整个闭环系统的性能指标是不是满足设计要求。本小节将利用 MATLAB 语言及其工具箱来解决控制系统的分析问题，包括线性系统的时域分析、根轨迹分析、频域分析以及系统的稳定性分析。

1．线性系统的时域分析

1) 线性系统时域分析指令 impulse()

线性系统时域分析指令 impulse()的用法如下：

```
impulse(sys)

impulse(sys，t)

[y，t]=impulse(sys)

[y，t，x]=impulse(sys)

y=impulse(sys，t)

impulse(A，B，C，D)

impulse(A，B，C，D，iu)

impulse(A，B，C，D，iu，t)

impulse(num，den)

impulse(num，den，t)
```

用于计算线性系统 sys 的单位冲击响应，并在当前窗口绘制响应曲线，其中 sys 可以是 SISO 系统，也可以是 MIMO 系统；可以是传递函数模型、零极点增益模型，也可以是状态空间模型。

用户如果采用无输出变量的指令，将绘制函数的响应曲线；当采用带有输出变量的指令时，将不绘制响应曲线，只将响应数据放入输出变量中。

输入变量中的 t 用于定义计算时的时间矢量：可以指定仿真终止时间，此时 t 为标量；也可以通过 t=0：dt：Tfinal 指令设置时间矢量。缺省时 MATLAB 自动选取时间。

y 为输出响应矢量：当 sys 是 SISO 系统时，y 是一个列向量；当 sys 是 MIMO 系统时，y 是一个三维数组，y(:，i，j)表示的是第 i 个输出分量对第 j 个输入分量的单位冲击响应。

x 为系统的状态轨迹数据：当 sys 是 SISO 系统时，x 是一个列向量；当 sys 是 MIMO 系统时，x 是一个三维数组，x(:，I，j)表示的是第 i 个状态分量对第 j 个输入分量的响应。当调用输出变量中含有 x 的指令时，输入变量仅仅适用于状态空间模型。

当输入变量为状态空间模型时，输入变量 iu 表示输出对应第 iu 个输入信号的响应。

```
impulse(sys1，sys2，…，sysn)

impulse(sys1，sys2，…，sysn，t)

impulse(sys1，'PlotStyle1'，sys2，'PlotStyle2'，…，sysn，'PlotStylen')
```

用于计算多个线性系统 sys 的单位冲击响应，并在当前窗口分别绘制响应曲线，其中 PlotStyle1 为指定线型。

【例 8-35】　图 8.49 为一典型的反馈控制系统结构，其中：

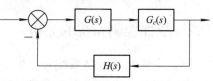

$$G(s) = \frac{4}{s^3 + 2s^2 + 3s + 2}, \quad G_c(s) = \frac{s-5}{s+5},$$

$$H(s) = \frac{1}{0.01s + 1}$$

图 8.49　反馈系统信号流图

试分别求系统的开环和闭环单位脉冲响应。

编写文件名为 exm8_35 的脚本文件：

```
clear
G=tf(4，[1 2 3 4])；Gc=tf([1 -3]，[1，3])；H=tf(1，[.01，1])；
G_o=G*Gc；
G_c=feedback(G_o，H)；
subplot(1，2，1)，impulse(G_o)；
subplot(1，2，2)，impulse(G_c)；
```

执行结果如图 8.50 所示：

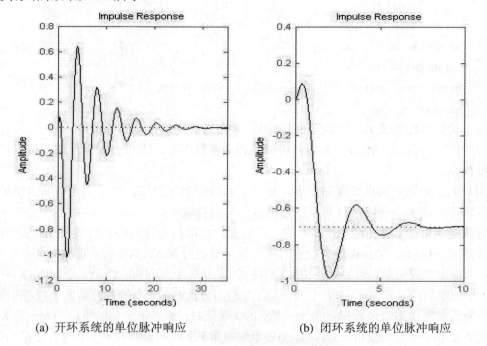

(a) 开环系统的单位脉冲响应　　　　　　(b) 闭环系统的单位脉冲响应

图 8.50　线性系统的脉冲响应曲线

由图 8.50 可知，开环系统最终稳定于 $y(t) \to 0$，而闭环系统却不收敛于 0；由此可知，控制器和闭环系统结构并不总能够改进系统的控制效果。

2) 线性系统时域分析指令 step()

线性系统时域分析指令 step() 的用法如下：

```
step(sys)

step(sys，t)

[y，t]=step(sys)

[y，t，x]=step(sys)

y=step(sys，t)

step(A，B，C，D)

step(A，B，C，D，iu)

step(A，B，C，D，iu，t)

step(num，den)

step(num，den，t)

step(sys1，sys2，…，sysn)

step(sys1，sys2，…，sysn，t)

step(sys1，'PlotStyle1'，sys2，'PlotStyle2'，…，sysn，'PlotStylen')
```

用于绘制线性系统的单位阶跃响应曲线，各参数意义与指令 impulse() 相同。

【例 8-36】　已知某系统的传递函数为

$$G(s) = \frac{10}{(s - p_1)(s - p_2)(s - p_3)}$$

其中 $p_1 = -0.2 + 0.6i$; $p_2 = -0.2 - 0.6i$; $p_3 = -3$。试绘制其单位阶跃响应曲线。

编写文件名为 exm8_36 的脚本文件：

```
clear

z=[]；p=[-.2+.6j -.2-.6j -3]；k=2；

G=zpk(z，p，k)；

step(G)

title('例 8-36：单位阶跃响应曲线实例')

grid on
```

执行结果如图 8.51 所示。

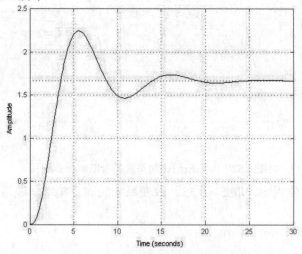

图 8.51　线性系统的阶跃响应曲线

【**例 8-37**】   典型的二阶系统传递函数为

$$G(s) = \frac{\omega_n^2}{s^2 + 2\xi\omega_n s + \omega_n^2}$$

试分析不同参数下的系统单位阶跃响应。

分析：该系统中的参数 ω_n 为系统的固有频率， ξ 为系统的阻尼比。

(1) 若系统的固有频率为 $\omega_n = 1$ ，改变阻尼比的值分别为 $\xi = 0, 0.2, 0.4, 0.8, 1, 2$ 。编写文件名为 exm8_37_1 的脚本文件：

```
clear，wn=1；
xi=[0 0.4 0.8 1，2]；
t=0：0.1：12；
hold on
for i=1：length(xi)
Gc=tf(wn^2，[1，2*xi(i)*wn，wn^2])；
step(Gc，t)
end
hold off
title('不同阻尼比下系统阶跃响应曲线图')；
grid
```

在指令窗中执行该文件，结果如图 8.52 所示。

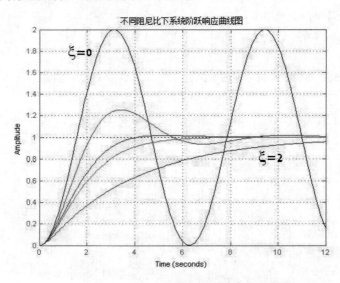

图 8.52   不同阻尼比时系统的阶跃响应曲线图

(2) 将阻尼比的值固定，取 $\xi = 0.55$ ，改变系统的固有频率，编写文件名为 exm8_37_2 的脚本文件：

```
clear，wn=[0.1：0.2：1，2]；
xi=0.55；
```

```
t=0：0.1：12；

hold on

for i=1：length(wn)

Gc=tf(wn(i)^2，[1，2*xi*wn(i)，wn(i)^2])；

step(Gc，t)

end

hold off

title('不同固有频率系统阶跃响应曲线图')；

grid
```

在指令窗中执行该文件，结果如图 8.53 所示。

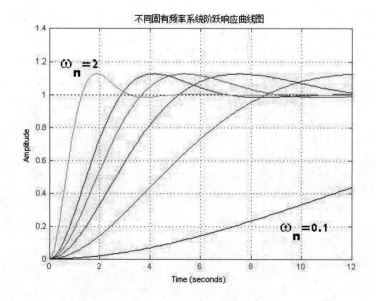

图 8.53　不同固有频率系统的阶跃响应曲线图

由图 8.52、图 8.53 可知，系统的响应特性很大程度上取决于系统的阻尼比和固有频率：固有频率越高，系统响应越快；阻尼比直接影响系统超调量和振荡次数。

3) 线性系统时域分析指令 initiat()

线性系统时域分析指令 initial() 的用法如下：

```
initial(sys，x0)

initial(sys，x0，t)

[y，t，x]=initial(sys，x0)

[y，t，x]=initial(sys，x0，t)

initial(sys1，sys2，…，sysn，x0)

initial(sys1，sys2，…，sysn，x0，t)

initial(sys1，'PlotStyle1'，sys2，'PlotStyle2'，…，sysn，'PlotStylen'，x0)
```

计算 LTI 对象 sys 的零输入响应，调用格式、参数含义与指令 impulse() 相似。输入变量 x0 为系统的初始状态列向量。

注意：该指令只适用于系统的状态空间模型。

【例 8-38】　已知控制系统的状态空间表达式为

$$\dot{x} = \begin{bmatrix} -0.5572 & -0.7814 \\ 0.7814 & 0 \end{bmatrix} x + \begin{bmatrix} 1 \\ 0 \end{bmatrix} u$$

$$y = \begin{bmatrix} 1.9691 & 6.4493 \end{bmatrix} x$$

当初始状态为 $x0 = [1; 0]$ 时，绘制系统的零输入响应曲线。

编写文件名为 exm8_38 的脚本文件：

```
clear，A=[-0.5573  -.7814；.7814 0]；
B=[1 0]'；C=[1.9691 6.4493]；
D=0；x0=[1；0]；t=0：.1：20；
initial(A，B，C，D，x0，t)，grid on
```

指令窗中执行该文件，运行结果如图 8.54 所示。

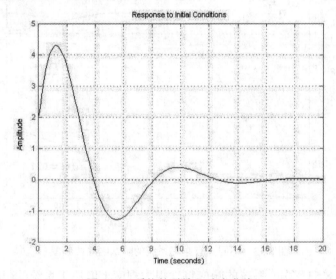

图 8.54　系统的零输入响应曲线

4) 线性系统时域分析指令 lsim()

线性系统时域分析指令 lsim() 的用法如下：

```
lsim(sys，u，t)
lsim(sys，u，t，x0)
lsim(sys1，sys2，…，sysn，u，t)
lsim(sys1，sys2，…，sysn，u，t，x0)
lsim(sys1，'PlotStyle1'，sys2，'PlotStyle2'，…，sysn，'PlotStylen'，u，t)
[y，t]=lsim(sys，u，t)
[y，t，x]=lsim(sys，u，t)
[y，t，x]=lsim(sys，u，t，x0)
```

计算 LTI 对象 sys 在任意输入为 u(t) 时的响应。当输入变量中带有初始条件时，输入变量只能是状态空间模型。

对于输入信号 u(t)可以通过指令 gensig()创建，创建格式为：

　　　[u，t]=gensig(type)

　　　[u，t]=gensig(type，tau，Tf，Ts)

创建一个类型为 type 的信号序列 u(t)，其中，tau 为信号周期，Tf 为持续时间，Ts 为采样时间。type 的输入有以下几种字符串之一，分别表示创建对应类型的信号：

◆ 'sin'：创建正弦波；

◆ 'square'：创建方波；

◆ 'pulse'：创建脉冲序列。

【例 8-39】　已知二阶系统的传递函数为

$$G(s) = \frac{16}{s^2 + 3s + 16}$$

当系统的输入信号为幅值为 2，周期为 6s 的方波时，试绘制系统的输出响应曲线。

编写文件名为 exm8_39 的脚本文件：

　　　sys=tf(16，[1 3 16])；

　　　[u，t]=gensig('square'，6，40，0.1)；

　　　lsim(sys，2*u，t)，grid on

执行结果如图 8.55 所示。

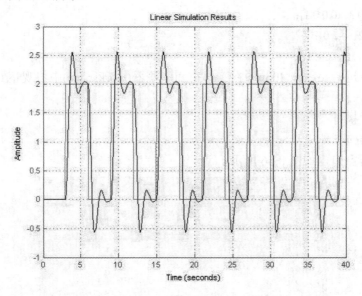

图 8.55　二阶系统的方波响应曲线

5) 线性系统时域分析观察器 ltiview()

线性系统时域分析观察器 ltiview()的用法如下：

　　　ltiview(sys1，sys2，…，sysn)

LTI 观测器，用户可以直接利用鼠标在观测器上观测系统的性能指标。用户还可以根据观测器提供的选项利用鼠标实现对某一 LTI 系统进行单位冲击响应曲线、阶跃响应曲线、零输入响应曲线等多种响应曲线的观察。

【例 8-40】　已知一控制系统的状态空间描述为：

$$\begin{bmatrix} \dot{x}_1 \\ \dot{x}_2 \\ \dot{x}_3 \\ \dot{x}_4 \end{bmatrix} = \begin{bmatrix} -2.5 & -1.22 & 0 & 0 \\ 1.22 & 0 & 0 & 0 \\ 1 & -1.44 & -3.2 & -2.56 \\ 0 & 0 & 2.56 & 0 \end{bmatrix} \begin{bmatrix} x_1 \\ x_2 \\ x_3 \\ x_4 \end{bmatrix} + \begin{bmatrix} 4 & 1 \\ 2 & 0 \\ 2 & 0 \\ 0 & 0 \end{bmatrix} \begin{bmatrix} u_1 \\ u_2 \end{bmatrix}$$

$$\begin{bmatrix} y_1 \\ y_2 \end{bmatrix} = \begin{bmatrix} 0 & 1 & 0 & 3 \\ 0 & 0 & 0 & 1 \end{bmatrix} \begin{bmatrix} x_1 \\ x_2 \\ x_3 \\ x_4 \end{bmatrix} + \begin{bmatrix} 0 & -2 \\ -2 & 0 \end{bmatrix} \begin{bmatrix} u_1 \\ u_2 \end{bmatrix}$$

试使用 LTI 观测器分别观察系统的单位阶跃响应、单位冲击响应和零输入响应(设初始状态为 $x_0 = \begin{bmatrix} 1 & 1 & 1 & -1 \end{bmatrix}^{\mathrm{T}}$)。

编写文件名为 exm8_40 的脚本文件:

```
clear
A=[-2.5 -1.22 0 0; 1.22 0 0 0; 1 -1.14 -3.2 -2.56; 0 0 2.56 0];
B=[4 1; 2 0; 2 0; 0 0];
C=[0 1 0 3; 0 0 0 1];
D=[0 -2; -2 0];
G=ss(A, B, C, D);
```

在指令窗中运行 exm8_40.m,在工作空间浏览器(workspace)中将观察到创建的系统函数 G。

在指令窗中执行

```
>> ltiview
```

打开观察器窗口,如图 8.56 所示。

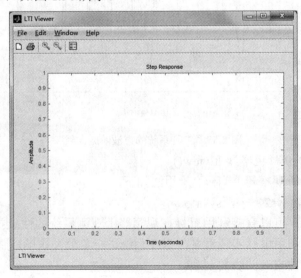

图 8.56　LTI 观察器窗口

在 File 下拉菜单中选中 Import 选项，在弹出的窗口中选择从工作空间浏览器中嵌入系统函数 G，如图 8.57 所示。

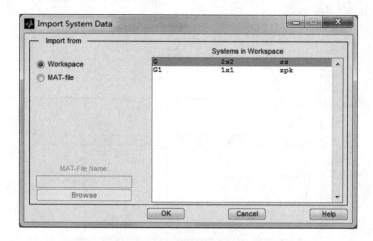

图 8.57　向 LTI 观察器嵌入数据窗口

选中后点击 OK 按钮，观察器中就出现了该系统的单位阶跃响应曲线，如图 8.58 所示。

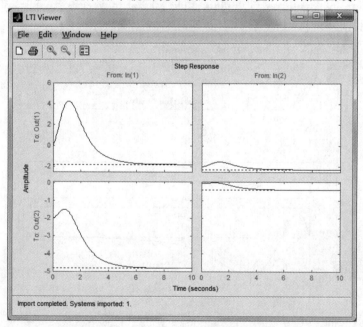

图 8.58　系统的单位阶跃响应曲线

若用户想观察系统的脉冲响应曲线，可在观察器中选择 edit 选项，在下拉菜单中选择 Plot Configurations，在弹出的窗口中将 Response type 展开并选择 impulse，即可得到该系统的脉冲响应曲线，如图 8.59 所示。

用类似的方法用户可以观察输入变量为状态空间模型时的零输入响应。在绘制零输入响应前，用户必须创建相应的输入状态初始值，点击 Simulate 即可。该系统的零输入响应曲线如图 8.60 所示。

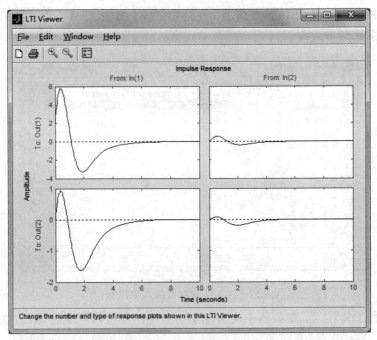

图 8.59　系统的脉冲响应曲线

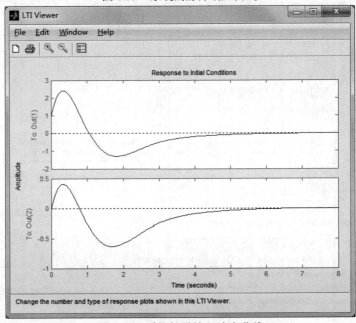

图 8.60　系统的零输入响应曲线

2．线性系统的根轨迹分析

（1）pzmap(sys)：在复平面上绘制 SISO 系统的传递函数零极点图，其中极点用符号×表示、零点用○表示。

（2）pzmap(sys1，sys2，…，sysn)：在同一幅图形窗口绘制 n 个 SISO 系统的零极点图，不同系统的零极点图 MATLAB 将自动添加颜色加以区别。用户也可以利用指令给不同系统的零极点图添加不同颜色，比如 pzmap(sys1，'r'，sys2，'g')。

(3) [p，z]=pzmap(sys)：返回系统的零极点值，不显示图形。p 为极点的列向量；z 为零点的列向量。

【例 8-41】 已知两控制系统的传递函数分别为

$$G_1(s) = \frac{2s^2 + 5s + 1}{s^2 + 2s + 3}, \quad G_2 = \frac{2(s+2)}{s(s+0.5)(s+1)(s+3)}$$

在同一幅图上绘制其零极点图，并计算系统 G_1 的零极点值。

编写文件名为 exm8_41 的脚本文件：

```
clear，num=[2 5 1]；den=[1 2 3]；
G1=tf(num，den)；
z2=-2；p2=[0 -0.5 -1 -3]；k2=2；
G2=zpk(z2，p2，k2)；
 pzmap(G1，'r'，G2)%系统1的零极点着红色
[p1 z1]=pzmap(num，den)
```

执行结果如下：

```
p1 =
    −1.0000 + 1.4142i
    −1.0000 − 1.4142i
z1 =
    −2.2808
    −0.2192
```

系统 $G_1(s)$ 和系统 $G_2(s)$ 的零极点图如图 8.61 所示。

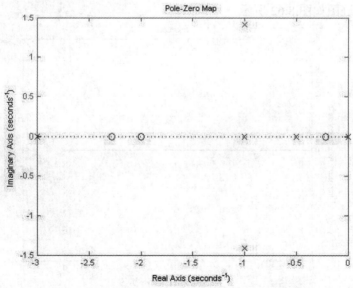

图 8.61 系统 $G_1(s)$ 和系统 $G_2(s)$ 的零极点图

(4) rlocus(sys，k)：绘制负反馈增益为 k 的 SISO 系统的根轨迹。k 缺省时 MATLAB 自动给出。

(5) [R，K]=rlocus(sys)：计算根轨迹增益值和闭环极点值，指令不给出轨迹图。K 中

存放的是根轨迹增益向量；矩阵 R 的列数和增益 K 的长度相同，它的第 m 列元素是对于增益 K(m)的闭环极点。

(6) R=rlocus(sys，k)：计算对应于根轨迹增益值 k 的闭环极点值。

(7) [k，poles]=rlocfind(sys)：计算出与系统根轨迹上极点对应的根轨迹增益。

(8) [k，poles]=rlocfind(sys，p)：计算出最靠近给定闭环极点 p 处的根轨迹增益。p 可以给定多个闭环极点，此时输出变量 k 为对应于 p 的增益向量，k(m)为根据极点 p(m)计算的增益，相应的闭环极点为 poles(m)。

【例 8-42】　　已知负反馈控制系统的开环传递函数为

$$G(s) = \frac{K}{s(s+2)(s^2+4s+20)}$$

试绘制系统的根轨迹图，并求使得系统稳定的 K 值范围，以及使系统无超调的 K 值范围。

编写文件名为 exm8_42 的脚本文件：

```
clear，den=conv([1 0]，[1 4 5]);
G=tf(1，den);
rlocus(G);
[x y]=ginput(3);        %用鼠标选取三个极点位置，2 个实轴交点，1 个虚轴交点
p=x+y*i;               %创建极点值
k=rlocfind(G，p)
```

执行结果如下：

```
k =
    1.8506    2.0002    19.3067
```

系统的根轨迹图如图 8.62 所示。

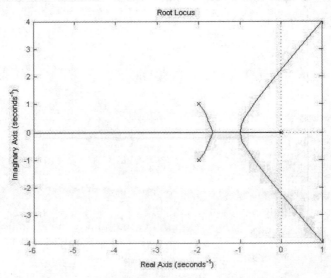

图 8.62　系统的根轨迹图

由图 8.62 可知，当 $0 < K < 20$ 时，系统稳定；当 $1.85 < K < 2$ 时，系统的根轨迹都位于实轴上，即闭环系统无超调。

3．线性系统的频域分析

(1) [mag，phase]=bode(sys，w)：计算 LTI 系统 sys 的幅频和相频曲线，即 bode 图数据。其中 w 为定义绘制时的频率点，也可以通过区间[wmin，wmax]的格式来定义频率范围，w 缺省时，MATLAB 将自动给出频率点；mag 为幅度值(dB)；phase 为相位值(degrees)。若调用指令不带输出变量，则在当前图形窗口绘制 LTI 系统的 Bode 图。

(2) bode(sys1，sys2，…，sysn)：在一个窗口中绘制多个 LTI 对象 sys 的 Bode 图。这些系统必须有相同的输入和输出数。

【例 8-43】　二阶系统传递函数为

$$G(s) = \frac{\omega_n^2}{s^2 + 2\xi\omega_n s + \omega_n^2}$$

试用 MATLAB 绘制出不同阻尼比 ξ 和固有频率 ω_n 的 bode 图。

系统的固有频率为 $\omega_n = 1$，改变阻尼比的值分别为 $\xi = 0, 0.2, 0.4, 0.8, 1, 2$，编写文件名为 exm8_43_3 的脚本文件：

```
clear，wn=1；
xi=[0 0.4 0.8 1，2]；
hold on
for i=1：length(xi)
Gc=tf(wn^2，[1，2*xi(i)*wn，wn^2])；
bode(Gc)
end
hold off
title('不同阻尼比下系统 Bode 曲线图')；
grid
```

在指令窗中执行该文件，结果如图 8.63 所示。

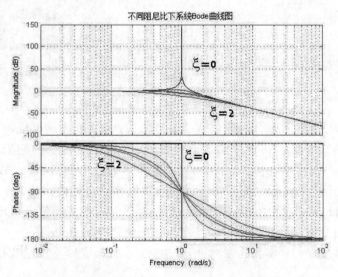

图 8.63　不同阻尼比时系统的 Bode 曲线图

将阻尼比的值固定，取 $\xi = 0.55$，改变系统的固有频率，编写文件名为 exm8_43_2 的脚本文件：

```
clear，wn=[0.1：0.2：1，2]；
xi=0.55；
hold on
for i=1：length(wn)
Gc=tf(wn(i)^2，[1，2*xi*wn(i)，wn(i)^2])；
bode(Gc)
end
hold off
title('不同固有频率系统 Bode 曲线图')；
grid
```

在指令窗中执行该文件，结果如图 8.64 所示。

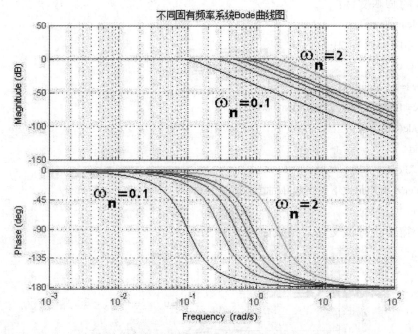

图 8.64　不同固有频率时系统的 Bode 曲线图

由图 8.63 可知，系统的输入频率在固有频率点时，系统发生谐振现象。由图 8.64 可知，随着系统固有频率的增加，Bode 图的带宽将增加，使得系统的时域响应速度变快。

（3）[Gm，Pm，Wcg，Wcp]=margin(mag，phase，w)、[Gm，Pm，Wcg，Wcp]=margin(sys)：计算 LTI 系统的幅值裕度 Gm、幅值裕度处的频率值 Wcg、相位裕角 Pm、剪切频率 Wcp。输入变量 mag、phase、w 为由 Bode 指令得到的系统频率响应幅值、相角及频率采样值。如果指令不带输出变量，则在当前窗口绘制出该系统裕度的 Bode 图。

注意：幅值裕度和相位裕角是针对开环 SISO 系统而言的，它可以显示系统闭环时的相对稳定性。

【例 8-44】　　系统的开环传递函数为

$$G(s) = \frac{100(s+5)^2}{(s+1)(s^2+s+9)}$$

求系统的幅值裕度和相位裕角，并求其闭环阶跃响应。

编写文件名为 exm8_44 的脚本文件：

```
clear
G=tf(100*conv([1 5]，[1 5])，conv([1 1]，[1 1 9]));
[Gm，Pm，Wcg，Wcp]=margin(G)
G_c=feedback(G，1);
step(G_c)，title('闭环系统阶跃响应曲线')，grid on
```

执行结果如下：

```
Gm =
    Inf
Pm =
    85.4365
Wcg =
    NaN
Wcp =
    100.3285
```

从运行结果可知，该系统有无穷大的幅值裕度，且相位裕度高达 85.4365°。所以，图 8.65 所示系统的闭环响应是比较理想的。

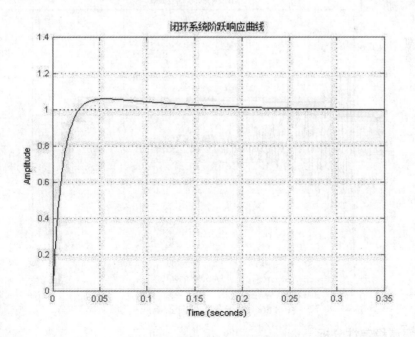

图 8.65　系统的单位阶跃响应曲线

【例 8-45】 系统的开环传递函数为

$$G(s) = \frac{3.5}{s^3 + 2s^2 + 3s + 2}$$

求系统的幅值裕度和相位裕角，并求其闭环阶跃响应。

编写文件名为 exm8_45 的脚本文件：

```
clear，G=tf(3.5，[1 2 3 2]);
G_c=feedback(G，1); [Gm，Pm，Wcg，Wcp]=margin(G)
step(G_c)，title('闭环系统阶跃响应曲线')，grid on
```

执行结果如下：

```
Gm =
    1.1433
Pm =
    7.1688
Wcg =
    1.7323
Wcp =
    1.6541
```

从运行结果可知，系统的幅值裕度很接近稳定的临界点 1，且相位裕角只有 7.1688°。因此，尽管闭环系统稳定，但其性能不会太好。同时，由图 8.66 可以看出，在闭环系统的响应曲线中有较强的振荡。

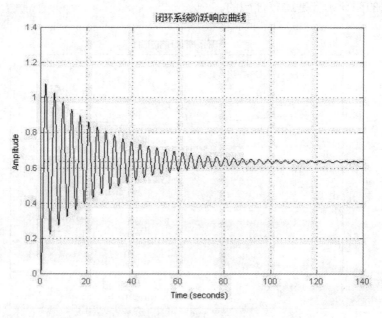

图 8.66　系统的单位阶跃响应曲线

4．频率域稳定性分析

控制系统的闭环稳定性是系统分析和设计所需要解决的首要问题，奈奎斯特稳定性判据是常用的频域稳定判据。将稳定判据用于开环系统频率特性曲线即奈奎斯特图上，即可判断闭环系统的稳定性。

[re，im]=nyquist(sys，w)、nyquist(sys1，sys2，…，sysn，w)：计算并显示 LTI 系统的奈奎斯特频率曲线，其中系统 sys 既可以是 SISO 系统，也可以是 MIMO 系统；即可以是连续时间系统，也可以是离散时间系统。当系统为 MIMO 时，产生一组奈奎斯特频率曲线，每个输入/输出通道对应一条。绘制时的频率范围 w 缺省时由系统根据零极点的数值自动选取。输出变量 re 为返回频率 w 处的频率响应的实部，im 为对应的虚部。当指令不带输出变量时，在当前窗口绘制该系统的奈奎斯特曲线。

【说明】

◆ 奈奎斯特曲线可以用来分析包括增益裕度、相位裕度及稳定性在内的系统特性。

◆ 利用奈奎斯特曲线判断单位负反馈系统的稳定性可按照以下规则：给定开环系统传递函数 $G(s)$ 的奈奎斯特曲线，如果该曲线按逆时针方向包围 $-1+j0$ 点 P 次(P 为不稳定开环极点数)、或不包围 $-1+j0$ 点，则闭环系统 $G_{闭环}=G_{开环}/(1+G_{开环})$ 是稳定的。

【例 8-46】　已知控制系统的开环传递函数为

$$G(s) = \frac{K}{(s+1)(0.5s+1)(0.2s+1)}$$

试用奈奎斯特判据判断开环放大系数 K 为 10 和 50 时闭环系统的稳定性。

当 K=10 时，编写文件名为 exm8_46 的脚本文件：

num=10；den1=conv([1 1]，[0.5 1]);

den=conv(den1，[0.2 1]);

G=tf(num，den);

nyquist(G)；title('10 倍增益闭环系统的奈奎斯特图')，grid

执行结果如图 8.67 所示。

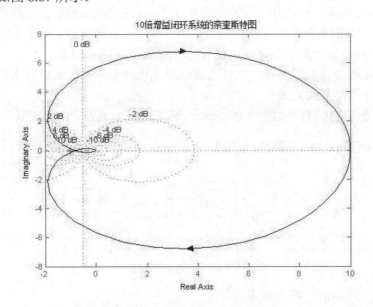

图 8.67　K=10 系统的奈奎斯特图

将脚本文件 exm8_46 中的 K 取 50，执行结果如图 8.68 所示。

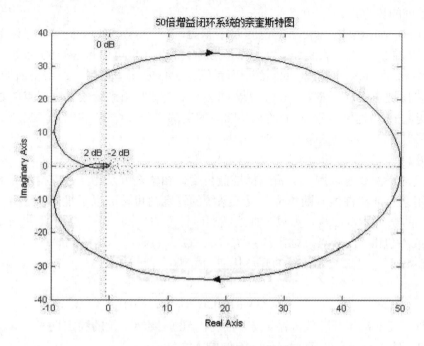

图 8.68　K=50 系统的奈奎斯特图

由图 8.67 和图 8.68 可知，当 K=10 时，奈奎斯特曲线不包围(–1，j0)点，所以闭环系统稳定；当 K=50 时，其奈奎斯特曲线包围该点两圈，表明闭环系统不稳定，有两个右半 s 平面的极点。

5．离散系统的分析

MATLAB 工具箱中分析离散系统的相关指令，只需将分析连续系统指令前面加一个字母"d"，比如分析离散系统的阶跃响应的指令为 dstep()；分析离散系统的零输入响应指令为 dinitial()；分析离散系统对于任意输入信号响应的指令为 dlism()等。

注意：若系统为纯数字系统，则可直接调用上述指令；若系统中存在连续环节，则必须将连续环节进行离散化处理。

【**例 8-47**】　已知系统如图 8.69 所示，采样周期 T=0.2s，PID 控制器的参数为 KP = 1.0468，Kd = 0.2134，kt = 1.2836，$G(s) = \dfrac{10}{s(s+2)}$。试绘制离散系统的阶跃响应曲线。

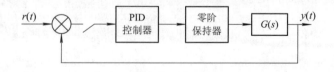

图 8.69　系统的流程图

编写文件名为 exm8_47 的脚本文件：

```
clear，nc=10；dc=[1 2 0]；ts=0.2；
```

kp=1.0468；kd=0.2134；ki=1.2836；

[nz1，dz1]=c2dm(nc，dc，ts)；　　　　　　　%输出为离散系统的分子分母多项式

nz2=[kp*ts+kd+ki*ts*ts，-(kp*ts+2*kd)，kd]；dz2=[ts，-ts，0]；

[nzk，dzk]=series(nz2，dz2，nz1，dz1)；　　%串联子系统

[nt dt]=cloop(nzk，dzk，-1)；　　　　　　　%创建整个离散系统的传递函数模型

dstep(nt，dt)

执行结果如图 8.70 所示。

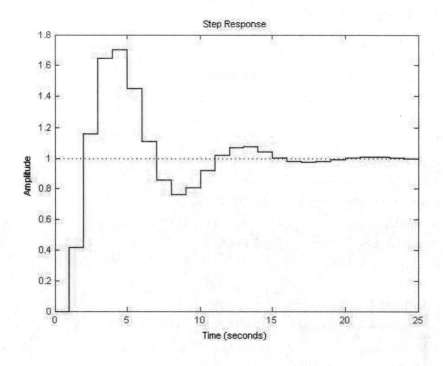

图 8.70　离散系统的阶跃响应曲线

8.4　MATLAB 在通信原理中的应用

　　"通信原理"课程为电子信息类通信工程专业的一门核心专业基础课，主要描述模拟与数字通信的调制解调原理，以及抗噪声性能分析、最佳传输系统、差错控制编码、同步原理及实现。该课程常常借助于各种信号的时域波形图以及频谱图来对系统进行分析，而这个过程将会用到大量的数学计算，求解过程十分抽象，且很枯燥。MATLAB 强大的运算能力和函数可视化功能，能够使求解效率大大提高，特别是 MATLAB 在频谱分析方面的强大功能，使得通信原理的知识点讲解过程变得简单生动。MATLAB/Simulink 通信工具箱中提供了许多仿真函数和模块，用户可以很方便的进行该门课程的仿真操作。本章将利用典型例题分别演示 MATLAB 在通信原理中的几个典型应用。

8.4.1　MATLAB 编程方式的几个典型应用

【例 8-48】　已知模拟基带信号是频率为 2 Hz、幅度为 0.5 V 的余弦信号，若载波频率为 16 Hz，使用 MATLAB 编程并绘制：

(1) 模拟基带信号；

(2) 模拟基带信号的功率谱密度；

(3) DSB-SC 调制信号；

(4) 该调制信号的功率谱密度。

编写文件名为 exm8_48 的脚本文件：

```
clear，clc，
Ts=1/2048；                      %采样时间间隔
T=2；                            %信号时长
Fm=2；                           %信源信号频率
Fc=16；                          %载波频率
t=0：Ts：T-Ts；
mt=0.5*cos(2*pi*Fm*t)；          %信源信号
t_dsb=mt.*cos(2*pi*Fc*t)；       %时域调制信号
delta_f=1/T；
N=length(t_dsb)；               %采样点数
f=delta_f*[-N/2：N/2-1]；
f_mt=fft(mt)；
f_mt=T/N*fftshift(fft(mt))；
psf_mt=(abs(f_mt).^2+eps)/T；
f_dsb=fft(t_dsb)；
f_dsb=T/N*fftshift(f_dsb)；
psf_dsb=(abs(f_dsb).^2+eps)/T；
subplot(221)；plot(t，mt)；grid on；
xlabel('t')，ylabel('amp')，title('基带信号')
subplot(222)；plot(f，abs(f_mt))；grid on；
xlabel('f')，ylabel('psf')，title('基带信号功率谱')
axis([-20 20 0 1])
subplot(223)；plot(t，t_dsb)；grid on；
xlabel('t')，ylabel('amp')，title('DSB 信号')
subplot(224)；plot(f，abs(f_dsb))；grid on；
xlabel('f')，ylabel('f_dsb')，title('DSB 信号功率谱')
axis([-20 20 0 1])；
```

执行结果如图 8.71 所示。

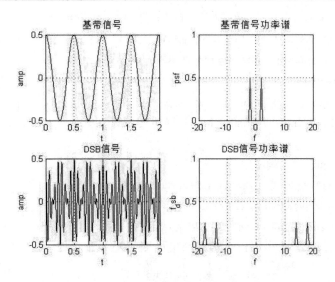

图 8.71　DSB 信号的波形及其功率谱图

【例 8-49】　设基带信号是频率为 1 Hz、幅度为 1 V 的余弦信号,载波中心频率为 8 Hz,频率偏移常数为 5,载波平均功率为 1 W。使用 MATLAB 编程并绘制:

(1) 基带信号与该调频信号的时域波形;

(2) 该调频信号的功率谱密度;

(3) 使用鉴频器解调调频信号,并与输入信号比较。

编写文件名为 exm8_49 的脚本文件:

```
clear,clc,Kf=5;
T=2;                    %信号时长
Fm=1;                   %信源信号频率
Fc=8;                   %载波频率
Ts=.001;               %采样时间间隔
t=0:Ts:T-Ts;
delta_f=1/T;
N=length(t);           %采样点数
f=delta_f*[-N/2:N/2-1];
A=sqrt(2);
mt=cos(2*pi*Fm*t);     %信源信号
mti=1/2/pi/Fm*sin(2*pi*Fm*t);
t_fm=A*cos(2*pi*Fc*t+2*pi*Kf*mti);
f_fm=fft(t_fm);
f_fm=T/N*fftshift(f_fm);
psf_fm=(abs(f_fm).^2+eps)/T;
subplot(311); plot(t, t_fm); grid on; hold on,
plot(t, mt, '--')
```

```
xlabel('t')，ylabel('amp')，title('基带信号和调频信号')
subplot(312)；plot(f，10*log(psf_fm))；grid on；
xlabel('f')，ylabel('psf')，title('调频信号功率谱')
axis([-25 25 -50 0])
for k=1：length(t_fm)-1
    t_dfm(k)=(t_fm(k+1)-t_fm(k))/Ts；%调频信号解调
end
    t_dfm(length(t_fm))=0；
    subplot(313)；plot(t，t_dfm)；grid on；hold on，
    plot(t，A*2*pi*Kf*mt+A*2*pi*Fc，'--')
xlabel('t')，ylabel('amp')，title('调频信号微分后包络')
```

在指令窗中执行脚本文件 exm8_49，结果如图 8.72 所示。

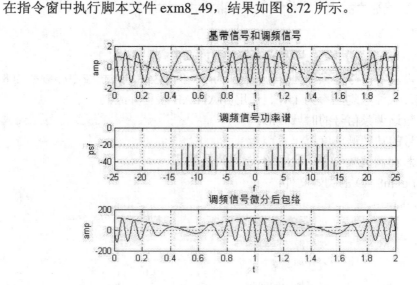

图 8.72　FM 信号的波形及其功率谱图

【例 8-50】　　试以编程方式实现信道自适应均衡器的仿真模型，要求观察自适应滤波器系数和误差值的变化过程，并分别观察均衡器抽头数为 3、11 时的均衡眼图结果。传输信道设置为两种：① 截止频率为 500 Hz 的低通信道；② 多径信道。信道中可加入指定方差的零均值高斯噪声，在第 2 秒时刻传输信道发生变更。

编写文件名为 exm8_50 的脚本文件：

```
clear，clc，
Ts=1e-3；                                    %设置码元时隙 Ts=1 ms，相应地码速率为 1000 bps
r=0.5；                                       %设置滚降系数
t=(-10e-3)：1e-4：10e-3；                      %时间从−10 ms 到+10 ms，共 20 个时隙
[num，den]=rcosine(1e3，1e4，'fir/sqrt'，r，10)；  %平方根滚降滤波器设计
data=sign(rand(1，5000)-0.5)；               %输入 5000 个随机数据，双极性
datain=[data；zeros(9，length(data))]；       %将每个数据取样 10 个点
```

```
datain=reshape(datain，1，10*length(data));              %用 1 点表数据，其余 9 点为 0，冲激
wavout=filter(num，den，datain);                         %发送滤波
n=10；fs=10000；fc=500;                                  %低通信道
[B，A]=butter(n，fc/(fs/2));                  %截止频率为 fc=500Hz 的 10 阶巴特沃斯低通滤波器
noise=0.00*randn(size(wavout));
wavout=wavout+noise;                                    %加入噪声
wavout1=filter(B，A，wavout);                            %传输信道 1(500 Hz 低通)
wavout2=0.2*[zeros(1，24)，wavout(1：length(wavout)-24)]+...
       1*[zeros(1，34)，wavout(1：length(wavout)-34)]+...
       0.4*[zeros(1，44)，wavout(1：length(wavout)-44)]; %传输信道 2(多径信道)
wavout=[wavout1(1：20000)，wavout2(20001：length(wavout))];
%信道在第 2 秒时刻切断
wavout=filter(num，den，wavout);                         %接受匹配滤波器
rec=wavout(225：10：length(wavout)); %在最佳时刻每隔 10 点取样一次，约延迟 201+24 样值
recpj=sign(rec);                          %判决最佳判决门限为 0，利用符号函数即完成了判决
%自适应滤波器
X=rec;                                                  %接收信号(已经取样)
L=1;
%L=5；%均衡器为 2*L 级，共 2*L+1 个抽头，改变 B 矩阵的长度即改变了均衡器的级数
B=[zeros(1，L)，1，zeros(1，L)];                          %均衡器初始系数
adjstep=0.01;                                           %调整步长
%自适应滤波器收敛与否与输入信号、均衡器的初始系数以及调整步长有关
M=length(B);                                            %记录均衡器抽头数
N=length(X);                                            %记录输入信号的长度
bb(N-M+1，1：length(B))=0;                               %用于记录均衡器系数变化的存储变量
for k=1：N-M+1                                           %递推计算自适应滤波器系数
    y(k)=sum(X(k：k+M-1).*fliplr(B));                    %滤波输出
    XK=X(k：k+M-1);                                      %保存滤波器各延时器的状态
    ek=sign(y(k))-y(k);                                 %判决并形成误差
    e(k)=ek;                                            %误差存入矩阵便于作图
    dlt=fliplr(XK).*ek.*adjstep;                        %形成反馈调整量
    B=B+dlt;                                            %递推得到新的滤波器系数
    bb(k，：)=B;                                          %记录每次递推所得的均衡器抽头系数
end
BB1=[bb(1900，：)；zeros(9，2*L+1)];                      %系数转换(第 2 秒以前：低通信道)
BB1=reshape(BB1，1，10*(2*L+1));                         %采样率为 10 kHz 的均衡器滤波器系数
BBout1=filter(BB1，1，wavout);                   %均衡滤波器输出(用自适应滤波器收敛结果系数)
BB2=[B；zeros(9，2*L+1)];                                %系数转换(第 2 秒以后：多径信道)
BB2=reshape(BB2，1，10*(2*L+1));                         %采样率为 10 kHz 的均衡器滤波器系数
```

BBout2=filter(BB2，1，wavout);　　　　　　　%均衡滤波器输出(用自适应滤波器收敛结果系数)

figure(1); plot(e); title('误差曲线\epsilon_k');　　　　　%绘制误差曲线

figure(2); plot(bb); title('自适应均衡器抽头系数 c_j');　　　%绘制滤波器系数变化曲线

eyediagram(BBout1(15000：20000)，20);　　%均衡输出眼图(第 2 秒以前：低通信道)

eyediagram(BBout2(46001：50000)，20);　　%均衡输出眼图(第 2 秒以后：多径信道)

eyediagram(wavout(10001：19000)，20);　　%均衡前的眼图(第 2 秒以前)

eyediagram(wavout(46001：50000)，20);　　%均衡前的眼图(第 2 秒以后)

3 抽头均衡器的仿真结果如图 8.73 所示。

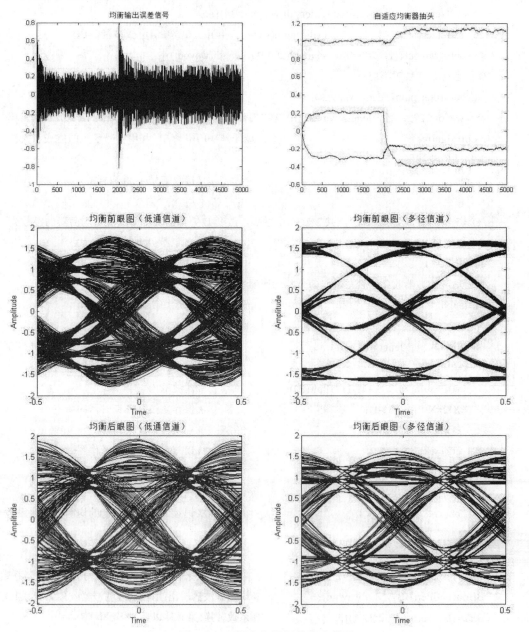

图 8.73　3 抽头均衡器的仿真结果

11 抽头均衡器的仿真结果如 8.74 所示。

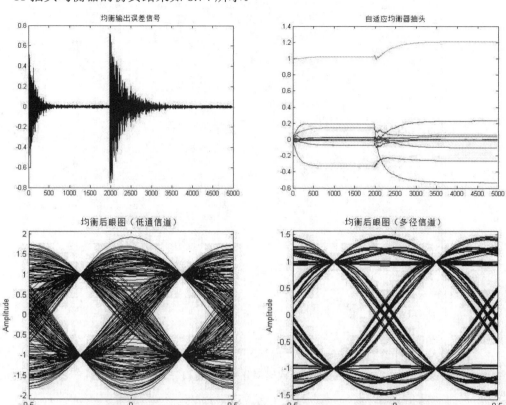

图 8.74 11 抽头均衡器的仿真结果

8.4.2 误码率分析界面

通信系统误码率的大小是衡量通信系统性能好坏的重要指标，MATLAB 提供了误码率分析的操作界面，用户只要在指令窗中执行指令

>> bertool

即可打开该图形用户界面，如图 8.75 所示。

误码率分析界面上方为数据浏览器，用户建立的误码率数据即显示在此。窗口的下方为一些列选项卡：Theoretical、Semianalytiche 和 Monte Carlo，分别对应比特误码率产生数据的方法。

【例 8-51】 利用 Theoretical 选项卡，叠加高斯白噪声，按不同规则调制，比较正交幅度调制信号的性能。

具体步骤如下：

(1) 打开误码率分析界面，选择 Monte Carlo 选项卡，将需要执行的文件设置为当前执行文件，如图 8.76 所示。此处选择仿真系统自带的 commgraycode.mdl 文件。用户也可以将自己创建的模型文件或者脚本文件设置为当前执行文件。

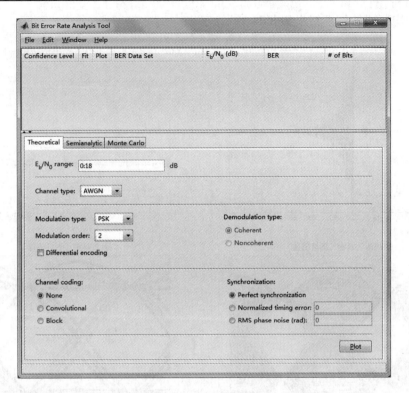

图 8.75　误码率分析界面窗口

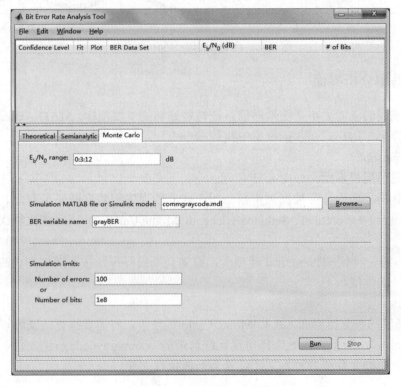

图 8.76　Monte Carlo 选项卡

(2) 选择 Theoretical 选项卡并设置参数。打开 Modulation order 选项的下拉菜单，分别选择 4、8、64，单击"Plot"按钮。MATLAB 将分别添加数据于数据浏览器窗口(图 8.77)，并自动添加不同颜色绘制曲线，如图 8.78 所示。

Confidence Level	Fit	Plot	BER Data Set	E_b/N_0 (dB)	BER	# of Bits
		☑	4阶调制图	[0 1 2 3 4 5 6 7 8 …	[0.0786 0.0562 0.…	N/A
		☑	16阶调制图	[0 1 2 3 4 5 6 7 8 …	[0.1226 0.1007 0.…	N/A
		☑	64阶调制图	[0 1 2 3 4 5 6 7 8 …	[0.2651 0.2497 0.…	N/A

图 8.77　数据浏览器窗口图

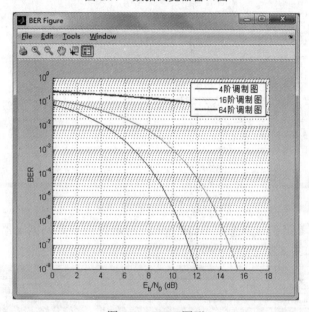

图 8.78　BER 图形

【例 8-52】　运用半分析法(Semianalytic Technique)，使用 BERTool 产生和分析 BER 数据。

(1) 采用 16 元正交幅度调制(16-QAM)，设置发送和接受数据，程序如下：

```
%步骤一：创建长度不小于 M^L 的信号
clear，clc，M=16；
L=1；
msg=[0：M-1 0]；
%步骤二：用基带调制法对信号进行调制
modsig=qammod(msg，M)；      %用 16-QAM
Nsamp=16；
modsig=rectpulse(modsig，Nsamp)；
%步骤三：进行转换滤波
txsig=modsig；                %该例未用滤波器
%步骤四：通过无噪声信道运行数据 txsig
```

rxsig=txsig*exp(j*pi/180);

(2) 打开误码率分析界面，选择 Semianalytic 选项卡，如图 8.79 所示。

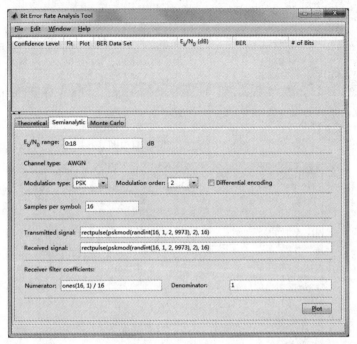

图 8.79　Semianalytic 选项卡

(3) 设置参数，单击 Plot 按钮，BERTool 将创建数据于数据浏览器窗口，如图 8.80 所示，并绘制图形，如图 8.81 所示。

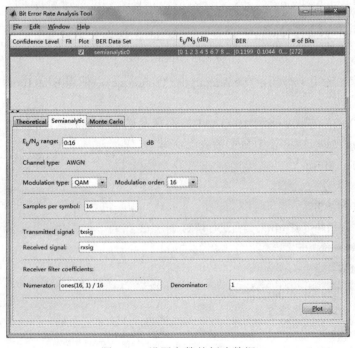

图 8.80　设置参数并创建数据

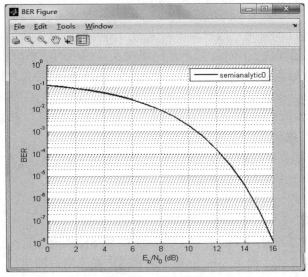

图 8.81　数据图形

8.4.3　MATLAB/Simulink 的典型应用

Simulink 模块库中提供了通信模块工具箱(Communications System Toolbox)，如图 8.82 所示。

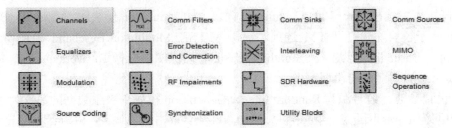

图 8.82　通信模块工具箱

下面简要介绍几个主要模块组的作用：

(1) 信源模块组(Comm Sources)：包含各种通信信号输入模块和 I/O 演示模块，这些模块可以分为 4 大类，即受控信源模块(Controlled Sources)、数据源模块(Data Sources)、噪声发生器(Noise Sources)以及序列发生器模块(Sequence Sources)。

(2) 信宿模块库(Comm Sinks)：共有 6 种信宿模块，包含触发写模块、眼图和散射图模块、误码率计算模块及其相应的演示模块。

(3) 信源编码模块库(Sources Coding)：包含标量量化编/解码模块、DPCM 编码/解码模块、规则压缩/解码模块，以及相应的演示模块。

(4) 信道编码模块库(Error Detection and Correction)：包含各种用于实现信道编码的模块，它分成 3 个子模块库，即分组编码模块库、卷积编码模块库以及循环冗余码模块库。

(5) 信道交织模块库(Interleaving)：包含各种用于实现信号交织功能的模块，其中包括多种块交织模块库和卷积交织模块库。

(6) 信号调制模块库(Modulation)：包含了各种用于实现信号调制和解调功能的模块，这些模块可以实现模拟基带信号调制、模拟频带信号调制、数字基带信号调制和数字频带信号调制。

(7) 信道模块库(Channels)：包含加零均值高斯白噪声信道模块、加二进制误差信道模块、Rayleigh 衰减信道模块、Rician 噪声信道模块及其相应的演示模块。

(8) 射频损耗模块库(RF Impairments)：包含了自由空间路径损耗模块、无记忆非线性模块、相位噪声模块、接收机热噪声模块等，用于对射频信号的各种损耗进行仿真。

(9) 信号同步模块库(Synchronization)：包含锁相环 PLL 模块、基带 PLL 模块、演示模块、线性化基带 PLL 模块等。

(10) 公用模块库(Utility Blocks)：包含常用的转换函数模块，用于实现信号的单极性与双极性之间的转换、十进制与二进制之间的转换等。

双击各模块组图标，可以打开各子模块库或模块。下面以典型实例来介绍模块的用处以及通信系统的仿真。

【例 8-53】 在移动通信中，二进制频移键控 BFSK(Binary Frequency Shift Keying)是最早使用的一种调制方式，利用 Simulink 演示 BFSK 在高斯白噪声信道中的传输性能。

构建文件名为 exm501 的模型文件及仿真步骤如下：

(1) 在 MATLAB 命令窗口输入 commstartup，设置仿真参数，将关闭通信模块库中不支持的 Simulink 中的 Boolean 数据类型，同时优化仿真参数。然后打开 Simulink 模块库浏览器，建立新的模型文件，从 Comm Sources 模块库的 Random Data Sources 子模块库中选择 Random Integer Generation 模块，从 Channels 模块库中选择 AWGN Channel 模块，从 Comm Sinks 子模块库中选择 Error Rate Calculation 模块，从 Modulation 模块库的 Digital Baseband Modulation 子模块库中打开 FM 选项，选择 M-FSK Modulator Baseband 模块和 M-FSK Demodulator Baseband 模块，从 Simulink 的 Sinks 模块库中选择 To Workspace 模块。分别将以上模块添加到新建的模型窗中。

(2) 设置参数。信号源为 Random Integer Generation 模块，产生数据的速率为 10 kb/s，每帧的周期为 1 秒，因此，一帧长度等于 10 000 bit。双击该模块，弹出对话框并设置参数，如图 8.83 所示。

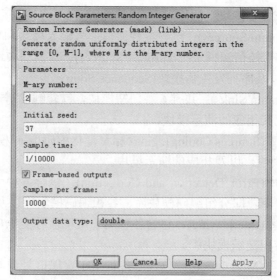

图 8.83　Random Integer Generation 模块参数设置对话框

随机整数发生器(Random Integer Generation)模块产生的数据一方面作为输出信号 Data，另一方面进入 BFSK 基带调制器模块，由 BFSK 基带调制器对数据进行 BFSK 调制，输出调制信号 Signal。BFSK 基带调制器参数如图 8.84 所示。

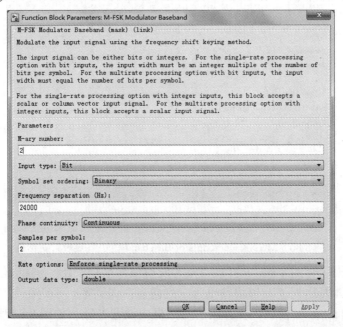

图 8.84 M-FSK Modulator Baseband 模块参数设置对话框

加性高斯白噪声发生器模块，即 AWGN Channel 模块，将噪声叠加到 BFSK 调制信号中，双击该模块并设置参数，如图 8.85 所示。

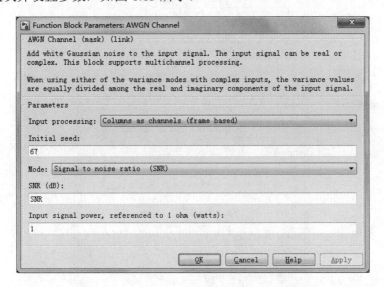

图 8.85 AWGN Channel 模块参数设置对话框

将添加高斯白噪声的调制信号送入 BFSK 基带解调器模块进行解调，然后通过误码率计算器(Error Rate Calculation)模块计算该帧的误码率。BFSK 基带解调器模块参数设置如图 8.86 所示。

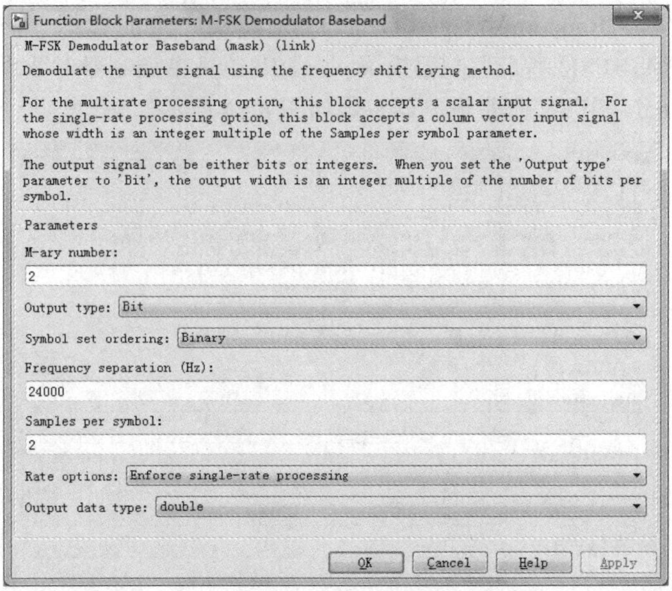

图 8.86　　M-FSK Demodulator Baseband 模块参数设置对话框

　　误码率计算模块有两个输入端口，**Tx** 为发射信号端口，**Rx** 为接收信号端口，模块比较这两个信号并计算出误差。模块输出为三列向量：误码率、误码个数以及信号总数。双击 Error Rate Calculation 模块，在弹出的对话框中设置参数，如图 8.87 所示。设置输出数据(Output data)送至 Port，选择 Stop simulation，设置 Target number of errors 为 100 或最大码符数超过 100 时将停止仿真。

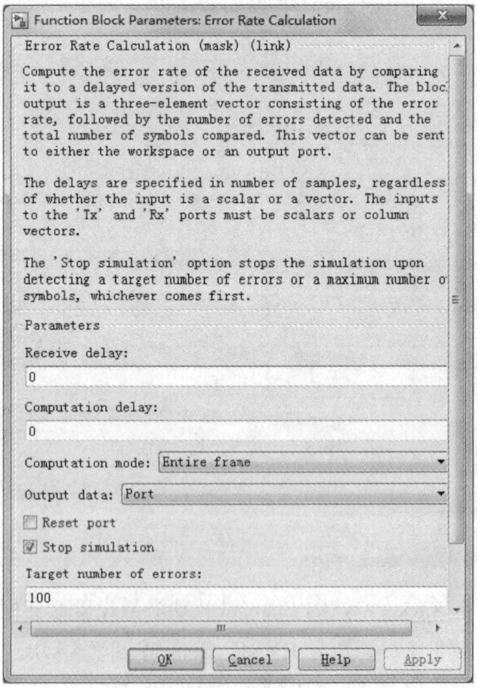

图 8.87　　Error Rate Calculation 模块参数设置对话框

　　输出信号进入 To Workspace(工作空间)模块，并且保存变量名为 yy，保存格式为 Array(数组)形式。

　　(3) 连线、仿真。

　　如图 8.88 所示连接各模块，并保存模型文件，命名为 exm501。

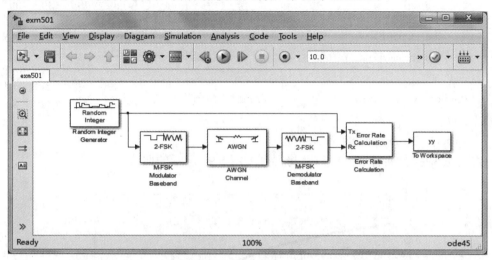

图 8.88　BFSK 在高斯白噪声信道中的传输性能 Simulink 模型图

　　仿真参数设置对话框如图 8.89 所示。

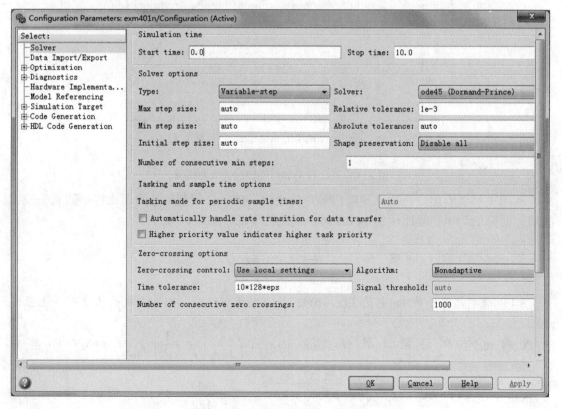

图 8.89　仿真参数设置对话框

本例需要执行多次才能够得到信道的信噪比与信号的误比特率之间的关系。为此，编写文件名为 exm8_51 的脚本文件：

```
clear，clc，x=0：15；                %x 为信噪比
for i=1：length(x)
    SNR=x(i)；                        %信道的信噪比依次取 x 中的各元素
    sim('exm501')；                   %运行仿真程序，得到的误比特率保存到工作空间窗口变量 yy 中
    y(i)=mean(yy(：，1))；             %计算信道的误比特率
end
semilogy(x，y，'linewidth'，3)        %绘制半对数坐标曲线
grid on
xlabel('信噪比')，ylabel('误比特率')
```

在指令窗中执行文件 exm8_51，将得到如图 8.90 所示的曲线图。

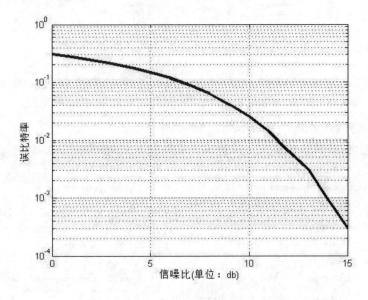

图 8.90　误比特率和信噪比的关系曲线图

从图中可以看出，在加性高斯白噪声信道中，BFSK 调制信号的误比特率随着信噪比的增加而降低，当信噪比达到 14 dB 时，误比特率低于 10^{-3}。

习　　题

8.1　设电偶极子的 $+q$ 电荷在 $(a，b)$ 处，$-q$ 电荷在 $(-a，-b)$ 处，电荷所在平面上任意一点的电势和场强计算公式为 $V(x,y)=\dfrac{q}{4\pi\varepsilon_0}\left(\dfrac{1}{r_+}-\dfrac{1}{r_-}\right)$，$\vec{E}=-\nabla V$，其中 $r_+=\sqrt{(x-a)^2+(y-b)^2}$，$r_-=\sqrt{(x+a)^2+(y+b)^2}$，其中 $\dfrac{1}{4\pi\varepsilon_0}=9\times10^9$。假如电荷所带电量

为 $q = 2 \times 10^{-6}$，$a = 2, b = -2$。试画出该偶极子在空间产生的电势和电场强度分布图。

8.2　编写一个程序，能把用户输入的摄氏温度转换为华氏温度，反之亦然。

8.3　试用毕奥—萨伐尔定律计算电流环产生的磁场。设环半径为 3 mm，环内电流 $I = 10$ mA，$\mu_0 = 4\pi \times 10^{-7}$。

8.4　质点在万有引力作用下运动，以万有引力的固定不动施力物体质量为 m_0 的质心为坐标原点运动，试绘制不同初始条件下物体的运动轨迹。设初始条件为入射点坐标 $(x_0, y_0) = (-20, 6)$，质点水平入射，且入射速度 $v_x = 0.5$。令 $Gm_0 = 1$。

8.5　试绘制光栅常数为 3×10^{-5}，缝数为 100 条的光栅，对于入射波长为 $\lambda = 6 \times 10^{-7}$ 的光产生的衍射条纹。

8.6　给定质点沿 x, y 两方向的运动规律为 $x = t\cos t, y = t\sin t$，求其运动轨迹，并计算其对原点的角动量。

8.7　判断下列系统的稳定性。

(1)　$G(s) = \dfrac{1}{6s^4 + 3s^3 + 2s^2 + s + 1}$

(2)　$H(z) = \dfrac{3z^2 - 0.42z^2 - 0.08}{z^4 - 1.7z^3 + 1.03z^2 + 0.2z + 0.023}$

8.8　已知系统的传递函数模型为

$$H(z) = \frac{1 - 2z^{-1} + 12z^{-2} + 7z^{-3} + z^{-4}}{15 + 12z^{-1} - 4z^{-2} - 2z^{-3} + z^{-4}}$$

(1)　给出系统的零极点增益型模型。

(2)　绘制该系统的阶跃响应和脉冲响应曲线。

8.9　计算下列时域函数的 $x(t)$ 的 Z 变换 $X(z)$。

(1)　$x(t) = A\cos \omega t$；　(2)　$x(t) = t^3$；　(3)　$x(t) = 1 - e^{-kt}$，(k 为实数)。

8.10　已知下列信号的 Z 变换函数 $X(z)$，试计算其 Z 反变换 $x(t)$。

(1)　$X(z) = \dfrac{1 - 2z}{(z-2)(z-3)}$；　(2)　$X(z) = \dfrac{z}{(z - e^{-T})(z - e^{-2T})}$

8.11　对连续信号 $x(t) = t\cos t$ 做 16 点采样，再做三个周期延拓，试分别绘制它们的连续频谱图。

8.12　给出以下 IIR 滤波器系统函数的并联型结构，并将其转换为零极点增益型。

$$H(z) = \frac{5.2 + 1.58z^{-1} + 1.41z^{-2} - 1.6z^{-3}}{(1 - 0.5z^{-1})(1 + 0.9z^{-1} + 0.8z^{-2})}$$

8.13　用窗函数法设计一个 81 阶的 FIR 带通滤波器，其中通带截止频率为 0.35 和 0.65，要求采样布莱克曼窗设计，并绘制出所设计滤波器的脉冲响应和频率响应曲线。

8.14　利用 MATALB 信号处理图形用户界面设计一个切贝雪夫 I 型滤波器。要求：采样频率为 2000 Hz，滤波器的 3 dB 截止频率为 50 Hz，阻带截止频率为 200 Hz，阻带最小衰减为 60 dB。绘制出该样本滤波器的频率响应曲线。

8.15　创建连续二阶系统和离散系统的传递函数模型。

(1) $G(s) = \dfrac{5}{s^2 + 3s + 2}$；(2) $G(s) = \dfrac{0.5z}{z^2 - 1.5z + 2}$

8.16 已知系统的传递函数为

$$G(s) = \frac{2(s + 0.5)}{(s + 0.1)^2 + 1}$$

建立系统的传递函数模型，并转换为零极点增益模型和状态空间模型。

8.17 典型二阶系统传递函数为

$$G(s) = \frac{\omega_n^2}{s^2 + 2\xi\omega_n s + \omega_n^2}$$

试绘制出阻尼比 $\xi = 0.7$，固有频率 $\omega_n = 6$ 时系统的单位冲击响应和阶跃响应曲线。。

8.18 系统的开环传递函数为

$$G(s) = \frac{7(s + 5)}{s^2(s + 1)(s + 10)}$$

计算系统的幅值裕度和相位裕角。

附录 A MATLAB 与 Word 的接口——Notebook

Notebook 为 MATLAB 和 Word 的接口。运用 MATLAB Notebook 制作的 M-book 文档不仅拥有 Word 全部的文字处理功能，而且还具备 MATLAB 无与伦比的科学计算能力和完美的绘图效果。因此，它既可以看做是解决各类计算问题的科技应用软件，也可以看做具备完善文字编辑功能的文字处理软件。

1. Notebook 的安装

Notebook 是在 MATLAB 环境下安装的，用户只需在指令窗中输入指令并执行：

>>notebook -setup

MATLAB 能够根据用户现有的 Microsoft Word 版本自动配置 MATLAB Notebook 软件，在指令窗中显示以下内容：

Welcome to the utility for setting up the MATLAB Notebook

for interfacing MATLAB to Microsoft Word

Setup complete

2. 启动和使用 MATLAB Notebook 文件

如果用户安装好了该软件后，只需在指令窗中输入并执行：

>>notebook

计算机将创建一个新的 MATLAB Notebook 文件，文件的菜单项比普通 Word 文件菜单项多一个 Notebook 选项。Notebook 选项下拉菜单里面列出了 notebook 的操作功能，见表 F.1。

表 F.1 Notebook 下拉菜单项功能

菜单项	功能	菜单项	功能
Define Input Cell	定义输入细胞	Toggle Graph Output for Cell	锁定细胞输出图形对象
Define AutoInit Cell	定义自动初始细胞	Evaluate Cell	执行当前细胞内所有指令
Define Calc Zone	定义计算区	Evaluate Calc Zone	执行当前计算区
Undifine Cells	解除定义细胞	Evaluate MATLAB Notebook	执行文件所有指令
Purge Selected Output Cells	擦除选中的输出	Evaluate Loop…	循环执行当前指令
Group Cells	定义群细胞	Bring MATLAB to Front	将 MATLAB 显示在屏幕之前
Ungroup Cells	解除定义群	Notebook Options...	定义 Notebook 输出显示格式
Hide Cell Marker	隐藏细胞标识		

当用户创建新的或者打开一个已有的 MATLAB Notebook 文件时，MATLAB 指令窗里将显示如下信息：

Warning：MATLAB is now an automation server。

　　用户可以在 MATLAB Notebook 文件中编写程序，用鼠标点亮待执行的程序，选中 notebook→Define Input Cell，此时，选中的指令颜色变成了绿色，放在一个细胞标识"[]"内，将光标放置在该细胞内任意位置，右击鼠标，在导出的菜单条中选择 Evalute Cell，MATLAB 将执行该程序，并将执行结果嵌入文档中。如图 F.1 所示。

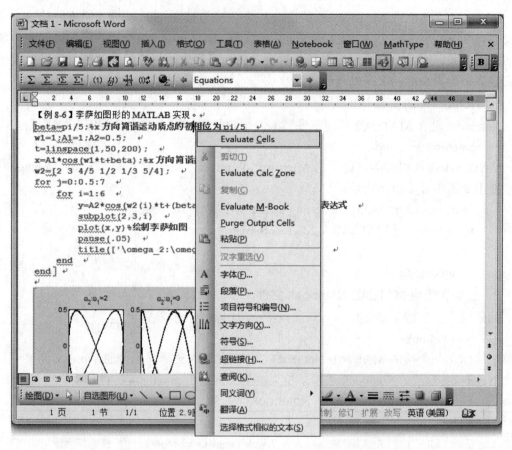

图 F.1

　　执行过的变量被保存在 MATLAB 的工作空间 Workspace 中，用户可以查看和修改。

　　用户也可以直接利用鼠标右键导出菜单选项中选择 Evalute Cell，MATLAB 即可同时定义细胞并执行细胞内的程序。

　　MATLAB Notebook 文件保存时默认名称为"The MATLAB Notebook v1"的.doc 文件。如果电脑没有安装 MATLAB，保存的 MATLAB Notebook 文件打开时将为普通的 Word 文件。如果电脑支持 MATLAB Notebook，则用户在打开该文件的同时，电脑会自动打开 MATLAB 主窗口，用户可以在该文档中编写并执行程序。

　　更多的 MATLAB Notebook 的操作功能请参阅 MATLAB 的 help notebook 内容。

附录 B　MATLAB 常用指令查询表

➤ 常用命令(general)

· 常用指令:

syntax　命令的语法帮助

demo　演示程序

ver　版本信息

version　版本号

verLessThan　工具箱版本比较

logo　产生光照的 MATLAB 标识

bench　显示 MATLAB 基准信息

· 工作空间的管理:

who　列出变量名

whos　列出变量的详细信息

clear　清除工作空间的变量和函数

pack　紧缩工作空间

load　把数据文件的变量载入到工作空间

save　把工作空间的变量保存到数据文件

save as　以指定格式保存图形和模型文件

memory　内存限制的帮助

recycle　移动删除的文件到循环文件夹中

quit　退出 MATLAB

exit　退出 MATLAB

· 函数和命令管理:

what　列出目录中的 M 文件名

type　显示 M 文件的内容

open　打开文件

which　查找函数和文件所在的子目录

pcode　建立伪码文件(P 文件)

mex　编译 MEX 函数

inmem　列出内存中的函数

namelengthmax　函数和变量名的最大长度

· 搜索路径管理:

path　查找和改变搜索路径

addpath　在搜索路径上增加子目录

rmpath　在搜索路径上删除子目录

rehash　刷新函数和文件的缓冲区

import　把数据导入到工作空间中

finfo　根据文件句柄确定文件的类型

genpath　产生递归的工具箱路径

savepath　把当前的 MATLAB 路径保存到 pathdef. m 中

· 指令窗控制命令:

echo　显示 M 文件的切换开关

more　命令窗口控制分页输出开关

diary　把指令窗内容保存到文本文件中

format　设置数据的输出格式

beep　产生 beep 声音

desktop　开始 MATLAB 桌面

preferences　启动用户设置属性的对话框

· 操作系统命令:

cd　更改当前的工作目录

copyfile　复制文件或目录

movefile　移动文件或目录

delete　删除文件

pwd　显示当前的工作目录

dir　列出目录中的文件

ls　列出目录中的文件

fileattrib　设置或获得文件或目录的属性

isdir　判断变量是否为目录

mkdir　创建新的目录

rmdir　移动目录

geternv　获取环境变量

· 执行操作系统命令:

dos　执行 DOS 命令并返回结果

unix　执行 UNIX 命令并返回结果

system　执行系统命令并返回结果

perl　执行 Perl 命令并返回结果

computer　显示所使用的计算机类型

isunix　判断是否为 UNIX 版本

ispc　判断计算机是否支持 MATLAB 版本

· 调试命令：

debug　列出调试指令

· 定位文件为独立函数的工具：

depfun　定位 M / P 文件的独立函数

depdir　定位 M / P 文件的独立目录

· 加载和调用共享库：

calllib　在外部库中调用函数

libpointer　为使用外部库创建指针对象

libstruct　为使用外部库创建结构对象

libisloaded　判断是否已经载入指定的共享库

loadlibrary　加载共享库到 MATLAB 中

libfunctions　返回外部库中函数的信息

libfunctionsview　查阅外部库的函数

unloadlibrary　卸载共享库

java　在 MATLAB 中使用 Java

usejava　判断是否支持指定的 Java 特征

➢ 编程语言结构(lang)

· 流程控制：

if　条件执行命令

else　若第一个 if 条件为假时且该条件为真时的执行语句

else if　条件为真时执行该语句

end　条件执行语句的终止

for　确定执行次数的循环语句组

parfor　平行的 for 循环

while　不定次数的循环语句组

break　结束执行 WHILE/FOR 循环指令

continue　继续执行循环语句

switch　在表达式的几种情况中选择执行

case　与 switch 匹配的几种情况选择

otherwise　switch 语句中的默认情况

try　启用 TRY 模块

catch　启用 CATCH 模块

return　返回调用函数

error　显示错误信息

MException　创建 MATLAB 执行对象

assert　不满足条件时显示错误

rethrow　重新解决错误估值并执行

eval　执行字符串语句

evalc　执行 MATLAB 表达式

feval　执行具体函数

evalin　执行工作空间中的表达式

builtin　执行内建函数

assignin　分配工作空间中的变量

run　运行脚本文件

· 脚本、函数、类型和变量：

script　MATLAB 脚本文件和 M 文件

function　定义新的函数

global　定义全局变量

persistent　定义局部变量

mfilename　当前执行的 M 文件名

lists　逗号分界的语句列表

exist　检查变量或函数是否存在

mlock　不允许 M 文件被清除

munlock　允许 M 文件被清除

mislocked　判断 M/MEX 文件是否被清除

Precedence　操作过程

isvamame　判断是否为有效的变量名

iskeyword　判断是否为键盘输入

javachk　Java 支持的有效级别

genvamame　从字符串创建有效的变量名

classdef　定义一个新的主类型或子类型

· 变量句柄：

nargchk　检查输入变量的数目是否合法

nargoutchk　检查输出变量的数目是否合法

nargin　输入变量的数目

nargout　输出变量的数目

varargin　长度可变的输入变量列表

varargout　长度可变的输出变量列表

inputname　输入变量的名称

inputParser　创建输入分析对象

ans　最近一次的答案

· 信息显示：

warning　显示警告信息

lasten　最近的出错信息

lasterror　最近的错误及相关信息
lastwarn　最近的警告信息
disp　显示字符串或数组
display　显示数组
• 人机交互指令：
input　用户输入提示
keyboard　等待键盘输入

➤ 运算符和特殊字符(ops)

• 算术运算符：
plus　加号 +
uplus　正号 +
minus　减号 –
uminus　负号 –
mtimes　矩阵乘积 ∗
times　数组乘积 .∗
mlpower　矩阵幂^
power　数组幂 .^
mldivide　矩阵左除或反斜线 \
mrdivide　矩阵右除或斜线 /
ldivide　数组左除 .\
rdivide　数组右除 ./
kron　kron 乘积
• 关系运算：
eq　等于 ==
ne　不等于 ~=
lt　小于 <
gt　大于 >
le　小于等于 <=
ge　大于等于 >=
• 逻辑运算：
relop　先决与 &&
relop　先决或 ‖
and　逻辑与 &
or　逻辑或 ǀ
not　逻辑非 ~
punct　忽略函数变量或输出变量
xor　异或
any　判断向量的任何一个元素是否为非零

a11　判断向量的所有元素是否为非零
• 特殊字符：
colon　冒号 :
paren　圆括号和下标()
paren　方括号 []
paren　花括号 {}
punct　创建函数句柄 @
punct　十进制小数点
punct　访问结构域
punct　父目录
punct　续行号 …
punct　分隔 ,
punct　分号 ;
punct　注释符 %
punct　执行操作系统命令 !
punct　赋值 =
punct　引号 '
transpose　非共轭转置.'
ctranspose　复数共轭变换'
horzcat　水平串接 [,]
vertcat　垂直串接 [;]
subsasgn　创建下标(), {} , .
subsref　下标的关系(), {} , .
subsindex　下标序号
metaclass　MATLAB 元类？
• 位运算：
bitand　按位与
bitcmp　按位补
bitor　按位求或
bitmax　最大浮点整数
bitxor　按位求异或
bitset　设置位
bitget　获取位
bitshift　按位转移
• 集合操作：
union　集合的并集
unique　去除集合中的重复元素
intersect　集合的交集
setdiff　集合的差集

setxor　集合的异或

ismember　判断是否为集合中的元素

➤ 基本矩阵和矩阵运算(elmat)

• 基本矩阵：

zeros　全零数组

ones　全 1 数组

eye　单位矩阵

repmat　复制平铺方式创建数组

linspace　等步长向量

logspace　对数均分向量

freqspace　频率响应的间隔

meshgrid　创建三维网格数组

Accumarray　通过向量和向量元素的索引号
　　　　　　创建数组：矩阵的援引或重排

• 基本数组信息：

size　多维数组的各维长度

length　向量的长度

ndims　数组的维数

numel　数组的元素的数目

disp　显示矩阵或文本

isempty　判断是否为空数组

isequal　判断数组是否相等

isequalwithequalnans 判断数组数值是否相等

• 矩阵操作：

cat　链接数组

reshape　重组数值

diag　提取和建立对角矩阵

blkdiag　矩阵的块对角线串接

tril　提取矩阵的下三角部分

triu　提取矩阵的上三角部分

fliplr　矩阵的左右翻转

flipud　矩阵的上下翻转

flipdim　以指定的维翻转矩阵

rot90 矩阵整体反时针旋转 90 度：矩阵的
　　　援引或重排

find　找出矩阵中不为零元素的下标

end　数组中最后元素的下标

sub2ind　双下标转变成单下标

ind2sub　单下标转变成双下标

bsxfun　双精度单态模式扩展函数

• 多维数组函数：

ndgrid　数组 N 维插值产生函数

permute　数组维的排列

ipermute　数组维的逆排列

shiftdim　替换数组的维

circshift　循环地替换数组

squeeze　移动数组的单态维

• 数组实用函数：

isscalar　判断数组是否为标量

isvector　判断数组是否为向量

isrow　判断数组是否为行向量

iscolumn　判断数组是否为列向量

ismatrix　判断数组是否为矩阵

• 特殊变量好常数：

eps　浮点的相对精度

realmax　最大的正实数

realmin　最小的正实数

intmax　最大整数

intmin　最小整数

pi　内建的 π 值

i、j　虚数单位

inf　无穷大

nan　非数

isnan　判断是否为非数

isinf　判断是否为无穷大

isfinite　判断是否为有限值

why　简介答案

• 特殊矩阵：

compan　伴随矩阵

gallery　测试矩阵

hadamard　哈达玛矩阵

hilb　希尔伯特矩阵

invhilb　逆希尔伯特矩阵

magic　魔方矩阵

pascal　帕斯克矩阵

peaks　两变量样函数

rosser　本征值测试的对称矩阵

toeplitz   托普利兹矩阵

vander   范得蒙矩阵

wilkinson wilkinson 的本征值测试矩阵

➤ 基本数学函数(elfun)

· 三角函数：

sin   单位为弧度的变量正弦值

sind   单位为角度的变量正弦值

sinh   双曲正弦

asin   返回弧度单位的反正弦

Asind   返回角度单位的反正弦

asinh   反双曲正弦

cos   单位为弧度的变量余弦值

cosd   单位为角度的变量余弦值

cosh   双曲余弦

acos   返回弧度单位的反余弦

acosd   返回角度单位的反余弦

acosh   反双曲余弦

tan   单位为弧度的变量正切值

tand   单位为角度的变量正切值

tanh   双曲正切

atan   返回弧度单位的反正切

atand   返回角度单位的反正切

atan2   四象限反正切

atanh   反双曲正切

sec   单位为弧度的变量正割值

secd   单位为角度的变量正割值

sech   双曲正割

asec   返回弧度单位的反正割

asecd   返回角度单位的反正割

asech   反双曲正割

csc   单位为弧度的变量余割值

cscd   单位为角度的变量正割值

csch   反双曲余割

cot   单位为弧度的变量余切值

cotd   单位为角度的变量余切值

coth   双曲余切

acot   返回弧度单位的反余切

acotd   返回角度单位的反余切

acoth   反双曲余切

hypot   平方累加后开平方计算

· 指数：

exp   e 指数

expm1   计算 $\exp(x) - 1$

log   自然对数

log1p   计算 $\log(1 + x)$

log10   以 10 为底的对数

log2   以 2 为底的对数

pow2   以 2 为幂的指数

realpow   实数的幂运算

reallog   实数的自然对数

realsqrt   非负数的平方根

sqrt   平方根

nthroot   实数的第 n 个实根

nextpow2   较大的最接近 2 的幂指数

· 复数：

abs   绝对值和复数摸值

angle   相角

complex   由实部和虚部创建复数据

conj   共轭复数

imag   虚部

real   实部

unwrap   消除相角正负突变

isreal   判断是否为实数

cplxpair   按复数共轭对排列元素群

· 取整和求余：

fix   向零取整

floor   向负无穷取整

ceil   向正无穷大取整

round   四舍五入取整

mod   模除取余

rem   整除求余

sign   符号函数

➤ 矩阵和线性代数函数(matfun)

· 矩阵分析：

norm   矩阵或向量的范数

normest   矩阵 2 范数估值

rank　矩阵的秩

det　行列式的值

trace　主对角线上元素的和

null　零空间正交基

orth　正交化

rref　减少的行阶梯形式

subspace　两个子空间的夹角

· 线性方程：

/　斜杠或右除求解线性方程

linsolve　求解条件线性方程

inv　求逆矩阵

rcond　LAPACK 条件估值

cond　矩阵条件数

condest　1-范数条件数的估值

normest1　1-范数的估值

chol　chol 分解

ldl　ldl 分解

lu　lu 分解

qr　正交三角分解

lsqnonneg　约束的线性最小二乘

pinv　伪逆矩阵

lscov　给定协方差的最小二乘

· 特征值和奇异值：

eig　特征值和特征向量

svd　奇异值分解

gsvd　一般的奇异值分解

eigs　少量特征值

svds　少量奇异值和奇异向量

poly　特殊多项式

polyeig　多项式的特征值

condeig　与特征值有关的条件数

hess　H 范数

schur　schur 分解

qz　一般的特征值的 QZ 分解

ordqz　QZ 分解中重组特征值

ordeig　准对角阵的特征值

· 矩阵函数：

expm　矩阵指数

logm　矩阵对数

sqrtm　矩阵开方

funm　通用矩阵函数

· 分解工具：

qrdelete　QR 分解中删除列或行

qrinsert　QR 分解中插入列或行

rsf2csf　实数块对角转换为复数对角

cdf2rdf　复数块对角转换为实数对角形式

balance　提高特征值准确性的对角线标度

planerot　水平旋转

cholupdate　更新 cholesky 分解

qrupdate　更新 QR 分解

➤ 数据类型(datatypes)

· 数据类型：

double　转换为双精度

logical　转换数值数组为逻辑数组

cell　建立元胞数组

struct　建立或转换为构架数组

single　转换为单精度

uint8　变换为无符号 8 位整数

uint16　转换为无符号 16 位整数

uint32　转换为无符号 32 位整数

uint64　转换为无符号 64 位整数

int8　转换为带符号 8 位整数

int16　转换为带符号 16 位整数

int32　转换为带符号 32 位整数

int64　转换为带符号 64

inline　构成内联对象

function_handle　函数句柄数组

javaArray　创建 Java 数组对象

javaMethod　激活 Java 方法

javaObject　激活 Java 对象创建

cast　将变量映射到不同数据类型或类别

· 数组类型判断函数：

isnumeric　判断是否为数值数组

isfloat　判断是否为浮点型数据

isinteger　判断是否为整数数组

islogical　判断是否为逻辑数组

iscom　判断是否是 COM 对象

isinterface　判断是否是 COM 接口

• 元胞函数：

cell　建立元胞数组

celldisp　显示元胞数组的内容

cellplot　绘制元胞数组的图形标识

cell2mat　元胞数组转换为矩阵

mat2cell　矩阵分解为元胞数组矩阵

num2cell　数值数组转换为元胞数组

deal　输入到输出

cell2struct　元胞数组变换为构架数组

struct2cell　构架数组变换为元胞数组

iscell　判断是否我为元胞数组

• 数组函数：

arrayfun　对数组的每个元素实施函数运算

cellfun　对元胞数组的每个元胞实施函数运算

structfun　对构架的每个域实施函数运算构架函数

struct　生成或变换为构架数组

fieldnames　获取构架数组的域名

getfield　获取构架数组域的内容

setfield　设置构架数组域的内容

rmfield　删除构架数组域

isfield　判断是否为构架数组中的域

isstruct　判断是否为构架数组

orderfields　构架数组的域的次序

• 句柄功能函数：

@　创建函数句柄

func2str　函数句柄数组转换为字符串

str2func　字符串转换为函数句柄

functions　列出与函数句柄有关的函数

• 字节操作：

swapbytes　交换字节次序

typecast　不改变内部数据只转换数据类型

• 面向对象编程函数：

class　建立对象或返回对象类

classdef　定义新的 MATLAB 类型

struct　创建构架数组

methods　列出类方法的名字

methodsview　查看类方法的名字和属性

properties　显示类属性名称

events　显示类事件名称

enumeration　显示类数组名称

supercalsses　显示所给类型的扩展名称

isa　判断对象是否为给定的类

isjava　判断是否为 Java 对象

isobject　判断是否为 MATLAB 对象

inferiorto　初级的类关系

superiorto　高级类关系

substruct　建立构架数组变量

ismethod　判断是否为对象的方法

isprop　判断是否存在属性

➢ 字符串函数(strfun)

• 一般函数：

char　建立字符数组(字符串)

strings　字符串帮助

cellstr　把字符数组转换为元胞数组

blanks　空格字符串

deblank　去除字符串尾部的空格

• 字符串的测试：

iscellstr　判断是否为字符型元胞

ischar　判断是否为字符串

isspace　判断是否为空格

isstrprop　判断字符串元素是否为特定目录

• 字符串操作：

regexp　匹配规则表达式

regexpi　忽略大小写匹配规则表达式

regexprep　使用规则表达式替换字符串

strcat　链接字符串

strvcat　竖向链接字符串

strcmp　字符串比较

strncmp　比较字符串的前 N 个字符

strcmpi　忽略大小写比较字符串

strncmpi　忽略大小写比较字符串的前 N 个字符

strread　从字符串读格式化数据

strtrim　删除空格

findstr　在字符串中找另一字符串

strfind　在字符串中找另一字符串

strjust　调整字符串

strmatch　查找匹配的字符串

strrep　字符串的替换

strtok　在字符串中找一个标志

strtrim　删除空格

upper　将字符串改为大写

lower　将字符串改为小写

· 字符集合转换：

native2unicode　转换字节到单代码字符

unicode2native　转换单代码字符到字节

· 字符串与数字转换操作：

num2str　把数字转换为字符串

int2str　将整数转变为字符串

mat2str 2　维矩阵转换为字符串

str2double　字符转换到双精度

str2num　字符矩阵转换到数字矩阵

sprintf　在格式控制下把数字转换为字符串

sscanf　在控制格式下读出字符串

· 基数的转换：

hex2num　十六进制字符串转换为双精度数

hex2dec　十六进制字符串转换为十进制数

dec2hex　十进制字符串转换为十六进制数

bin2dec　二进制字符串转换为十进制数

dec2bin　十进制整数转换为二进制字符串

base2dec　基数为 B 的字符串转换为十进制整数

dec2base　十进制整数转换为基数 B 的字符串

num2hex　转换单精度和双精度数据为 IEEE 十六进制字符串

➤ 数据分析和傅里叶变换函数(datafun)

· 基本运算：

max　最大元素

min　最小元素

mean　平均值

median　中值

mode　模数，或最高采样频率

std　标准差

var　方差

sort　排序

sortrows　按升序排列行

issorted　判断是否为排序数组

sum　元素之和

prod　元素之积

hist　直方图

histc　直方图的统计

trapz　用梯形法做数值积分

cumsum　元素的累加和

cumprod　元素的累乘积

cumprapz　累梯形法作数值积分

· 有限差分：

diff　差分函数与近似微分

gradient　近似梯度

del2　离散拉普拉斯算子

· 相关运算：

corrcoef　相关系数

cov　协方差矩阵

subspace　空间夹角

· 卷积和滤波：

filter　一维数字滤波

filter2　二维数字滤波

conv　卷积或多项式乘积

conv2　二维卷积

convn　n 维卷积

deconv　解卷积或多项式除法

detrend　移除破坏线性变量

· 傅立叶变换：

fft　离散傅立叶变换

fft2　二维离散傅立叶变换

fftn　n 维离散傅立叶变换

ifft　离散傅立叶反变换

ifft2　二维离散傅立叶反变换

ifftn n　维离散傅立叶反变换

fftshift　将零延迟移到频谱中心

ifftshift　逆 fftshift

fftw　实时了解 FFTW 库

➢ 插值和多项式函数(polyfun)

· 数据插值：

pchip　立方 Hermite 插值多项式

interpl　一维插值

interplq　一维快速线性插值

interpft　FFT 方法实现一维插值

interp2　二维插值

interp3　三维插值

interpn　N 维插值

giddata　网络数据和曲面拟合

griddata3　3 维的网格数据和曲面拟合

griddatan　n 维数据网络和超曲面拟合

TriScatteredInterp　分散数据插值

· 样条插值：

spline　立方样条插值

ppval　求解分段多项式

· 几何分析：

delaunay　delaunay 算法三角测量

delaunay3　3 维 delaunay 算法三角测量

delaunayn　n 维 delaunay 算法三角测量

dsearch　最近点法找寻 delaunay

dsearchn　最近点法找寻 n 维 delaunay

tsearch　最逼近的三角形搜索

tsearchn　最逼近的 n 维三角形搜索

convhull　壳凸面

convhulln　N 维凸圆体

voronoi　voronoi 图

voronoin　N 维 voronoi 图

inpolygon　多边形区域内的点

rectint　矩形截面

polyarea　多边形的面积

· 多项式：

root　求多项式根

poly　由根构造多项式

polyval　计算多项式值

polyvalm　用矩阵变量求多项式的值

residue　部分分式展开式

polyfit　数据多项式拟合

polyder　多项式的微分

polyint　多项式的积分

conv　多项式乘积

deconv　多项式相除

➢ 功能函数和 ODE 方程求解(funfun)

· 最优化和求根：

fminbnd　标量非线性约束函数最小算法

fminsearch　多维非线性非约束最小化算法

fzero　求函数零点

· 最优化选项句柄：

optimset　创建或修改最优化构架

optimget　选择 OPTIONS 构架中获得最优
　　　　化参数

· 数值积分：

quad　以低阶方法计算数值积分

quadgk　最适宜法计算数值积分

quadl　以高阶方法计算积分

quadv　向量化 QUAD

quad2d　平面区域内计算二重积分

dblquad　计算二重积分

triplequad　计算三重积分

· 绘图：

ezplot　函数 plot 的简化形式

ezplot3　函数 plot3 的简化形式

ezpolar　函数 polar 的简化形式

zecontour　函数 contour 的简化形式

ezcontourf　函数 contourf 的简化形式

ezmesh　函数 contourf 的简化形式

ezmeshc　函数 mesh/contonr 的简化形式

ezsurf　函数 surf 的简化形式

ezsurfc　函数 surf/contonr 的简化形式

fplot　函数 plot 的简化形式

· 内联的函数对象：

inline　创建 INLINE

argnames　变量名

formula　函数公式

char　内联函数对象转换为字符串数组

- 微分方程求解：

ode45　中序方法求非刚性微分方程的解

ode23　低阶方法求非刚性微分方程的解

ode113　变量序方法求非刚性微分方程的解

ode23t　trapezoidal 算法求适度刚性微分方程的解

ode15s　变阶法求刚性微分方程的解

ode23s　低阶方法求非刚性微分方程的解

ode23tb　低阶方法求非刚性微分方程的解

- 选项处理：

odeset　创建/改变 ODE 选项结构

odeget　获得 ODE 选项参数

ddeset　创建/改变 ODE 选项结构

ddeget　获得 ODE 选项参数

bvpset　创建/改变 BVP 选项结构

bvpget　获得 BVP 选项参数

- 输入和输出功能：

deval　估计微分方程问题的解

odextend　扩展微分方程问题的解

odeplot　时间序列 ODE 的输出函数

odephas2　二维阶段平面 ODE 输出

odephas3　二维阶段平面 ODE 输出

odeprint　命令窗口显示/输出 ODE 输出功能

bvpinit　估测 BVP4C 初始值

bvpxtend　估测扩展 BVP 解的结构

pdeval　用 PDEPE 和插值法求解

➢ 绘图(Graphics)

- 图形窗口创建和控制：

figure　创建图形窗口

gcf　获取当前图形的句柄

clf　清除当前图形

shg　显示图形窗口

close　关闭图形窗口

refresh　刷新图形

refreshdata　在绘图中刷新数据

openfig　复制并保存图形

- 坐标轴创建和控制：

subplot　平铺创建子窗口

axes　任意位置创建坐标轴

gca　获取当前坐标轴句柄

cla　清除当前坐标轴

axis　控制坐标轴的标度和外观

box　封闭轴

caxis　控制伪彩色坐标轴标度

hold　保持当前图形

ishold　返回保持状态

- 句柄图形对象：

figure　创建图形窗口

axes　任意位置创建坐标轴

line　创建直线

text　创建文字

patch　创建 patch

rectangle　创建矩形

surface　创建面

image　创建图像

light　创建光源

uibuttongroup　创建控制群按钮

uicontextmenu　创建用户 context 接口菜单

uicontrol　创建用户界面控件

uimenu　创建用户界面菜单

uitoolbar　在图形窗中创建工具条

- 句柄图形操作：

set　设置对象的属性

get　获得对象的属性

reset　重新设置对象的属性

delete　删除对象

gco　获得当前对象句柄

gcbo　获得当前回调对象句柄

gcbf　获得当前回调图形句柄

drawnow　刷新图形

findobj　以指定属性值查找对象

copyobj　图形对象和子对象的复制

isappdata　判断定义的数据是否存在

getappdata　获得应用的数据的值

setappdata　设置应用的数据

rmappdata　重新移动应用的数据

• 硬拷贝和打印：

print　打印图形或 Simulink 模型并保存

printopt　打印机默认值

orient　设置打印纸方向

printdlg　打印对话框

exportsetupdlg　图形类型编辑器

• 有用的功能：

closereq　请求图形关闭功能

newplot　绘图，坐标轴的预处理

ishandle　判断是否为图形句柄

• active X 客户机功能：

actxcontrol　建立 Active X 控件

actxserver　建立 Active X 服务器

➢ 二维绘图(Graph2d)

• 基本的 X-Y 图形：

plot　线性绘图

loglog　双对数坐标绘图

semilogx　半对数 X-坐标绘图

semilogy　半对数 Y-坐标绘图

polar　极坐标绘图

plotyy　双纵坐标绘图

• 坐标控制：

axis　控制坐标轴比例和外观

zoom　二维图形的缩放

grid　图上加网格坐标

box　封闭式坐标轴

rbbox　封闭式带状图

hold　保持当前图形

axes　在任意位置建立图形轴系

subplot　创建子窗口

• 图形注释：

plotedit　编辑和注释我绘图工具

title　标出图名

xlabel　x 轴标注

ylabel　y 轴标注

texlabel　从字符串格式产生 tex 格式、

text　在图上标注文字(适合于三维图形)

gtext　在鼠标的位置放置文字

• 打印：

print　打印图形、Simulink 系统或者把图形
　　　存为 M 文件

printop　打印机默认状态

orient　设置打印纸方向

➢ 三维绘图函数(graph3d)

• 基本的三维绘图

plot3　三维空间中画线和点

mesh　三维网线图

surf　三维曲面图

fill3　绘制三维空间填充多边形

• 颜色控制：

colormap　彩色对照色带图

caxi　伪彩色坐标轴定位

shading　彩色着色方式

hidden　消除网线图中的线

brighten　改变色彩的亮度

colordef　设置颜色的默认值

graymon　设置灰度监视器的图形默认值

cmpermute　重排色带图中的色彩位置

cmunique　移除不必要的色图

imapprox　用一种较少色彩图绘图

• 照明模型

surfl　带照明的三维曲面图

lighting　光照模式

material　材料反射模型

specular　镜面反射

diffuse　漫反射

surfnorm　曲面法线

• 色彩图

hsv　色彩-饱和度-色彩图

hot　黑-红-黄-白彩色图

gray　线性灰度色彩图

bone　蓝色色调的灰度色彩图

copper　铜色调的灰度色彩图、

pink　线性粉红色阴影彩色图

white　全白色彩图

flag　红白蓝黑交互的色彩图

colorcube　增强的彩色立方体彩色图

vga　16 色的 windows 色图

jet　hsv 彩色渐变图

prism　光谱彩色图

cool　蓝绿和洋红阴影彩色图

autumn　红和黄阴影彩色图

spring　品红和黄阴影彩色图

winter　蓝和绿阴影彩色图

summer　红和黄阴影彩色图

· 透明处理

alpa　透明度

alphamap　透明对照图

alim　透明标尺

· 坐标轴控制：

axis　控制坐标轴和标尺外观

zoom　2 维绘图的放大和缩小

grid　网格线开关

box　封闭坐标轴开关

hold　保持当前坐标

axes　在任意位置创建坐标轴

daspect　数据方面比率

pbaspect　绘图封闭轴比率

xlim　x 轴的范围

ylim　y 轴的范围

zlim　z 轴的范围

· 视点控制：

view　三维图形的视点

viewmtx　视点转换矩阵

rotated3d　三维视图视点的互动旋转

· 相机控制：

campos　照相位置

camtarget　照相目标

camva　照相视点角度

camup　获取当前坐标轴的向量

Camproj　照相投影

· 高级相机控制：

camorbit　轨迹照相机

campan　全景照相

camdolly　相机移动车

camzoom　缩放

camroll　设置新的坐标轴

camlookat　为特定的对象移动照相机

cameratoolbar　互动地熟练使用照相机

· 高级光源控制：

camlight　建立或设置光的位置

lightangle　光的球面的位置

· 图形注释：

title　图形标题

xlabel　X 轴标记

ylabel　Y 轴标记

zlabel　Z 轴标记

text　文本注释

gtext　文本的鼠标位置

plotedit　实验图形编辑和注释工具

· 硬拷贝和打印：

print　打印图形或 Slinulink 模型并保存

printopt　打印机默认值

orient　设置纸的方向

vrml　保存图形到 VRML2.0 文件

➤ 特殊图形(specgraph)

· 特殊的二维图形：

area　填充绘图区域

bar　图形条

barh　水平条形图

comet　彗星轨迹图

compass　罗盘图

errorbar　误差条图

ezplot　plot 函数的简单形式

ezpolar　极坐标绘图的简单形式

feather　羽状图

fill　填充二维多边形图

fplot　plot 的简单形式

hist　直方图

pareto　Pareto 图

pie　饼图

plotmatrix　矩阵数据的分布图

rose　角直方图绘图

scatter Scatter 图

stem　离散杆图

staris　阶梯图

• 等高线图形：

contour　等高线图

contourc　等高线计算

contourf　填充等高线图

contour3　三维等高线图

clabel　带标识等高线图

ezcontour　填充的等高线图的简单形式

pcolor　伪彩色图

voronoi Voironoi 图

• 特殊三维图

bar3　垂直的三维条形图

bar3h　水平的三维条形图

comet3　三维彗星轨迹图

ezgraph3　通用 3 维曲面绘图

ezmesh　简易三维 mesh

ezmeshc　简易 mesh/contour 绘图

ezplot3　三维参数曲线绘制

ezsurf　简易 surf 绘图

ezplot3　简易三曲线绘图

ezsurfc　简易 surf/contour 绘图

meshc　组合 surf/contour 绘图

meshz　三维 mesh

pie3　三维饼图

ribbon　绘制 2 维线图作为三维彩带图

scatter3　绘制三维 scatter 图

stem3　绘制三维 stem 图

surfc　surf/contour 图组合

trisurf　三角形曲线图

trimesh　三角形曲线图

waterfall　瀑布图

• 体积和向量可视化：

vissuite　一组可视化程序

isosurface　提取等值面

isonormals　等值面规范

slice　体斜截面图

streamline　二维或三维数据的流线图

stream3　三维流体

stream2　三维流线

quiver3　三维矢量图

quiver　二维矢量图

divergence　向量场散射图

curl　向量场的涡旋和角速度图

coneplot　三维锥体图

streamtube　三维管状图

streamribbon　三维彩带图

streamslice　截面上的流线图

streamparticles　呈现流线粒子

interpstreamspeed　插入来自于速度的流线顶点

subvolume　数据集合的子集

reducevolume　减少集合数据

volumebounds　返回 x，y，z 和颜色限制

smooth3　平滑三维数组

reducepatch　减少 patch 的数目

shrinkfaces　缩小 patch 的尺寸

• 图像显示和文件的输入/输出：

Image　显示图像

imagesc　显示图像和数据

colormap　颜色色度条

gray　线性灰度尺度颜色色度

contrast　提高图像对比度的灰度标尺色图

brighten　变亮或变暗色图

colorbar　显示颜色条(颜色标尺)

Imread　从图形文件读出图像

imwrite　把图像写入图形文件

imfinfo　关于图形文件的信息

Im2java image 转换到 java 图像

• 电影和动画：

getframe　获取图形帧

movie　重放录下的电影帧

rotate　旋转对象

frame2im　电影帧转换为索引图像

im2frame　索引图像转换为电影帧

- 颜色相关函数：

spinmap　旋转色图

rgbplot　绘制色图

colstyle　从字符串解析颜色和类型

in2rgb　索引图像转换到 RGB 图像

rgb2ind　RGB 图像转换到索引图像

dither　用高频转换图像

- 实体模型：

Cylinder　生成圆柱体

sphere　生成球体

ellipsoid　生成椭圆体

patch　建立 patch

surf2patch　曲面数据转换到 patch 数据

➢ 低层文件输入输出命令(Iofun)

- 文件输入和输出：

dlmread　读取 ASCII 码文件

dlmwrite　写入 ASCII 码文件

csvread　读取逗号隔开的数值文件

csvwrite　写入逗号隔开的数值文件

importdata　将数据从文件载入到工作空间中

daqread　读取数据采集工具箱数据文件

matfinfo　MAT 文件内容的文本说明

fileread　返回串向量的文件内容

- 支持电子数据表格：

xlsread　从 Excel 工作表里获得来自电子表格的数据和文本

xlswrite　Excel 工作表里存储数据数组或元胞数组

xlsfinfo　确定如果文件包含 Microsoft Excel

xlsfinfo　检测文件是否包含微软 Excel 电子表格

- 网络资源：

urlread　返回包含 URL 字符的内容

urlwrite　保存 URL 的内容到文件

ftp　创建 FTP 对象

sendmail　发送 E-mail

zip　压缩文件到 zip 文件

unzip　解压缩 zip 文件的内容

tar　压缩文件到 tar 文件

untar　解压缩 tar 文件

- 格式化文件 I/O：

fget1　读入一行数据摒弃新的行属性

fgets　读入一行数据保留新的行属性

fprintf　把格式化数据写入文件

fscanf　从文件中读取格式化数据

textscan　从文本文件读取格式化数据

- 文件打开和关闭：

fopen　文件打开

fclose　文件关闭

- 二进制文件 I/O：

fread　从文件中读取二进制数据

fwrite　把二进制数据写入文件中

- 文件定位：

feof　测试读取指针是否在文件的结尾

ferror　询问文件 I/O 的出错状态

frewind　设置读取指针为文件的开头位置

fseek　设置文件的读取位置指针

ftell　获取文件的读取位置指针

- 支持存储影像文件：

menmapfile　创建存储影像文件对象

- 文件名处理：

fileparts　文件名部分

filesep　该平台的目录分隔符

filemarker　区别文件和文件内部函数名的标记

fullfile　从部分字符建立全文件名

matlabroot　MATLAB 安装根目录

mexext　MEX 文件名扩展

partialpath　部分路径名

pathsep　路径分隔符

prefdir　选择目录名

tempdir　获得临时的目录

tempname　获得临时的文件

- XML 文件处理：

xmlread　解析 XML 文档并返回文档对象模型结点

xmlwrite　串行化处理XML文档对象模型节点

xslt　使用 XSLT 引擎转 XML 文档
- 串口支持：

serial　创建串行端口对象
instrfindall　以指定属性值查找所有串行端口对象
instrfind　以指定属性值查找串行端口对象
- 支持时间：

timer　创建时间对象
timerfindall　以指定属性值查找所有时间对象
timerfind　以指定属性值查找可视时间对象
- 命令窗口 I/O：

clc　清除命令窗口
home　光标移到开始处
- 支持 SOAP：

createClassFromWsdl　依据 WSDL 文件创建 MATLAB 对象
callSoapService　发送 SOAP 信息到终点
createSoapMessage　建立 SOAP 信息，准备好后发送到服务器
parseSoapResponse　转换从 SOAP 服务器到 MATLAB 类型的响应

➢ 声音和图像支持(audiovideo)

- 声音输入/输出对象：

audioplayer　声音播放器对象
audiorecorder　声音记录器/录音机对象
- 声音硬件驱动：

sound　声音的播放向量
soundsc　自动定标和播放声音矢量
- 声音文件输入/输出：

aufinfo　返回关于 AU 文件的信息
auread　读入 .au 声音文件
auwrite　写 .au 声音文件
wavfinfo　返回 au 文件的信息
wavread　读入 .wav 声音文件
wavwrite　写入 .wav 声音文件
- 图像文件输入/输出：

VideoReader　阅读声音格式文件
VideoWriter　写入声音格式文件

mmfileinfo　返回多媒体声音信息
movie2avi　从 MATLAB 动画建立 AVI 动画
avifile　建立新 AVI 文件
- 其他功能：

lin2mu　把线性信号转换为 mu 律编码
mu2lin　把 mu 律编码为线性信号
- 声音数据例子：

chirp　啁啾(1.6sec，8192 Hz)
gong　锣声(5.1sec，8192 Hz)
handel　Hallelujah 合唱(8.9sec，8192 Hz)
laughter　笑声(6.4sec，8192 Hz)
splat　带啪哒声的啁啾(1.2sec，8192 Hz)
train　火车汽笛声(1.5sec，8192 Hz)

➢ 日期和时间(timefun)

- 当前日期和时间：

now　当前日期和时间
date　当前日期
clock　当前的日期和时间
- 基本功能：

datenum　串行的日期数
datestr　日期的字符表示
datevec　日期组分
- 日期功能：

calendar　日历
weekday　星期几
ecomday　月末
datetick　时间格式的勾号标度
- 时间函数：

cputime　以秒为单位的 CPU 时间
tic　启动定时器
toc　结束定时器
etime　耗时
pause　暂停

➢ 代码工具(codetools)

- 编辑和管理 M 文件：

edit　编辑 M 文件

grabcode　从出版的 HTML 中复制 MATLAB
　　　　　代码

mlint　检查文件可能存在的问题

notebook　在 Word 中打开 m-book

snapnow　为出版资料进行图像快照

· 目录工具：

mlintrpt　为全部可能出错的信息扫描文件
　　　　　或目录

visdiff　比较两个文件或文件夹

· M 文件分析：

profile　分析函数的执行时间

profsave　保存 HTML 分析报告

· 调试文件：

dbclear　清除断点

dbcont　继续执行

dbdown　改变局部工作空间内容

dbmex　调试 MEX 文件

dbquit　退出调试模式

dbstack　列出调用的语句清单

dbstatus　列出所有断点的清单

dbstep　从当前断点处执行一行或几行

dbstop　设置断点

dbtype　列出带行号的 M 文件

dbup　改变局部工作空间内容

debug　列出调试函数

· 编辑、观察和管理变量：

openvar　为图形编辑打开工作空间变量

workspace　查看工作空间的内容

· 管理文件系统和搜索路径：

filebrowser　打开当前的目录浏览器或置于前面

pathtool　查勘,修改和保存 MATLAB 搜索路径

· 指令窗和历史指令窗：

commandhistory　打开或者选中历史指令窗

commandwindow　打开或选中指令窗

· 载入数据：

uiinport　打开载入向导载入数据

➢ 帮助工具(helptools)

· 访问在线 HTML 帮助：

helpbrowser　help 浏览器

helpdesk　综合超文本文档和查询问题

helpview　在帮助浏览中显示 HTML 文件

doc　在帮助浏览中显示 HTML 文档

docsearch　在帮助浏览中搜索 HTML 文档

· 访问 M 文件帮助：

help　以命令行方式显示 M 文件帮助：

helpwin　在 help 浏览器显示 M 文件帮助

lookfor　关键字方式查询所有 M 文件

· 关于 MathWorks 产品和技术支持的访问：

infor　关于 MATLAB 和 Mathworks 的信息

support　打开 Mathworks 技术支持网页

whatsnew　访问更新内容

· 获得演示：

playshow　展示幻灯式演示

demo　在帮助浏览器中选中 MATLAB 演示

demos　开始演示

showdemo　在帮助浏览器中打开 HTML 文
　　　　　件演示

· 在内部或系统浏览器显示 HTML 文件：

web　打开关于站点或文件的网页浏览器

参 考 文 献

[1] 张志涌，等. MATLAB 教程. 北京：北京航空航天大学出版社，2006

[2] 蒋珉. MATLAB 程序设计及应用. 北京：北京邮电大学出版社，2010

[3] 王建卫，等. MATLAB7.X 程序设计. 北京：中国水利水电出版社，2007

[4] 陈怀琛. MATLAB 及其在理工课程中的应用指南. 3 版. 西安：西安电子科技大学出版社，2008

[5] 贺超英. MATLAB 应用与实验教程. 北京：电子工业出版社，2010

[6] 张德丰. MATLAB/Simulink 建模与仿真实例精讲. 北京：机械工业出版社，2010

[7] 王家文，等. MATLAB7.0 编程基础. 北京：机械工业出版社，2005

[8] 郭仕剑，等. MATLAB 入门与实战. 北京：人民邮电出版社，2008

[9] 周博，谢东来，张宪海，等. MATLAB 科学计算. 北京：机械工业出版社，2010

[10] 程佩青. 数字信号处理教程. 3 版. 北京：清华大学出版社，2007

[11] 夏玮，等. MATLAB 控制系统仿真与实例详解. 北京：人民邮电出版社，2008

[12] 王海英，等. 控制系统的 MATLAB 仿真与设计. 北京：高等教育出版社，2009

[13] 曹梦龙，等. 控制系统计算机仿真技术. 北京：化学工业出版社，2009

[14] 陈怀琛. MATLAB 及其在电子信息课程中的应用. 3 版. 西安：西安电子科技大学出版社，2008

[15] 徐科军，等. 传感器与检测技术. 3 版. 北京：电子工业出版社，2011

[16] 胡寿松，自动控制原理. 5 版. 北京：科学出版社，2007

[17] 邓华. MATLAB 通信仿真及应用实例详解. 北京：人民邮电出版社，2003

[18] 邵玉斌. Matlab/Simulink 通信系统建模与仿真实例分析. 北京：清华大学出版社，2008